Robert Shortrede

Azimuth and Hour Angle for Latitude and Declination

Or, Tables for Finding Azimuth at Sea by Means of the Hour Angle...

Robert Shortrede

Azimuth and Hour Angle for Latitude and Declination
Or, Tables for Finding Azimuth at Sea by Means of the Hour Angle...

ISBN/EAN: 9783337086183

Printed in Europe, USA, Canada, Australia, Japan

Cover: Foto ©berggeist007 / pixelio.de

More available books at **www.hansebooks.com**

AZIMUTH AND HOUR ANGLE FOR LATITUDE AND DECLINATION;

OR,

TABLES

FOR FINDING AZIMUTH AT SEA BY MEANS OF THE HOUR ANGLE,
IN ALL NAVIGABLE LATITUDES, AT EVERY TWO DEGREES OF DECLINATION
BETWEEN THE LIMITS OF THE ZODIAC,

WHENEVER

SUN, MOON, PLANET, OR KNOWN STAR

BE OBSERVED AT A CONVENIENT DISTANCE FROM THE ZENITH.

TOGETHER WITH

A GREAT CIRCLE SAILING TABLE

TO TENTHS, WITH ARGUMENTS TO EVERY 2°.

BY

MAJOR-GEN. R. SHORTREDE, F.R.A.S., &c.

LONDON:
STRAHAN & CO., 56, LUDGATE HILL,
AND SUPPLIED BY
JOHN LILLEY & SON,
NAUTICAL INSTRUMENT MANUFACTURERS,
9, LONDON STREET, BLACKWALL RAILWAY, E.C.

TABLES

POUR CHERCHER, DANS LES LATITUDES NAVIGABLES,
L'AZIMUT EN MER, AU MOYEN DE L'ANGLE HORAIRE,
QUAND ON PEUT OBSERVER UN ASTRE CONNU,
À UNE DISTANCE CONVENABLE DU ZÉNIT.

DEGRÉS.

Messrs. John Lilley & Son,

NAUTICAL INSTRUMENT MANUFACTURERS TO HER MAJESTY'S ROYAL NAVY,

INVENTORS AND PATENTEES OF

THE NEW LIQUID STEERING COMPASS,

9, LONDON STREET, BLACKWALL RAILWAY, LONDON, E.C.,

Have invented a very simple and inexpensive Instrument, that is not affected by the heeling of the ship, as an accompaniment to these Tables, by which Commanders of Ships can ascertain, by day or night, either the *True* or the *Correct Magnetic* direction of the Ship's Head, the difference between which and the course she is steering will give the error of the Compass. This will at all times be invaluable, but in the case of *Iron Ships* will be indispensable.

AZIMUTH AND HOUR ANGLE FOR LATITUDE AND DECLINATION;

OR,

TABLES

FOR FINDING AZIMUTH AT SEA BY MEANS OF THE HOUR ANGLE
IN ALL NAVI

SUN, M(
BE OBS

A GR
TO

MAJOR

STRAI

0, LO:

TABLES

POUR CHERCHER, DANS LES LATITUDES NAVIGABLES,
L'AZIMUT EN MER, AU MOYEN DE L'ANGLE HORAIRE,
QUAND ON PEUT OBSERVER UN ASTRE CONNU,
À UNE DISTANCE CONVENABLE DU ZÉNIT.

LES DÉCLINAISONS SONT DONNÉES DE DEUX EN DEUX DEGRÉS.

ET

TABLE POUR NAVIGUER SUR LE GRAND CERCLE

LES ARGUMENTS SONT DONNÉS DE DEUX EN DEUX DEGRÉS,
ET LES VALEURS EN DEGRÉS ET EN DIXIÈMES DE DEGRÉ.

PAR

LE GÉNÉRAL R. SHORTREDE,
MEMBRE DE LA SOCIÉTÉ ROYALE D'ASTRONOMIE À LONDRES.

LONDRES:
LIBRAIRIE DE STRAHAN ET Cⁱᵉ, ÉDITEURS,
56 LUDGATE HILL.
1869

PREFACE.

This work is designed to facilitate the finding of Azimuth at sea by means of the Hour Angle, in all Latitudes up to 80°, and Declinations up to 30°.

The Latitudes are given for every degree up to 60°, and thence for every 2° up to 80°. The Declinations are given to every second degree from 60° to 120° of polar distance. The Hour Angles are given to the nearest minute of time; and the Azimuths to every 5° from the Meridian up to 60°, and at every 3° from 60° to the Prime Vertical.

These limits include all that is really useful; and the intervals have been chosen so as to have tabular differences conveniently small for interpolating fractional terms. Near the Meridian the intervals are wide, because in such cases the Azimuth varies quickly and nearly proportionally with the time: near the Prime Vertical the intervals are closer, because such cases are more commonly wanted, and the Hour Angles, particularly in the lower Latitudes, differ unequally: yet, even in such cases, the error from neglecting second differences will be insensible at sea.

By giving Azimuth as an argument and Hour Angle in the body of the table, the arrangement becomes compact and symmetrical throughout, as well as convenient for use, and each Latitude is complete at one opening.

The Hour Angles have all been computed to hundredths of a **minute, in** order that by the differences I might guard against error, and that **I might have the** means of giving the minutes true to the nearest unit. Having been computed, they might have been given to tenths of a minute, but that, for practical purposes, I prefer them as they are: for at 30° from the Zenith (within which Azimuths will scarcely ever be observed), an error of 1^m on the Hour Angle can never cause an error of more than half a degree on the Azimuth; and within 30° of the Horizon and of the Prime Vertical, an error of 1^m on H.A. will seldom give an error of more than a quarter of a degree: and every sailor knows that an error of less than a degree is a quantity practically insensible in the steering of a ship.

PRÉFACE.

Le but de cet ouvrage est de faciliter la détermination de l'Azimut, au moyen de l'Angle Horaire, pour les Latitudes entre *0°* et *80°*, et les Déclinaisons de *0°* jusqu'à *30°*.

Les Latitudes sont données pour chaque degré jusqu'à *60°* et puis de deux en deux degrés jusqu'à *80°*. Les Déclinaisons ne sont données que de deux en deux degrés de *60°* à *120°* de distance polaire. On a les Angles Horaires, justes à une minute près; et les Azimuts, de cinq en cinq degrés, depuis le Méridien jusqu'à *60°*, et de trois en trois degrés, de *60°* au Premier Vertical.

Ces limites comprennent tout ce qui est vraiment nécessaire et les intervalles, ont été choisis de manière à produire des différences assez petites pour rendre l'interpolation facile. Près du Méridien les intervalles sont grands, parceque là, l'Azimut varie rapidement et à peu près dans la même proportion que le temps. Près du Premier Vertical, les intervalles sont moindres, parceque ces cas sont plus usités, et que les Angles Horaires, surtout dans les basses Latitudes, varient inégalement. Cependant on verra, que même dans ces cas, l'erreur qui peut résulter en négligeant les différences du second ordre, ne sera d'aucune importance en mer.

On a donné l'Azimut, comme argument, et l'Angle Horaire dans les colonnes afin de rendre l'arrangement compacte et symétrique. On facilite aussi l'emploi de ces tables en présentant chaque Latitude complète en une seule ouverture de page.

Le calcul des Angles Horaires a été poussé jusqu'aux centièmes de minute, pour obtenir les valeurs à la plus juste minute, au moyen des différences. On aurait pu les imprimer en donnant une dixième de minute; mais pour certaines raisons il a paru plus convenable de ne donner que les minutes. Car à une distance de *30°* du Zénit, (et l'on prend rarement une observation d'Azimut à cet hauteur), la différence d'une minute sur l'Angle Horaire ne peut guère produire une erreur qui excède *30'* dans l'Azimut. Si l'observation est prise dans les limites de *30°* de l'Horizon ou du Premier Vertical, la différence d'une minute de temps ne produira qu'une erreur de *15'* dans l'Azimut et l'on sait, qu'en gouvernant un vaisseau, l'erreur d'un degré ne se fait pas sentir.

PREFACE.

EXPLANATION.

There is a distinct table for each Latitude; in each of which the Declinations *like* and *unlike* are ranged in order from 60° to 120° of polar distance; with the Azimuths from Meridian transit on the left to the Prime Vertical on the right.

The following examples have no need of explanation.

In Lat. 50°, Dec. + 12° (like) for H.A. $4 \cdot 48^{\text{h.m.}}$ the Azim. Z at top is 64°; and
In Lat. 50°, Dec. − 12° (unlike) for H.A. $4 \cdot 50^{\text{h.m.}}$ the table gives Z = 69°: for a change of 3° on Z the change on H.A. is 15^{m} ∴ for 2^{m} (4·50 − 4·48) the change on Z will be 0°·4; and for H.A. $4 \cdot 48^{\text{h.m.}}$ the corrected value of Z will be 69° − 0°·4 = 68°·6.

The Azimuths are reckoned from the pole towards which the object passes the Meridian. When the Declination of the same name exceeds the Latitude, the Azimuth is reckoned from the elevated pole, and the Hour Angles diminish from the top. When the Latitude is greater than the Declination (or rather when the polar distance exceeds the co-latitude), the Azimuths are reckoned from the depressed pole, and the Hour Angles increase throughout from the top.

In the upper part of each table, Latitude and Declination being like (or of the same name), all the Hour Angles belong to an object above the Horizon; but as the Azimuths are reckoned up to, and not beyond, the Prime Vertical, the part of the course from Prime Vertical to the Horizon, being beyond the limit, is not to be found in that part of the table: and in like manner, when Latitude and Declination are unlike (or of opposite names), the Azimuth being reckoned up to the Prime Vertical, several terms must occur which properly belong to the object below the Horizon before it reaches the limit. Nevertheless, these terms are not useless. As the terms Latitude, Declination, Hour Angle, and Azimuth, do not immediately show whether an object is above or below the Horizon, this information is supplied by the black line in the several columns: the terms below that line belong to the object when below the true Horizon; also, as presently will be seen, to the object on the polar side of the Prime Vertical.

It will readily be understood that when an object is below the Horizon of the Zenith, it is above the Horizon of the Nadir; and that, whether above or below the Horizon, the Azimuth is the same in quantity at Zenith and Nadir, reckoning from the *same* pole; and if reckoned from *similar* poles (that is, in each case from the elevated or from the depressed poles), these Azimuths will be supplements to each other. Moreover, when the Latitude and Declination are unlike, or of different names in the hemisphere of the Zenith, they will be like or of the same name in the hemisphere of the Nadir. Also, the Hour Angle reckoned from the Meridian of the Nadir is the supplement to 12^{h} of that reckoned from the Meridian of the Zenith. Hence the supplements of the terms below the black line are the proper Hour Angles

PRÉFACE.

EXPLICATION.

Il y a, pour chaque Latitude, une table particulière dans laquelle les Déclinaisons du même nom et du nom opposé, sont rangées par ordre, depuis 60° jusqu'à 120° de distance polaire. Les Azimuts se présentent comme argument supérieur à partir du passage au Méridien, à gauche, jusqu'au Premier Vertical, à droite.

Les exemples suivants ne demandent aucune explication.

En Latitude 50° et Déclinaison + 12° (de même dénomination) l'Angle Horaire 4·48$^{h.\ m.}$ donne un Azimut Z en chef de 84°. En Latitude 50° et Déclinaison − 12° (de noms opposés) l'Angle Horaire 4·50$^{h.\ m.}$ donne l'Azimut 69°: maintenant une différence de 3° dans l'Azimut répond à un changement de 15^m dans l'Angle Horaire donc pour 2^m (c'est-à-dire pour 4·50 − 4·48) on aura 0°·4 pour la correction sur Z ce qui donne 69° − 0°·4 = 68°·6 pour l'Azimut qui correspond à l'Angle Horaire 4·48$^{h.\ m.}$.

Les Azimuts se comptent à partir du pôle vers lequel l'astre passe le Méridien. Quand la Déclinaison est du même nom et plus forte que la Latitude, l'Azimut se compte du pôle élevé et les Angles Horaires diminuent de haut en bas. Quand la Latitude est plus grande que la Déclinaison (ou plutôt, quand la distance polaire est plus grande que la co-latitude), les Azimuts se comptent du pôle déprimé et les Angles Horaires s'augmentent de haut en bas.

Dans la partie supérieure de chaque table où les Latitudes et la Déclinaison sont du même nom, tous les Angles Horaires appartiennent à un astre au dessus de l'Horizon; mais comme les Azimuts ne sont donnés que jusqu'au Premier Vertical et non au delà, on n'y trouve pas ceux qui correspondent au trajet de l'astre du Premier Vertical à l'Horizon. De même, quand la Latitude et la Déclinaison sont de noms opposés, il y aura plusieurs valeurs appartenant au trajet de l'astre au dessous de l'Horizon jusqu'au Premier Vertical. Pourtant ces termes ne sont pas inutiles. Car les termes Latitude, Déclinaison, Angle Horaire et Azimut, ne font pas savoir, sans calcul, si un astre est au dessus ou au dessous de l'Horizon; mais ce renseignement est fourni par la ligne noire dans les colonnes. Les valeurs sous ces lignes appartiennent au trajet au dessous de l'Horizon et aussi, ainsi que l'on verra bientôt, au trajet d'un astre vers le côté polaire du Premier Vertical.

On peut facilement comprendre que lorsque un objet est au dessous de l'Horizon du Zénit, il est au dessus de l'Horizon du Nadir, et qu'en comptant du même pole, l'Azimut ne varie pas, quant au nombre de degrés, que l'objet soit au dessus ou au dessous de l'Horizon. Et en outre si l'on compte des pôles *semblables* c'est-à-dire du pôle élevé ou du pôle déprimé les Azimuts seront les suppléments les uns des autres. Encore, si la Latitude et la Déclinaison ne sont pas de la même dénomination dans l'hémisphère du Zénit, elles le seront dans celle du Nadir. L'Angle Horaire, comptée du Méridien du Nadir, est le supplément à 12^h de celle que se compte du Méridien du Zénit. Donc les suppléments des termes, au dessous des lignes noires dans les tables, sont les Angles Horaires propres au trajet d'un astre entre le Premier Vertical et

for the object in its course between the Prime Vertical and the Horizon, and therefore the apparent times A.M. for Azimuths on the polar side of the Prime Vertical.

By reverting these supplements on the column of Azimuth 90 (identical in both), it will be evident that the terms thus transformed and transposed are simply continuations of the series on the other side of the Prime Vertical; or, what is the same thing, when Latitude and Declination are of the same name the terms below the black line give the apparent times A.M. for Azimuths towards the elevated pole.

USE.

Having the Latitude, Declination, and Hour Angle, the following is the general rule for finding Azimuth by the table.

1. With a Latitude and Declination near to those given, take out a near value of the given H.A., together with the corresponding tabular Azimuth Z.

2. At that part of the table take the diffs. for the tabular intervals in Lat. and Dec., and find the prop. parts for the differences between the actual and the tabular values; apply the prop. parts to the given H.A. *in the contrary way* to that indicated in the table.

3. The given H.A. thus adjusted being found in the line of the assumed Declination, gives at top the true Azimuth.

Tab. diff. H.A. : tab. diff. Z. :: diff. of corrected and tabular H.A. : corrⁿ on assumed Azimuth.

The tab. diff. in Lat. is got by taking the difference of the corresponding terms in the adjacent tables (for $1°$ up to $60°$ and for $2°$ beyond $60°$). These differences diminish as the Latitude increases, and being never large, the prop. part may generally be taken at sight; and in most cases may be neglected altogether.

The difference between the adjacent terms in a column gives the diff. in H.A. for $2°$ of Dec., and for these also the prop. part may be taken at sight.

Ex. 1. In Lat. $47°$ at H.A. 4·00 h. m., find Azimuth for $± 15°$, or $15°$ like and unlike. Dec. $15°$ is to be taken as the mean of $14°$ and $16°$.

Hour Angle.

Lat.	Dec.			
$47°$	$+\dfrac{14° + 16°}{2}$	$4·00$ h.m. $= \dfrac{3·56 + 4·04}{2}$ h.m. h.m.	to which $Z = 78°$ Azimuth.
$47°$	$-\dfrac{14° + 16°}{2}$	$3·47$ h.m. $= \dfrac{3·44 + 3·50}{2}$ h.m. h.m.	to which $Z = 55°$,,
		$4·12$ h.m. $= \dfrac{4·09 + 4·15}{2}$ h.m. h.m.	to which $Z = 60°$,,
	Diff. . . .	$0·25$	$5°$

Correction.

25 m. : $5°$ m. :: 13 m. ($= 4·00 - 3·47$ h.m. h.m.) : $2°·6 + 55° = 57°·6$ Azimuth ;

PRÉFACE.

l'Horizon et par conséquent sont les heures vraies matin pour les Azimuts du côté polaire du Premier Vertical.

Si, en continuation de la colonne 90° qui est commune au deux cas, on écrirait les suppléments, en sens inverse, on obtiendrait une table pareille à l'exemple donné pour la Latitude 48°, et on verrait que les termes, changés et transposés de cette manière, formeraient la continuation de la série antérieure au Premier Vertical ou, en autres

EXAMPLE FOR LATITUDE 48°.

AZIMUTH AND HOUR ANGLE SUPPLEMENTAL TO TERMS BELOW BLACK LINE.

Azimuth *continued* beyond Prime Vertical.   LATITUDE 48°.

	90°	93°	96°	99°	102°	105°	108°	111°	114°	117°	120°	125°	130°	135°
	h. m.	h. m.	h. m.	h. m.	h. m.	h. m.	h. m.	h. m.	h. m.	h. m.	h. m.	h. m.	h. m.	h. m.
30	3·55	4·11	4·28	4·46	5·04	5·23	5·41	5·59	6·18	6·36	6·54	7·24	7·53	8·21
28	4·06	4·22	4·39	4·56	5·14	5·33	5·50	6·09	6·27	6·45	7·03	7·32	8·00	
26	4·16	4·32	4·49	5·06	5·24	5·42	6·00	6·17	6·35	6·53	7·10	7·39	8·06	
24	4·25	4·42	4·59	5·16	5·33	5·51	6·08	6·26	6·43	7·01	7·18	7·45		
22	4·35	4·51	5·08	5·25	5·42	6·00	6·17	6·34	6·51	7·08	7·25			
20	4·43	5·00	5·16	5·33	5·50	6·08	6·25	6·42	6·58	7·15	7·31			
18	4·52	5·08	5·25	5·42	5·59	6·16	6·32	6·49	7·06	7·22				
16	5·00	5·16	5·33	5·50	6·06	6·24	6·40	6·56	7·13					
14	5·08	5·24	5·41	5·57	6·14	6·31	6·47	7·03						
12	5·16	5·32	5·49	6·05	6·21	6·38	6·54							
10	5·24	5·40	5·56	6·12	6·29									
8	5·31	5·47	6·03	6·20										
6	5·38	5·54	6·11											
4	5·46	6·02												
2	5·53													
0	6·00													

Hour Angles P.M. supplements to those A.M. below the black lines.

To face page viii *of the Preface.*

$$4·12 = \frac{4·09 + 4·15}{2} \quad \text{pour lequel } Z = 60°$$

Diff. . . . 0·25 . . . . 5°

Correction.

$25^m : 5^m :: 13^m (= 4·00 - 3·47) : 2°·6 + 55° = 57°·6$ Azimut;

for the object in its course between the Prime Vertical and the Horizon, and therefore the apparent times A.M. for Azimuths on the polar side of the Prime Vertical.

By reverting these supplements on the column of Azimuth 90 (identical in both), it will be evident that the terms thus transformed and transposed are simply continuations of the series on the other side of the Prime Vertical; or, what is the same thing,

L'AZIMUT ET LES ANGLES HORAIRES SUPPLÉMENTAIRES AUX TERMES AU DESSOUS DES LIGNES NOIRES.

L'AZIMUT *continué* au delà du Premier Cercle Vertical.   LATITUDE 48°.

	90°	93°	96°	99°	102°	105°	108°	111°	114°	117°	120°	125°	130°	135°
°	h. m.	h. m.	h. m.	h. m.	h. m.	h. m.	h. m.	h. m.	h. m.	h. m.	h. m.	h. m.	h. m.	h. m.
30	3·55	4·11	4·28	4·46	5·04	5·23	5·41	5·59	6·18	6·36	6·54	7·24	7·53	8·21
28	4·06	4·22	4·39	4·56	5·14	5·33	5·50	6·09	6·27	6·45	7·03	7·32	8·00	
26	4·16	4·32	4·49	5·06	5·24	5·42	6·00	6·17	6·35	6·53	7·10	7·39	8·06	
24	4·25	4·42	4·59	5·16	5·33	5·51	6·08	6·26	6·43	7·01	7·18	7·45		
22	4·35	4·51	5·08	5·25	5·42	6·00	6·17	6·34	6·51	7·08	7·25			
20	4·43	5·00	5·16	5·33	5·50	6·08	6·25	6·42	6·58	7·15	7·31			
18	4·52	5·08	5·25	5·42	5·59	6·16	6·32	6·49	7·06	7·22				
16	5·00	5·16	5·33	5·50	6·06	6·24	6·40	6·56	7·13					
14	5·08	5·24	5·41	5·57	6·14	6·31	6·47	7·03						
12	5·16	5·32	5·49	6·05	6·21	6·38	6·54							
10	5·24	5·40	5·56	6·12	6·29									
8	5·31	5·47	6·03	6·20										
6	5·38	5·54	6·11											
4	5·46	6·02												
2	5·53													
0	6·00													

Angles Horaires, soir, suppléments des Angles Horaires, matin, au dessous des lignes noires.

$$\frac{4\cdot 12 - 3\cdot 47}{2}\text{ to which } Z = 60°$$

Diff. . . . 0·25 . . . . . 5°

Correction.

$\overset{m.}{25} : \overset{m.}{5°} :: \overset{m.}{13} (= 4\cdot00 - 3\cdot47) : 2°\cdot6 + 55° = 57°\cdot6$ Azimuth;

l'Horizon et par conséquent sont les heures vraies matin pour les Azimuts du côté polaire du Premier Vertical.

Si, en continuation de la colonne 90° qui est commune au deux cas, on écrivait les suppléments, en sens inverse, on obtiendrait une table pareille à l'exemple donné pour la Latitude 48°, et on verrait que les termes, changés et transposés de cette manière, formeraient la continuation de la série antérieure au Premier Vertical ou, en autres mots, quand la Latitude et la Déclinaison sont du même nom, les termes, au dessous des lignes noires, donnent les heures vraies matin pour les Azimuts, comptés à partir du pôle élevé.

L'EMPLOI DES TABLES.

Quand la Latitude, la Déclinaison, et l'Angle Horaire sont donnés, voici la règle générale pour chercher l'Azimut au moyen de ces tables.

Entrez dans la table avec une Latitude et une Déclinaison approchées, et notez la valeur approximative de l'Angle Horaire ainsi que l'Azimut, en chef. Notez aussi pour cette même partie de la table les différences pour les intervalles successifs de Latitude et de Déclinaison et puis calculez les valeurs proportionnelles pour les différences entre les valeurs données et celles de la table. Les corrections, ainsi trouvées, doivent s'appliquer à l'Angle Horaire *en sens contraire* à celui qui est indiqué dans la table. Puis, en ligne de la Déclinaison approchée, l'Angle Horaire ajusté, donnera l'Azimut demandé en haut.

On peut énoncer la règle ainsi :—

La diff. tab. de l'A.H. : la diff. tab. de Z. :: la diff. des A.H. tab. et corr. : la correction sur l'Azimut supposé.

Pour les Latitudes on trouve la variation tabulaire en prenant la différence de deux termes correspondants dans deux tables consécutives. Ces différences sont pour 1° de 0° à 60° de Latitude et pour 2° de 60° à 80°. Elles diminuent à mesure que la Latitude s'augmente et ne sont jamais si grandes que les parties proportionnelles en puissent s'estimer à vue. Ordinairement on peut les négliger.

La différence entre les termes successifs, dans une colonne, donne la variation dans l'Angle Horaire pour 2° de Déclinaison ; on peut aussi en estimer la partie proportionnelle à vue.

Ex. 1. On demande l'Azimut pour l'Angle Horaire $\overset{h.\ m.}{4 \cdot 00}$, en Latitude 47° la Déclinaison étant de ± 15° c'est-à-dire du même nom et puis du nom opposé. La Déclinaison 15° est moyenne entre 14° et 16°.

$$\text{Lat.} \quad \text{Décl.} \quad \text{Angle Horaire.}$$

$$47° \quad +\frac{14°+16°}{2} \quad \overset{h.\ m.}{4 \cdot 00} = \frac{\overset{h.\ m.}{3 \cdot 56} + \overset{h.\ m.}{4 \cdot 04}}{2} \quad \text{pour lequel } Z = 78° \text{ Azimut.}$$

$$47° \quad -\frac{14°+16°}{2} \quad \overset{h.\ m.}{3 \cdot 47} = \frac{\overset{h.\ m.}{3 \cdot 44} + \overset{h.\ m.}{3 \cdot 50}}{2} \quad \text{pour lequel } Z = 55° \quad ,,$$

$$\overset{h.\ m.}{4 \cdot 12} = \frac{\overset{h.\ m.}{4 \cdot 09} + \overset{h.\ m.}{4 \cdot 15}}{2} \quad \text{pour lequel } Z = 60° \quad ,,$$

$$\text{Diff.} \quad \ldots \quad 0 \cdot 25 \quad \ldots \quad \ldots \quad \ldots \quad 5°$$

Correction.

$$\overset{m.}{25} \ : \ \overset{m.}{5°} \ :: \ \overset{m.}{13} (= 4 \cdot 00 - 3 \cdot 47) \ : \ 2° \cdot 6 + 55° = 57° \cdot 6 \text{ Azimut};$$

or more readily: The given H.A. 4·00 (h.m.) being nearly the mean of 3·44 (h.m.) and 4·15 (h.m.), or of 3·50 (h.m.) and 4·09 (h.m.), the required Azimuth must be very near 57¼°, the mean of 55° and 60°.

Ex. 2. In Lat. 48° Dec. + 18°, find for H.A. 6·24 (h.m.).

The H.A. here given exceeds that in col. 90°, the object must therefore be on the polar side of the P.V.; by the supplemental table given above it is easy to see that for H.A. 6·24 (h.m.) the value of Z is 106½°, reckoning as usual equatorially, that is, from the depressed pole. In such a case, however, instead of having recourse to a subsidiary table, we may use the principal table as it stands, by taking at once the given H.A. in app. time. A.M., and with this find the tabular Z in the usual way; reckoning now from the elevated pole thus to 5·36 (h.m.) (= 12 − 6·24 (h.m.)) below the black line, we have Z = 73½ (polar). In this way, the use of the terms below the black line becomes similar to and as easy as the rest of the tables. Taking them as they stand the terms below the black line give apparent time A.M., the Declinations below the line being now of the same name as the Latitude.

A person well versed in the use of tables, remembering to allow on the given Hour Angle for the fractional parts of Latitude and Declination in the contrary way to that indicated by their position, will have little difficulty in reading out the Azimuth, by inspection, to probably within a degree of the truth, or nearer than is required for finding the error of the Steering Compass. Those who are less familiar with the use of tables will do well to follow the regular process as above given. As the Azimuth found in this way will generally be fractional, it will often be more convenient to take an Azimuth to an even degree, and find the corresponding Hour Angle by correcting a near tabular value for the differences between the given and tabular Latitude, Declination, and Azimuth, and then to take the observation at the proper Hour Angle as given by a watch adjusted to apparent time.

Ex. 3. Find the proper H.A. for Z 88° in Lat. 52¼°, Dec. + 20½°.

In Lat. 52°, Dec. + 20° for Z = 87° the tabular H.A. is 4·39 (h.m.)

For tab. diff. +2° in Lat. tab. diff. in H.A. is	+ 5 (m.)	: for ¼° corr^n	+	00·6
,, +2° in Dec.	,, − 8	: for ½° ,,	−	02·0
,, +3° in Z	,, +15	: for 1° ,,	+	05·0

H.A. = 4·42·6 for Z = 88°.

By observing at intervals of 5^m before and after the time thus found, we may have the Azimuths 87° and 89°, and so in other cases.

PRÉFACE.

ou plus brièvement, l'Angle Horaire donné étant à peu près moyen entre $3\cdot44^{h.m.}$ et $4\cdot15^{h.m.}$, ou entre $3\cdot50^{h.m.}$ et $4\cdot09^{h.m.}$, il s'ensuit que l'Azimut cherché doit être approximativement moyen entre $55°$ et $60°$ c'est-à-dire $57\frac{1}{2}°$.

Ex. 2. En Latitude $48°$ on demande l'Azimut pour la Déclinaison $+18°$ et l'Angle Horaire $6\cdot24^{h.m.}$.

Ici l'Angle Horaire donné est plus grand que celui qui se trouve dans la colonne $90°$ de sorte que l'astre doit être au côté polaire du Premier Vertical. On verra, par la petite table supplémentaire que nous avons déjà donnée que pour l'A.H. $6\cdot24^{h.m.}$ la valeur de Z sera de $106\frac{1}{2}°$ comptés, comme à l'ordinaire, à partir du pôle déprimé. Mais, en pareil cas, au lieu d'avoir recours à une table auxiliaire on peut faire usage de la table principale, en employant le supplément de l'Angle Horaire donné pour chercher Z, qui devra alors se compter du pôle élevé. Donc, pour $5\cdot36^{h.m.}$ $(= 12^{h} - 6\cdot24^{h.m.})$ prises au dessous de la ligne noire, nous aurons pour Z $73\frac{1}{2}°$ (pôle supérieur). Par cette méthode l'emploi des termes sous les lignes noires devient semblable à, et aussi facile que, l'emploi de l'autre partie de la table. Tels qu'ils sont dans la table, ces termes au dessous des lignes noires donnent l'heure vraie, matin, quand les Déclinaisons négatives sont censées être du même nom que la Latitude.*

Une personne, habituée à faire usage de tables, n'éprouvera aucune difficulté en cherchant l'Azimut à vue, pourvu qu'elle se souvienne que les corrections pour les différences de Latitude ou de Déclinaison doivent s'appliquer aux Angles Horaires en sens contraire à celui que leur position indique. On peut ainsi évaluer l'Azimut, à un degré près, ce que est assez exact pour obtenir la variation du compas en mer. Ceux, qui ne sont pas bien au fait de l'emploi des tables, feront bien de suivre la méthode que nous avons déjà indiquée.

L'Azimut, cherchée de cette manière sera ordinairement fractionnaire ; il sera souvent plus commode d'avoir un Azimut à degré entier et de chercher l'Angle Horaire, qui lui correspond, en corrigeant une valeur tabulaire approchée pour les différences de Latitude, de Déclinaison et de l'Azimut donné à l'Azimut tabulaire. Puis, en faisant usage d'une montre reglée à l'heure vraie, on peut prendre l'observation à l'instant convenable.

Ex. 3. On demande l'Angle Horaire qui correspond à l'Azimut $Z = 88°$, en Latitude $52\frac{1}{4}°$, la Déclinaison étant de $+20\frac{1}{2}°$.

En Latitude $52°$, Déclinaison $+20°$, pour Z = $87°$, l'A.H. tab. est de $4\cdot39^{h.m.}$
Les corrections sont.

$+2°$ de Lat. (la variation de l'A.H. est de)	$+\ 5^{m}$	: pour $\frac{1}{4}°$ on a	$+$	$00\cdot6$
$+2°$ de Décl.	"	"	$-\ 8$	: pour $\frac{1}{2}°$ "	$-$	$02\cdot0$
$+3°$ de Z	"	"	$+\ 15$	: pour $1°$ "	$+$	$05\cdot0$
		Angle Horaire pour Z = $88°$		$4\cdot42\cdot6$

En prenant des observations cinq minutes avant et après l'heure indiquée on aura les Azimuts $87°$ et $89°$, et on peut agir de même en tous cas pareils.

Ex. 4. In Lat. 52¾°, Dec. + 17¼°, find the proper H.A. for Z 80°, the time being about 6ʰ from noon.

Here the object being on the polar side of the Prime Vertical, the H.A. supplemental, *i.e.*, the app. time A.M., is to be found by means of the terms below the black line (Z 80° polar = Z 100° equatorial).

For Lat. 52°, Dec. +18°, Z 81° (polar), tab. H.A. is 6·12 ʰ·ᵐ·   or supplemental 5·48 ʰ·ᵐ·

For tab. diff.

Lat. + 2° tab. diff. H.A. is	— 3 ᵐ;	for + ¾° corrⁿ	— 01·1	,,	+ 01·1
Dec. — 2°	,,	— 7 ; for — ¾°	,, — 02·6	,,	+ 02·6
Z — 3°	,,	—16 ; for — 1°	,, — 05·3	,,	+ 05·3

H.A. from Lower Meridian 6·03 A.M., from Up. Mer. 5·57 P.M.

ELONGATION.

In the early part of the table, when the Declination is like, and exceeds the Latitude, the object does not reach the P.V. The Azimuth goes on increasing from the Meridian till it reaches a certain value beyond which the spaces in the table are vacant. In such cases there are always two Hour Angles, one before and one after Elongation, which have the same Azimuth. The H.A. given in the table is that of the position corresponding to the nearest Meridian. The H.A. for the second position is the supplement of that given in the lower part of the table; and this, when found in the part below the black line, corresponds to the position of the object between Elongation and the Horizon.

Ex. In Lat. 16°, Dec. + 20 (of the same name) for Azimuth 72° the tabular H.A. 1·00 is that of the upper position. In the lower part of the table, below the black line, we find 6·22, which is the H.A. from the lower Meridian. Hence 12 — 6·22 = 5·38 is the H.A. for Azimuth 72° in the second position between the Elongation and the Horizon.

When the H.A. in the lower part of the table is above the black line it is the H.A. of the object (polar) *below* the Horizon, reckoning from the lower Meridian.

The time of Elongation is always nearer to the upper than to the lower position.

In Lat. 16°, Dec. 20°, the Elongation occurs at H.A. 2·32, as shown by the small table at the side.

The mean of the time 1 ʰ and 5·22 ʰ·ᵐ· is 3·19 ʰ·ᵐ·. In Lat. 16°, when Elongation occurs at 3·20 ʰ·ᵐ·, the Azimuth is 71°·9, and the Dec. is not 20°, but 24°.

PRÉFACE. xiii

Ex. 4. En Latitude $52\frac{3}{4}°$ on demande l'Angle Horaire qui répond à l'Azimut $Z = 80°$ et à la Déclinaison $+ 17\frac{1}{4}°$, vers six heures environ avant ou après midi.

Puisque l'astre sera du côté polaire du Premier Vertical, il faudra chercher l'Angle Horaire supplémental, c'est-a-dire, l'heure vraie du matin, au moyen des termes au dessous des lignes noires. Z 80° (pôle supérieur) = Z 100° (pôle inférieur).

En Lat. 52°, Décl. $+ 18°$, $Z = 81°$ (pôle sup.) l'A.H. tab. est de 6·12 ͪ·ᵐ· son supplém. 5·48 ͪ·ᵐ·
On a pour corrections.

÷ 2° de Lat.	la var. de l'A.H. est de — 3 ᵐ·	: pour + $\frac{3}{4}°$	— 01.1	,,	+ 01·1
— 2° de Décl.	,, ,,	— 7 : pour — $\frac{1}{4}°$	— 02·6	,,	+ 02·6
— 3° de Z	,, ,,	—16 : pour — 1°	— 05·3	,,	+ 05·3

Angle Horaire à partir du Méridien inférieur   6·03   matin et   5·57   soir, à partir du Méridien supérieur.

À L'ÉLONGATION.

Dans la première partie de la table, quand la Déclinaison est du même nom et plus forte que la Latitude, l'astre n'atteint pas au Premier Vertical. L'Azimut s'augmente, à partir du Méridien, jusqu'à une certaine valeur et au delà les colonnes de la table restent vides.

En ces cas, il y a toujours deux Angles Horaires, qui ont le même Azimut, l'un avant et l'autre, après l'Élongation. L'Angle Horaire donné dans la table appartient à la position qui correspond au plus proche Méridien. L'Angle Horaire, pour la seconde position, est le supplément de celui qui est donné dans la partie inférieure de la table et qui se trouve au dessous des lignes noires. Cet Angle répond à la position de l'astre entre l'Élongation et l'Horizon.

Ex. 5. En Latitude 16°, et pour la Déclinaison $+ 20°$ (du même nom), nous avons sous l'Azimut 72°, l'Angle Horaire 1·00 ͪ·ᵐ· pour la position supérieure; plus bas et au dessous de la ligne noire, on trouve 6·22 ͪ·ᵐ· pour l'Angle Horaire compté du Méridien inférieur.

Donc 5·38 ͪ·ᵐ· ($= 12$ ʰ $- 6·22$ ͪ·ᵐ·) sera l'Angle Horaire pour l'Azimut 72° dans la seconde position, sur le retour, après avoir passé l'Élongation.

Quand l'Angle Horaire dans la partie inférieure de la table est au dessus de la ligne noire il devient l'Angle Horaire de l'astre circompolaire au dessous de l'Horizon, en comptant du Méridien inférieur.

L'intervalle entre la position supérieure et l'Élongation est toujours moindre que celui entre l'Élongation et la position inférieure.

En Latitude 16°, la Déclinaison étant de 20°, l'Élongation à lieu à l'Angle Horaire 2·32 ͪ·ᵐ·, voir la petite table à côté. L'intervalle supérieur est donc 1·32 ͪ·ᵐ·, et l'inférieur 3·50 ͪ·ᵐ·. Mais si l'on prenait le moyen 3·19 ͪ·ᵐ·, des Angles Horaires 1·00 ͪ·ᵐ· et 5·22 ͪ·ᵐ·, on trouverait par la petite table à côté qu'en Latitude 16°, l'Élongation aurait lieu à 3·20 ͪ·ᵐ·, que l'Azimut serait de 71°·9, et que la Déclinaison serait de 24° au lieu de 20°.

B

PREFACE.

AMPLITUDE.

The other small table on the margin gives Amplitude and Ascensional Difference Dasc (Diff. Asc.) for an object on the true Horizon. As it is not convenient, when observing, to be limited to a single instant, it may be useful to show how, along with the larger table, it may be used for Amplitudes near to, yet not on, the Horizon.

The proper Amplitude and the proper Dasc for the actual Latitude and Declination are to be found as usual. The diff. of the terms at the black line gives the diff. in time for the tab. diff. in Azimuth. This gives the means of correcting the observed Amplitudes in proportion to the intervals between ($6^h \pm$ Dasc) and the app. times of observation. The apparent time may be given either by watch, or by a low Altitude, or by noting the sun's limb on the sea Horizon.

When Latitude and Declination are of the same name, the correction is to be added to the tabular Amplitude when the sun is observed too low, as also when observed too high with Latitude and Declination of opposite names, and *vice versâ*; or, in terms more easily remembered:

> For *like and below*, or *unlike and above*, add the correction; and
> For *like and above*, or *unlike and below*, subtract it.

ALTITUDE.

Azimuth, Hour Angle, Latitude, and Declination are four quantities, any three of which determine the fourth; and the same is true of the four quantities, Hour Angle, Azimuth, Latitude, and Altitude. Hence, when by the former set we have found Azimuth, we may by the latter set find Altitude. The principle is true, but of limited applicability. By these tables it may be used for finding Altitudes up to 30°, but as the Altitude is given virtually by its cos (sin. zen. dist.), the method, though sometimes convenient, is not very precise.

The practical rule is: Find, in the usual way, Z for Lat., Dec., and H.A. Turn Z into time, and H.A. into arc; then transposing them, in col. of Azimuth = H.A. in arc the value of Z in time will give the Altitude in col. Dec., as in the examples following:—

Lat.	Dec.	H.A.	Z'.	Z	H'.A'.	Lat.	Z'.	H'.A'.	Dec'. = Altitude.
		h. m.			h. m.			h. m.	
50°	+ 6°	4·48 =	72°	84°	= 5·36	50°	72°	5·36	19¾°
50	− 20	5·24 =	81	69	= 4·36	50	81	4·36	11 nearly.
50	− 28	5·48 =	87	69	= 4·36	50	87	4·36	16¼
48½	+ 6¾	4·10 =	62½	73·3	= 4·53	48½	62½	4·53	23 ⎫ nearly.
50	− 22	5·16 =	64	67½	= 4·30	50	64	4·30	14 ⎭

When the terms have integer values, the process is easy, and the result is tolerably exact. When the terms are fractional, it is rather troublesome, and the result may be only a rough approximation.

AMPLITUDE.

Il y a encore une petite table, à côté, qui donne l'Amplitude et la Différence d'Ascension pour un astre sur l'Horizon vrai. En observant, il est incommode d'être restreint à un seul moment ; il peut donc être utile de montrer comment cette petite table peut servir, avec l'aide de la grande, a corriger les observations prises près de, mais non pas, sur l'Horizon.

On cherche d'abord, comme à l'ordinaire, l'Amplitude et la Différence d'Ascension qui correspondent à la Latitude et à la Déclinaison données. La différence des termes près de la ligne noire, en ligne de la Déclinaison, donne la variation en temps pour la différence tabulaire en Azimut. On peut donc corriger les Amplitudes observées en proportion des intervalles entre ($6^h \pm$ diff. d'Asc) et les heures vraies des observations. On peut obtenir l'heure vraie, soit par la montre, soit par une petite hauteur, soit en observant le passage de l'astre à l'Horizon.

Quand la Latitude et la Déclinaison sont du même nom, et que l'astre a été trop bas, la correction doit s'ajouter à l'Amplitude tabulaire : et encore quand l'astre a été trop haut et que la Latitude et la Déclinaison sont de noms opposés, et *vice versâ*.

De même nom et dessous,
Noms opposés et dessus,   Ajoutez.   } *La correction à, ou de,*
De même nom et dessus,   *la valeur tabulaire de*
Noms opposés et dessous,   Soustrayez.   } *l'Amplitude.*

HAUTEUR.

Trois quantités quelconques choisies parmi les quatre suivantes, Azimut, Angle Horaire, Latitude et Déclinaison, servent à déterminer la quatrième. Cela s'applique aussi aux quatres quantités Angle Horaire, Azimut, Latitude, et Hauteur. Donc, si nous trouvions l'Azimut au moyen de la première série, nous pourrions chercher la Hauteur par la seconde. Le principe est juste ; mais l'application a ses limites. En faisant usage de ces tables on peut chercher la Hauteur jusqu'à 30°, mais comme la Hauteur se déduit par son cosinus (sinus distance Zénithale) la méthode est peu exacte, quoiqu'elle puisse être commode en certaines circonstances.

Voici la règle pratique. Cherchez, comme à l'ordinaire, l'Azimut Z, qui répond à la Latitude, la Déclinaison et l'Angle Horaire donnés. Convertissez Z en temps et l'Angle Horaire en arc. Puis en entrant dans la table avec l'Angle Horaire convertie comme argument supérieur, la valeur de Z, en temps, indiquera la Hauteur dans la colonne de Déclinaison. Exemples :—

Lat.	Décl.	A.H.	Z'.	Z	A'.H'.	Lat.	Z'.	A'.H'.	Décl.	= Hauteur.
		h. m.			h. m.			h. m.		
50°	+ 6°	4·48	= 72°	84°	= 5·36	50°	72°	5·36	$19\frac{3}{4}$°	
50	− 20	5·24	= 81	69	= 4·36	50	81	4·36	11	à peu près.
50	− 28	5·48	= 87	69	= 4·36	50	87	4·36	$16\frac{1}{2}$	
$48\frac{1}{2}$	+ $6\frac{3}{4}$	4·10	= $62\frac{1}{2}$	73·3	= 4·53	$48\frac{1}{2}$	$62\frac{1}{2}$	4·53	23	} à peu près.
50	− 22	5·16	= 64	$67\frac{1}{2}$	= 4·30	50	64	4·30	14	

PREFACE.

AZIMUTH STEERING COMPASS.

The table having been made to facilitate the use of the **Azimuth Steering Compass**, I here add a description of it as made by Lilley & Son, together with the method of using it.

On the opposite sides of the movable **rim of the Steering Compass** is attached a semicircular arc or band, having along its **middle** a narrow slit (from $1°$ to $2°$ wide), by means of which it may be directed towards the **sun** or other object. The sun's **light,** shining through the slit and over the centre of the card, shows on the edge the **Compass** bearing of the sun. This, compared with the Azimuth found by table, gives the **Error of the Compass.**

When the streak of light cannot be distinctly seen on the edge of the card, or on observations of the moon, star, or planet, the object may be viewed directly through the slit, or as reflected from the glass cover beneath the slit. In such cases the observation is made by taking the usual reading of the card at the *lubber's* line (of direction), together with a reading on the rim giving the angle between the lubber's line and the object. The sum or difference of these, according to their position, gives the Compass bearing of the object; and this, compared with the true Azimuth, gives the Error of the Compass, or, in other terms, its deviation from the true Meridian.

The table, by means of the Hour Angle, gives the Azimuth. The rim, carrying the index, being turned in the opposite direction by the amount of that angle, the slit shows the direction of the true Meridian. When the object is in the N.E. and S.W. quadrants, the index is to be turned to the left, and when in the N.W. and S.E. quadrants it is to be turned to the right, *i.e.*, opposite to Azimuth.

The angle between the true Meridian and the lubber's line is the ship's true course.

The angle between the true Meridian and the N.S. line is the Error of the Compass.

By having the points and quarter points marked on the rim of this Compass, and bringing, as above shown, the line of sight into the Meridian, the line of the ship's head on the rim shows the true course.

The table may be used in like manner along with Lilley's "Course Indicator," Frend's "Pelores," or other instrument for observing Azimuth at sea.

ROBERT SHORTREDE.

February 1868.

Lorsque les termes sont entiers, le procédé est facile et assez correct ; mais quand les nombres sont fractionnaires, il devient difficile et le résultat n'est qu'une approximation peu exacte.

Boussole de Conduite Azimutale.

Ces tables ont été préparées pour faciliter l'emploi de la Boussole de Conduite Azimutale construite par MM. Lilley et fils, de Londres, nous en donnons maintenant une description et la manière d'en faire usage.

Une bande formant demi-cercle et ayant au milieu une fente étroite (d'un ou de deux degrés de largeur), est attaché par ses deux bouts et verticalement[*] au cercle accessoire de la boussole. Cette bande forme une alidade qu'on peut diriger vers le soleil ou vers un objet quelconque. Un rayon du soleil en passant par la fente et en traversant le centre de la rose indique, sur le bord gradué, l'Azimut magnétique du soleil. En le comparant avec l'Azimut vrai, trouvé au moyen des tables, on obtient la variation du Compas.

Quand on ne voit pas distinctement le rayon de lumière qui passe par la fente, ou qu'on observe la lune, une étoile, ou une planète, on peut viser l'objet directement à travers la fente, ou en viser l'image réflechie dans le couvercle de glace. En ce cas il faut noter la division de la rose qui correspond à la *ligne de foi d'avant* et l'angle comprise entre la ligne de foi et l'alidade. La somme ou la différence de ces angles, selon leur position respective, sera l'Azimut magnétique dont on déduira la variation du Compas, par comparaison avec l'Azimut vrai.

On obtient l'Azimut vrai, par les tables, en ayant l'Angle Horaire. Si l'on fait tourner le cercle accessoire, qui porte un index, par un angle égal à l'Azimut, mais dans le sens opposé, la fente sera dans la direction du vrai Méridien. Si l'objet observé était dans les quarts de cercle du Nord Est ou du Sud Ouest, il faudrait tourner l'index à gauche: s'il était dans les quarts du Nord Ouest ou du Sud Est, l'index devra se tourner à droite, c'est-à-dire en sens contraire à l'Azimut.

L'angle comprise entre la ligne de foi d'avant et le vrai Méridien est la route vraie du navire.

L'angle entre le vrai Méridien et la ligne N.S. de la rose est la variation du Compas.

Si l'on eût les quarts de la rose marqués sur le cercle accessoire, et que l'on eût placé la fente dans la direction du vrai Méridien, de la manière que nous avons indiqué plus haut, la ligne de foi d'avant montrerait la vraie route du vaisseau.

On peut aussi employer les tables avec "L'Indicateur de Route" des MM. Lilley, avec le "Pelores" de M. Frend, ou avec un instrument quelconque pour observer les Azimuts en mer.

ROBERT SHORTREDE.

Février 1868.

[*] En anse de panier.

AZIMUTH AND HOUR ANGLE FOR LATITUDE AND DECLINATION.

Latitude 0. Equator.

Azimuth.

DECLINATION	5°	10°	15°	20°	25°	30°	35°	40°	45°	50°	55°	60°
	m.	m.	m.	m.	h. m.	h. m.	h. m.	h. m.	h. m.	h. m.	h. m.	h. m.
0°	*	*	*	*	*	*	*	*	*	*	*	*
2	1	1	2	3	4	5	6	7	8	10	11	14
4	1	3	4	6	7	9	11	13	16	19	23	28
6	2	4	6	9	11	14	17	20	24	29	35	42
8	3	6	9	12	15	19	23	27	32	39	46	56
10	4	7	11	15	19	23	28	34	41	49	58	1·11
12	4	9	13	18	23	28	34	41	49	59	1·11	1·26
14	5	10	15	21	27	33	40	48	58	1·09	1·23	1·42
16	6	12	18	24	31	38	46	56	1·07	1·20	1·37	1·59
18	7	13	20	27	35	43	53	1·03	1·16	1·31	1·51	2·17
20	7	15	22	30	39	49	59	1·11	1·25	1·43	2·05	2·36
22	8	16	25	34	43	54	1·06	1·19	1·35	1·55	2·21	2·58
24	9	18	27	37	48	1·00	1·13	1·28	1·46	2·08	2·38	3·22
26	10	20	30	41	53	1·05	1·20	1·37	1·57	2·22	2·57	3·51
28	11	22	33	45	57	1·12	1·27	1·46	2·08	2·37	3·17	4·28
30	12	23	36	49	1·02	1·18	1·35	1·56	2·21	2·54	3·42	6·00

Azimuth—continued.

Declination	60°	63°	66°	69°	72°	75°	78°	81°	84°	87°	90°
	h. m.	h. m.	h. m.	h. m.	h. m.	h. m.	h. m.	h. m.	h. m.	h. m.	h. m.
0°	*	*	*	*	*	*	*	*	*	*	*
2	14	16	18	21	25	30	38	51	1·18	2·47	
4	28	32	36	42	50	1·01	1·17	1·45	2·47		
6	42	48	55	1·04	1·15	1·32	1·59	2·46	6·00		
8	56	1·04	1·14	1·26	1·43	2·07	2·46	4·10			
10	1·11	1·21	1·33	1·49	2·11	2·45	3·44				
12	1·26	1·39	1·54	2·14	2·43	3·30	6·00				
14	1·42	1·57	2·16	2·41	3·20	4·34					
16	1·59	2·17	2·40	3·13	4·08						
18	2·17	2·38	3·07	3·51	6·00						
20	2·36	3·02	3·39	4·26							
22	2·58	3·30	4·21								
24	3·22	4·04	6·00								
26	3·51	4·53									
28	4·28										
30	6·00										

	80°	82°	84°	86°	88°
	h. m.	h. m.	h. m.	h. m.	h. m.
0°	*	*	*	*	*
2	46	58	1·18	2·00	6·00
4	1·33	1·59	2·47	6·00	
6	2·26	3·13	6·00		
8	3·31	6·00			
10	6·00				

AZIMUTH AND HOUR ANGLE FOR LATITUDE AND DECLINATION.

LATITUDE 1°.

DECLINATION		AZIMUTH										
		5°	10°	15°	20°	25°	30°	35°	40°	45°	50°	55°	60°
		m.	m.	m.	m.	h. m.	h. m.	h. m.	h. m.	h. m.	h. m.	h. m.	h. m.
+	30	11	23	35	47	1·01	1·16	1·33	1·53	2·17	2·49	3·36	5·45
Like Latitude	28	10	21	32	43	56	1·09	1·25	1·43	2·04	2·32	3·12	4·21
	26	9	19	29	39	51	1·03	1·17	1·33	1·53	2·17	2·51	3·53
	24	9	17	26	36	46	57	1·10	1·24	1·42	2·03	2·32	3·15
	22	8	16	24	32	42	52	1·03	1·16	1·31	1·50	2·15	2·51
	20	7	14	21	29	37	46	56	1·08	1·21	1·38	2·00	2·29
	18	6	12	19	26	33	41	50	1·00	1·12	1·26	1·45	2·10
	16	5	11	17	22	29	36	44	52	1·03	1·15	1·31	1·52
	14	5	9	14	19	25	31	37	45	54	1·05	1·18	1·35
	12	4	8	12	16	21	26	31	38	45	54	1·05	1·19
	10	3	6	10	13	17	21	26	31	37	44	53	1·04
	8	2	5	8	10	13	16	20	24	28	34	41	49
	6	2	4	5	7	9	12	14	17	20	24	29	35
	4	1	2	3	4	6	7	8	10	12	14	17	21
+	2	0	1	1	1	2	2	3	3	4	5	6	7
	0	0	1	1	1	2	2	3	3	4	5	6	7
−	2	1	2	3	4	6	7	8	10	12	14	17	21
	4	2	4	5	7	9	12	14	17	20	24	29	35
	6	2	5	8	10	13	16	20	24	28	34	40	49
	8	3	6	10	13	17	21	25	30	36	43	52	1·03
	10	4	8	12	16	21	26	31	37	45	53	1·04	1·18
Unlike Latitude	12	5	9	14	19	25	30	37	44	53	1·03	1·16	1·33
	14	5	11	16	22	29	35	43	52	1·02	1·14	1·29	1·49
	16	6	12	19	25	33	40	49	59	1·11	1·25	1·42	2·06
	18	7	14	21	29	37	46	54	1·07	1·20	1·36	1·56	2·24
	20	8	15	23	32	41	51	1·02	1·14	1·29	1·48	2·11	2·43
	22	8	17	26	35	45	56	1·09	1·23	1·39	2·00	2·27	3·04
	24	9	19	28	39	50	1·02	1·15	1·31	1·50	2·13	2·44	3·29
	26	10	20	31	42	54	1·08	1·23	1·40	2·01	2·27	3·02	3·57
	28	11	22	34	46	59	1·14	1·30	1·49	2·12	2·42	3·23	4·35
−	30	12	24	37	50	1·04	1·20	1·38	1·59	2·25	2·59	3·48	5·59

Latitude and Declination being unlike, the black line separates

When Lat. and Dec. are of the same name, the terms below the black line

AZIMUTH AND HOUR ANGLE FOR LATITUDE AND DECLINATION.

DECLINATION	LATITUDE 1°. AZIMUTH.									DECL.	AT ELONG.	
	63°	66°	69°	72°	75°	78°	81°	84°	87° 90°		Elong. ° '	H.A. h. m.
	h. m.	h. m.	h. m.	h. m.	h. m.	h. m.	h. m.	h. m.	h. m.	30	60·01	5·53
+30										28	62·01	5·52
28										26	64·01	5·52
26	4·44									24	66·01	5·51
24	3·55	5·41								22	68·01	5·50
22	3·22	4·11								20	70·02	5·49
										18	72·02	5·48
20	2·54	3·30	4·35							16	74·02	5·46
18	2·30	2·58	3·40	5·35						14	76·02	5·44
16	2·09	2·31	3·03	3·55						12	78·02	5·41
14	1·49	2·07	2·31	3·08	4·18					10	80·03	5·37
12	1·31	1·45	2·04	2·31	3·14	5·22				8	82·04	5·31
10	1·13	1·24	2·39	1·59	2·29	3·24				6	84·05	5·22
										4	86·08	5·02
8	56	1·05	1·15	1·30	1·51	2·26	3·42			2	88·16	4·00
6	40	46	53	1·03	1·17	1·39	2·20	4·44				
4	24	27	31	37	45	58	1·19	2·06			AT TRUE HORIZON.	
+2	8	9	10	12	15	19	25	39	1·23	DECL.	Amp. ° '	Dasc. h. m.
0	8	9	10	12	15	19	25	38	1·14 6·00			
−2	24	27	31	37	45	56	1·16	1·54	3·50	2	2·00	0·0·1
4	39	45	52	1·02	1·15	1·35	2·09	3·22		4	4·00	0·3
6	55	1·04	1·14	1·28	1·47	2·17	3·10	6·00		6	6·00	0·4
8	1·12	1·23	1·36	1·55	2·21	3·04	4·33			8	8·00	0·6
10	1·29	1·42	2·00	2·24	2·59	4·02				10	10·00	0·0·7
12	1·46	2·03	2·25	2·55	3·44	6·00				12	12·00	0·0·9
14	2·05	2·25	2·52	3·32	4·48					14	14·00	1·0
16	2·25	2·49	3·24	4·19						16	16·00	1·1
18	2·46	3·16	4·01	5·59						18	18·00	1·3
20	3·10	3·48	4·56							20	20·00	0·1·5
22	3·37	4·29								22	22·00	1·6
24	4·11	5·59								24	24·00	1·8
26	5·00									26	26·00	2·0
28										28	28·00	2·1
−30										30	30·00	0·2·3

the terms below from those above the true Horizon.

give App. Time A.M. for Azimuth on polar side of Prime Vertical.

3

AZIMUTH AND HOUR ANGLE FOR LATITUDE AND DECLINATION.

LATITUDE 2°.

DECLINATION		AZIMUTH										
		5°	10°	15°	20°	25°	30°	35°	40°	45°	50°	55°	60°
	°	m.	m.	m.	m.	h. m.	h. m.	h. m.	h. m.	h. m.	h. m.	h. m.	h. m.
+	30	11	22	33	46	59	1·13	1·30	1·49	2·13	2·44	3·30	5·30
	28	10	20	31	42	54	1·07	1·22	1·39	2·00	2·27	3·06	4·13
	26	9	18	28	38	49	1·01	1·14	1·30	1·49	2·12	2·45	3·36
	24	8	17	25	34	44	55	1·07	1·21	1·38	1·58	2·26	3·07
	22	7	15	23	31	40	49	1·00	1·12	1·27	1·45	2·09	2·43
Like Latitude.	20	7	13	20	28	35	44	53	1·04	1·17	1·33	1·54	2·22
	18	6	12	18	24	31	39	47	57	1·08	1·21	1·39	2·03
	16	5	10	15	21	27	33	41	50	59	1·10	1·25	1·45
	14	4	9	13	18	23	28	35	43	50	1·00	1·12	1·28
	12	4	7	11	15	19	24	29	34	41	49	59	1·12
	10	3	6	9	12	15	19	23	27	33	39	47	57
	8	2	4	6	9	11	14	17	20	24	29	35	42
	6	1	3	4	6	7	9	11	14	16	19	23	28
	4	1	1	2	3	4	5	6	7	8	10	11	14
+	2	*	*	*	*	*	*	*	*	*	*	*	*
	0	1	1	2	3	4	5	6	7	8	10	11	14
−	2	1	3	4	6	7	9	11	13	16	19	23	28
	4	2	4	6	9	11	14	17	20	24	29	34	42
	6	3	6	9	12	15	19	22	27	32	38	46	56
	8	4	7	11	15	19	23	28	34	40	48	58	1·10
	10	4	9	13	18	23	28	34	41	49	58	1·10	1·25
Unlike Latitude.	12	5	10	15	21	26	33	40	48	57	1·08	1·22	1·40
	14	6	11	17	24	30	38	46	56	1·06	1·19	1·35	1·56
	16	6	13	20	27	34	43	52	1·03	1·15	1·29	1·48	2·13
	18	7	15	22	30	39	48	58	1·10	1·24	1·41	2·02	2·30
	20	8	16	25	33	43	53	1·05	1·18	1·33	1·52	2·16	2·50
	22	9	18	27	37	47	59	1·11	1·26	1·43	2·04	2·32	3·11
	24	10	19	30	40	52	1·04	1·18	1·34	1·54	2·17	2·49	3·35
	26	10	21	32	44	56	1·10	1·25	1·43	2·05	2·31	3·08	4·04
	28	11	23	35	48	1·01	1·16	1·33	1·53	2·16	2·47	3·29	4·41
−	30	12	25	38	51	1·06	1·22	1·41	2·02	2·29	3·03	3·53	5·58

Lat. et Dec. étant de noms opposés, la ligne noire sépare

Quand Lat. et Dec. sont du même nom, les termes au dessous de la ligne noire

AZIMUTH AND HOUR ANGLE FOR LATITUDE AND DECLINATION.

LATITUDE 2°.

DECLINATION.	AZIMUTH.									DECL.	AT ELONG.	
	63°	66°	69°	72°	75°	78°	81°	84°	87°	90°	Elong.	H.A.
°	h.m.	h.m.	h.m.	h.m.	h.m.	h.m.	h.m.	h.m.	h.m.	h.m.	° ′	h.m.
											30 60·04	5·46
+30											28 62·04	5·45
28											26 64·04	5·44
26	4·35										24 66·05	5·42
24	3·47	5·22									22 68·05	5·40
22	3·13	4·01									20 70·06	5·38
20	2·46	3·20	4·22								18 72·06	5·35
											16 74·07	5·32
18	2·22	2·49	3·29	5·10							14 76·08	5·28
16	2·01	2·22	2·51	3·41							12 78·10	5·22
14	1·41	1·58	2·20	2·54	3·59							
12	1·23	1·36	1·53	2·18	2·58	4·45					10 80·12	5·14
											8 82·15	5·02
10	1·05	1·15	1·28	1·46	2·13	3·03					6 84·21	4·42
8	48	55	1·05	1·17	1·36	2·05	3·10				4 86·32	4·00
6	32	36	42	50	1·02	1·19	1·52	3·33				
4	16	18	21	25	30	38	52	1·23			A L'HORIZON VRAI.	
+2	*	*	*	*	*	*	*	*			DECL. Amp.	Diff. Asc.
0	16	18	21	25	30	37	50	1·13	2·15	6·00	° ′	h.m.
−2	31	36	42	49	59	1·15	1·39	2·27	4·29		2 2·00	0·0·3
4	47	54	1·03	1·14	1·30	1·53	2·32	3·50			4 4·00	0·6
6	1·03	1·12	1·24	1·40	2·01	2·34	3·31	6·00			6 6·00	0·8
8	1·20	1·31	1·46	2·06	2·35	3·20	4·50				8 8·00	1·1
10	1·36	1·51	2·10	2·35	3·12	4·18					10 10·00	0·1·4
12	1·54	2·12	2·35	3·07	3·57	5·59					12 12·00	0·1·7
14	2·12	2·34	3·02	3·43	4·59						14 14·01	2·0
16	2·32	2·58	3·33	4·30							16 16·01	2·3
18	2·54	3·25	4·10	5·59							18 18·01	2·6
20	3·17	3·56	5·04								20 20·01	0·2·9
22	3·45	4·37									22 22·01	0·3·2
24	4·18	5·58									24 24·01	3·6
26	5·06										26 26·01	3·9
28											28 28·01	4·3
30											30 30·01	0·4·6

les termes au dessus de l'Horizon vrai de ceux qui sont au dessous.

donnent l'heure vraie, matin, pour l'Azimut vers le côté polaire du Premier Vertical.

AZIMUTH AND HOUR ANGLE FOR LATITUDE AND DECLINATION.

LATITUDE 3°.

DECLINATION.		AZIMUTH.										
		5°	10°	15°	20°	25°	30°	35°	40°	45°	50°	55°	60°
		m.	m.	m.	m.	h. m.	h. m.	h. m.	h. m.	h. m.	h. m.	h. m.	h. m.
+	30	11	21	32	44	57	1·11	1·27	1·46	2·09	2·39	3·24	5·15
	28	10	19	29	40	52	1·04	1·19	1·36	1·56	2·22	2·59	4·05
	26	9	18	27	36	47	58	1·11	1·26	1·44	2·07	2·38	3·28
	24	8	16	24	33	42	53	1·04	1·17	1·33	1·53	2·20	3·00
Like Latitude.	22	7	14	22	29	38	47	57	1·09	1·23	1·40	2·03	2·36
	20	6	13	19	26	33	42	51	1·01	1·13	1·28	1·48	2·15
	18	5	11	17	23	29	36	44	53	1·04	1·17	1·33	1·55
	16	5	9	14	20	25	31	38	45	54	1·05	1·19	1·38
	14	4	8	12	16	21	26	32	38	46	55	1·06	1·21
	12	3	6	10	13	17	21	26	31	37	44	53	1·05
	10	2	5	8	10	13	16	20	24	29	34	41	50
	8	2	4	5	7	9	12	14	17	20	24	29	35
	6	1	2	3	4	6	7	8	10	12	14	17	21
	4	0	1	1	1	2	2	3	3	4	5	6	7
+	2	0	1	1	1	2	2	3	3	4	5	6	7
	0	1	2	3	4	6	7	8	10	12	14	17	21
−	2	2	4	5	7	9	12	14	17	20	24	29	35
	4	2	5	7	10	13	16	20	23	28	33	40	48
	6	3	6	10	13	17	21	25	30	36	43	51	1·02
	8	4	8	12	16	21	25	31	37	44	53	1·03	1·17
	10	5	9	14	19	24	30	37	44	53	1·03	1·15	1·31
Unlike Latitude.	12	5	11	16	22	28	35	43	51	1·01	1·13	1·27	1·47
	14	6	12	19	25	32	40	49	58	1·10	1·23	1·40	2·02
	16	7	14	21	28	36	45	55	1·06	1·18	1·34	1·53	2·19
	18	8	15	23	31	40	50	1·01	1·13	1·28	1·45	2·07	2·37
	20	8	17	26	35	45	55	1·07	1·21	1·37	1·57	2·22	2·56
	22	9	18	28	38	49	1·01	1·14	1·29	1·47	2·09	2·37	3·17
	24	10	20	31	42	53	1·06	1·21	1·38	1·57	2·22	2·54	3·41
	26	11	22	33	45	58	1·12	1·28	1·46	2·08	2·36	3·13	4·09
	28	12	24	36	49	1·03	1·18	1·36	1·56	2·20	2·51	3·34	4·46
−	30	13	25	39	53	1·08	1·25	1·44	2·06	2·33	3·07	3·58	5·57

Latitude and Declination being unlike, the black line separates

When Lat. and Dec. are of the same name, the terms below the black line

AZIMUTH AND HOUR ANGLE FOR LATITUDE AND DECLINATION.

DECLINATION.	LATITUDE 3°. AZIMUTH.									DECL.	AT ELONG.	
	63°	66°	69°	72°	75°	78°	81°	84°	87°	90°		Elong.	H.A.
											°	° ′	h. m.
	h. m.	h. m.	h. m.	h. m.	h. m.	h. m.	h. m.	h. m.	h. m.	h. m.	30	60·08	5·39
+30											28	62·09	5·37
28											26	64·10	5·35
26	4·24										24	66·11	5·33
24	3·37	5·04									22	68·12	5·30
22	3·04	3·50									20	70·13	5·27
20	2·37	3·10	4·08								18	72·15	5·23
18	2·14	2·39	3·16	4·45							16	74·17	5·17
16	1·52	2·12	2·40	3·25							14	76·19	5·11
14	1·33	1·48	2·09	2·40	3·39						12	78·23	5·03
12	1·14	1·26	1·42	2·04	2·40	4·08					10	80·28	4·51
10	57	1·06	1·17	1·33	1·56	2·39					8	82·35	4·32
											6	84·53	4·01
											4	87·21	3·13
8	40	46	54	1·04	1·19	1·44	2·36						
6	24	27	32	38	46	59	1·23	2·28				AT TRUE HORIZON.	
4	8	9	10	12	15	19	26	40	1·42		DECL.	Amp.	Dasc.
+2	8	9	10	12	15	19	25	37	1·07	3·13		° ′	h. m.
0	23	27	31	37	44	55	1·13	1·46	3·00	6·00			
−2	39	45	52	1·01	1·14	1·32	2·01	2·55	4·52	8·47	2	2·00	0·0·4
4	55	1·03	1·13	1·26	1·44	2·10	2·52	4·12	7·42		4	4·00	0·8
6	1·11	1·21	1·34	1·51	2·15	2·50	3·49	5·59			6	6·00	1·3
8	1·27	1·40	1·56	2·18	2·48	3·35	5·02				8	8·01	1·7
10	1·44	1·59	2·19	2·46	3·25	4·30					10	10·01	0·2·1
12	2·01	2·20	2·44	3·17	4·08	5·59					12	12·01	2·6
14	2·20	2·42	3·11	3·53	5·07						14	14·01	3·0
16	2·39	3·06	3·42	4·38							16	16·01	3·4
18	3·01	3·32	4·19	5·58							18	18·02	3·9
20	3·24	4·04	5·10								20	20·02	0·4·4
22	3·51	4·43									22	22·02	4·9
24	4·24	5·57									24	24·02	5·3
26	5·11										26	26·02	5·8
28											28	28·03	6·4
−30											30	30·03	0·6·9

the terms below from those above the true Horizon.

give App. Time A.M. for Azimuth on polar side of Prime Vertical.

AZIMUTH AND HOUR ANGLE FOR LATITUDE AND DECLINATION.

LATITUDE 4°.

	DECLINATION.	\multicolumn{12}{c}{AZIMUTH.}

	DECLINATION.	5°	10°	15°	20°	25°	30°	35°	40°	45°	50°	55°	60°
		m.	m.	m.	m.	h. m.	h. m.	h. m.	h. m.	h. m.	h. m.	h. m.	h. m.
+	30	10	20	31	43	55	1·08	1·24	1·42	2·04	2·34	3·17	5·01
	28	9	19	28	39	50	1·02	1·16	1·32	1·52	2·17	2·53	3·56
	26	8	17	26	35	45	56	1·08	1·23	1·40	2·02	2·32	3·20
	24	8	15	23	31	40	50	1·01	1·14	1·29	1·48	2·14	2·52
	22	7	13	21	28	36	45	54	1·06	1·19	1·35	1·57	2·28
Like Latitude.	20	6	12	18	25	32	39	48	57	1·09	1·23	1·41	2·07
	18	5	10	16	21	27	34	41	50	1·00	1·12	1·27	1·48
	16	4	9	13	18	23	29	35	42	50	1·00	1·13	1·30
	14	4	7	11	15	19	24	29	35	42	50	1·00	1·14
	12	3	6	9	12	15	19	23	28	33	39	47	58
	10	2	4	7	9	11	14	17	20	24	29	35	43
	8	1	3	4	6	8	9	11	14	16	19	23	28
	6	1	1	2	3	4	5	6	7	8	10	12	14
	4	*	*	*	*	*	*	*	*	*	*	*	*
+	2	1	1	2	3	4	5	6	7	8	10	11	14
	0	1	3	4	6	7	9	11	13	16	19	23	28
−	2	2	4	6	9	11	14	17	20	24	28	34	41
	4	3	6	9	12	15	18	22	27	32	38	45	55
	6	4	7	11	15	19	23	28	34	40	48	57	1·09
	8	4	8	13	18	22	28	34	40	48	57	1·09	1·23
	10	5	10	15	20	26	33	39	47	56	1·07	1·21	1·38
Unlike Latitude.	12	6	11	17	23	30	37	45	54	1·05	1·17	1·33	1·53
	14	6	13	20	27	34	42	51	1·02	1·13	1·28	1·46	2·09
	16	7	14	22	30	38	47	57	1·09	1·22	1·38	1·59	2·25
	18	8	16	24	33	42	52	1·04	1·16	1·31	1·50	2·12	2·43
	20	9	17	27	36	46	58	1·10	1·24	1·41	2·01	2·27	3·02
	22	9	19	29	40	51	1·03	1·17	1·32	1·51	2·13	2·43	3·23
	24	10	21	32	43	55	1·09	1·24	1·41	2·01	2·26	2·59	3·47
	26	11	22	34	47	1·00	1·14	1·31	1·50	2·12	2·40	3·18	4·15
	28	12	24	37	50	1·05	1·20	1·38	1·59	2·24	2·55	3·38	4·51
	30	13	26	40	54	1·10	1·27	1·46	2·09	2·36	3·12	4·02	5·56

Lat. et Dec. étant de noms opposés, la ligne noire sépare

Quand Lat. et Dec. sont du même nom, les termes au dessous de la ligne noire

AZIMUTH AND HOUR ANGLE FOR LATITUDE AND DECLINATION.

LATITUDE 4°.

DECLINATION.	AZIMUTH.									DECL.	AT ELONG.	
	63°	66°	69°	72°	75°	78°	81°	84°	87°		Elong.	H.A.
°	h. m.	h. m.	h. m.	h. m.	h. m.	h. m.	h. m.	h. m.	h. m.	°	° ′	h. m.
									90°	30	60·15	5·32
+30										28	62·16	5·30
28										26	64·17	5·27
26	4·13									24	66·19	5·24
24	3·26	4·45								22	68·21	5·20
22	2·55	3·38								20	70·23	5·16
20	2·28	2·59	3·53							18	72·26	5·10
										16	74·30	5·04
18	2·05	2·28	3·04	4·21						14	76·34	4·55
16	1·44	2·02	2·27	3·09						12	78·41	4·43
14	1·25	1·38	1·57	2·25	3·17					10	81·50	4·27
12	1·06	1·17	1·30	1·50	2·22	3·33				8	83·04	4·01
10	49	56	1·06	1·19	1·39	2·15				6	85·31	3·13
8	32	37	42	51	1·03	1·23	2·09				A L'HORIZON VRAI.	
6	16	18	21	25	31	39	54	1·23		DECL.	Amp.	Diff. Asc.
4	*	*	*	*	*	*	*	*			° ′	h. m
+2	16	18	21	24	30	37	49	1·10	1·58	4·00		
0	31	36	41	48	58	1·13	1·35	2·14	3·32	6·00	0	0·00	0·0
−2	47	53	1·02	1·13	1·27	1·48	2·22	3·18	5·06	8·00	2	2·00	0·0·6
4	1·02	1·11	1·22	1·37	1·57	2·25	3·10	4·29	7·04		4	4·01	1·1
6	1·18	1·29	1·44	2·02	2·27	3·04	4·04	5·52			6	6·01	1·7
8	1·34	1·48	2·05	2·28	3·00	3·48	5·19				8	8·01	2·3
10	1·51	2·08	2·28	2·56	3·36	4·40					10	10·01	0·2·8
12	2·09	2·28	2·53	3·27	4·18	5·58					12	12·02	3·4
14	2·27	2·50	3·20	4·02	5·14						14	14·02	4·0
16	2·46	3·13	3·50	4·46							16	16·02	4·6
18	3·07	3·40	4·26	5·57							18	18·03	5·2
20	3·31	4·10	5·15								20	20·03	0·5·9
22	3·58	4·49									22	22·03	6·5
24	4·28	5·57									24	24·04	7·1
26	5·16										26	26·04	7·8
28											28	28·04	8·5
−30											30	30·05	0·9·3

les termes au dessus de l'Horizon vrai de ceux qui sont au dessous.

donnent l'heure vraie, matin, pour l'Azimut vers le côté polaire du Premier Vertical.

AZIMUTH AND HOUR ANGLE FOR LATITUDE AND DECLINATION.

	DECLINATION	\multicolumn{11}{c}{LATITUDE 5°.}
		\multicolumn{11}{c}{AZIMUTH.}
		5°	10°	15°	20°	25°	30°	35°	40°	45°	50°	55°	60°
	°	m.	m.	m.	m.	h. m.	h. m.	h. m.	h. m.	h. m.	h. m.	h. m.	h. m.
	+30	10	20	30	41	53	1·06	1·21	1·38	2·00	2·28	3·03	4·46
	28	9	18	27	37	48	1·00	1·13	1·28	1·47	2·12	2·46	3·46
	26	8	16	25	33	43	54	1·05	1·19	1·36	1·57	2·26	3·11
	24	7	14	22	30	38	48	58	1·10	1·25	1·43	2·07	2·43
	22	6	13	20	26	34	42	51	1·02	1·15	1·30	1·51	2·20
Like Latitude.	20	5	11	17	23	30	37	45	54	1·05	1·18	1·35	1·59
	18	5	10	15	20	25	32	38	46	55	1·07	1·21	1·40
	16	4	8	12	17	21	26	32	39	46	55	1·07	1·23
	14	3	7	10	13	17	21	26	31	37	45	54	1·06
	12	2	5	8	10	13	16	20	24	29	34	41	51
	10	2	4	5	7	10	12	14	17	20	24	29	36
	8	1	2	3	4	6	7	8	10	12	14	17	21
	6	0	1	1	1	2	2	3	3	4	5	6	7
	4	0	1	1	1	2	2	3	3	4	5	6	7
	+2	1	2	3	4	6	7	8	10	12	14	17	21
	0	2	4	5	7	9	12	14	17	20	24	28	34
	−2	2	5	7	10	13	16	20	23	28	33	40	48
	4	3	6	10	13	17	21	25	30	36	43	51	1·02
	6	4	8	12	16	20	25	31	37	44	52	1·03	1·16
	8	5	9	14	19	24	30	36	44	52	1·02	1·14	1·30
	10	5	11	16	22	28	35	42	51	1·00	1·12	1·26	1·44
Unlike Latitude.	12	6	12	18	25	32	40	48	58	1·09	1·22	1·38	1·59
	14	7	14	21	28	36	44	54	1·05	1·17	1·32	1·51	2·15
	16	7	15	23	31	40	49	1·00	1·12	1·26	1·43	2·04	2·31
	18	8	17	25	34	44	55	1·06	1·20	1·35	1·54	2·18	2·49
	20	9	18	28	38	48	1·00	1·13	1·27	1·45	2·06	2·32	3·08
	22	10	20	30	41	53	1·05	1·19	1·35	1·54	2·18	2·47	3·29
	24	11	21	33	44	57	1·11	1·26	1·44	2·05	2·31	3·04	3·52
	26	11	·23	35	48	1·02	1·17	1·33	1·53	2·16	2·44	3·22	4·20
	28	12	25	38	52	1·06	1·23	1·41	2·02	2·27	2·59	3·43	4·55
	−30	13	27	41	56	1·12	1·29	1·49	2·12	2·40	3·16	4·00	5·55

Latitude and Declination being unlike, the black line separates

When Lat. and Dec. are of the same name, the terms below the black line

AZIMUTH AND HOUR ANGLE FOR LATITUDE AND DECLINATION.

DECLINATION.	LATITUDE 5°. AZIMUTH.									DECL.	AT ELONG.	
	63°	66°	69°	72°	75°	78°	81°	84°	87°	90°		Elong.	H.A.
°	h.m.	h.m.	h.m.	h.m.	h.m.	h.m.	h.m.	h.m.	h.m.	h.m.	°	° ′	h.m.
											30	60·23	5·25
+30											28	62·25	5·22
											26	64·27	5·19
28											24	66·30	5·15
26	4·01										22	68·33	5·10
24	3·18	4·27											
22	2·46	3·26									20	70·37	5·04
											18	72·41	4·58
20	2·19	2·48	3·37								16	74·47	4·49
18	1·56	2·18	2·50	3·57							14	76·54	4·38
16	1·35	1·52	2·15	2·52							12	79·05	4·23
14	1·16	1·28	1·45	2·10	2·56								
12	58	1·07	1·19	1·36	2·03	3·00					10	81·20	4·01
											8	83·45	3·26
10	41	47	55	1·06	1·22	1·51					6	86·41	2·15
8	24	28	32	38	47	1·01	1·28					AT TRUE HORIZON.	
6	8	9	11	13	15	19	26	43					
4	8	9	10	12	15	19	25	35	1·03	2·38		Amp.	Dasc.
+2	23	27	31	36	44	54	1·11	1·39	2·36	4·26		° ′	m.
0	39	44	51	1·00	1·12	1·29	1·55	2·39	3·56	6·00	0	0·00	0·0
−2	54	1·02	1·11	1·24	1·40	2·04	2·40	3·38	5·16	7·34	2	2·00	0·7
4	1·10	1·20	1·32	1·48	2·09	2·40	3·26	4·42	6·48	9·22	4	4·01	1·4
6	1·26	1·38	1·53	2·13	2·39	3·18	4·17	6·00			6	6·01	2·1
8	1·42	1·56	2·15	2·38	3·11	3·59	5·18				8	8·02	2·8
10	1·58	2·15	2·37	3·06	3·46	4·49					10	10·02	3·5
12	2·16	2·36	3·01	3·36	4·27	5·58					12	12·03	4·3
14	2·34	2·57	3·28	4·10	5·20						14	14·03	5·0
16	2·53	3·20	3·57	4·52							16	16·04	5·8
18	3·14	3·46	4·32	5·57							18	18·04	6·5
20	3·37	4·17	5·20								20	20·05	7·3
22	4·03	4·54									22	22·05	8·1
24	4·35	5·56									24	24·06	8·9
26	5·19										26	26·06	9·8
28											28	28·07	10·7
−30											30	30·08	11·6

the terms below from those above the true Horizon.

give App. Time A.M. for Azimuth on polar side of Prime Vertical.

AZIMUTH AND HOUR ANGLE FOR LATITUDE AND DECLINATION.

LATITUDE 6°.

DECLINATION		AZIMUTH										
		5°	10°	15°	20°	25°	30°	35°	40°	45°	50°	55°	60°
		m.	m.	m.	m.	h. m.	h. m.	h. m.	h. m.	h. m.	h. m.	h. m.	h. m.
+	30	9	19	29	40	51	1·03	1·18	1·35	1·55	2·23	3·03	4·31
	28	9	17	26	36	46	57	1·10	1·25	1·43	2·06	2·39	3·36
	26	8	15	23	32	41	51	1·02	1·16	1·32	1·52	2·19	3·02
	24	7	14	21	28	36	45	55	1·07	1·21	1·38	2·01	2·35
	22	6	12	18	25	32	40	49	58	1·10	1·25	1·44	2·12
Like Latitude.	20	5	10	16	22	28	34	42	50	1·01	1·13	1·29	1·51
	18	4	9	13	18	23	29	35	43	51	1·01	1·15	1·33
	16	4	7	11	15	19	24	29	35	42	50	1·01	1·15
	14	3	6	9	12	15	19	23	28	33	40	48	59
	12	2	4	7	9	11	14	17	21	25	30	36	43
	10	1	3	4	6	8	9	11	14	16	19	23	29
	8	1	1	2	3	4	5	6	7	8	10	12	14
	6	*	*	*	*	*	*	*	*	*	*	*	*
	4	1	1	2	3	4	5	6	7	8	10	11	14
+	2	1	3	4	6	7	9	11	13	16	19	23	27
	0	2	4	6	9	11	14	17	20	24	28	34	41
−	2	3	6	9	12	15	18	22	27	32	38	45	55
	4	3	7	11	15	19	23	28	33	40	47	57	1·08
	6	4	8	13	17	22	28	33	40	48	57	1·08	1·22
	8	5	10	15	20	26	32	39	47	56	1·06	1·20	1·36
	10	6	11	17	23	30	37	45	54	1·04	1·16	1·31	1·51
Unlike Latitude.	12	6	13	19	26	34	42	51	1·01	1·12	1·26	1·43	2·06
	14	7	14	22	29	38	47	57	1·08	1·21	1·37	1·56	2·21
	16	8	16	24	33	42	52	1·03	1·15	1·30	1·47	2·09	2·37
	18	9	17	26	36	46	57	1·09	1·23	1·39	1·58	2·23	2·55
	20	9	19	29	39	50	1·02	1·15	1·31	1·48	2·10	2·37	3·13
	22	10	20	31	42	54	1·07	1·22	1·39	1·58	2·22	2·52	3·34
	24	11	22	34	46	59	1·13	1·29	1·47	2·08	2·35	3·09	3·57
	26	12	24	36	49	1·03	1·19	1·36	1·56	2·19	2·48	3·27	4·24
	28	13	26	39	53	1·08	1·25	1·43	2·05	2·31	3·03	3·47	4·58
−	30	14	27	42	57	1·13	1·31	1·51	2·15	2·43	3·19	4·11	5·54

Lat. et Dec. étant de noms opposés, la ligne noire sépare

Quand Lat. et Dec. sont du même nom, les termes au dessous de la ligne noire

AZIMUTH AND HOUR ANGLE FOR LATITUDE AND DECLINATION.

DECLINATION.	LATITUDE 6°. AZIMUTH.									DECL.	AT ELONG.	
	63°	66°	69°	72°	75°	78°	81°	84°	87° 90°		Elong. ° '	H.A. h. m.
	h. m.	h. m.	h. m.	h. m.	h. m.	h. m.	h. m.	h. m.	h. m.	30	60·33	5·18
+30										28	62·36	5·14
										26	64·39	5·10
28										24	66·43	5·05
26	3·49									22	68·48	5·00
24	3·07	4·09										
22	2·36	3·13								20	70·53	4·53
										18	73·00	4·45
20	2·10	2·36	3·21							16	75·08	4·34
										14	77·20	4·20
18	1·47	2·07	2·36	3·24						12	79·35	4·01
16	1·27	1·41	2·02	2·35	4·05							
14	1·08	1·18	1·33	1·55	2·33					10	81·59	3·34
12	50	58	1·07	1·21	1·44	2·28				8	84·42	2·47
10	32	37	44	52	1·05	1·26	2·16				A L'HORIZON VRAI.	
8	16	18	21	25	31	40	56	1·44			Amp.	Diff. Asc.
6	*	*	*	*	*	*	*	*	*	DEC.	° '	m.
4	16	18	21	24	29	36	48	1·07	1·48 3·13			
+2	31	35	41	48	58	1·11	1·32	2·05	3·04 4·42			
0	46	53	1·01	1·11	1·25	1·45	2·14	2·59	4·13 6·00	0	0·00	0
−2	1·02	1·10	1·21	1·35	1·53	2·18	2·56	3·54	5·23 7·18	2	2·01	0·8
4	1·17	1·28	1·41	1·58	2·21	2·53	3·40	4·51	6·39 8·47	4	4·01	1·7
6	1·33	1·46	2·02	2·23	2·50	3·29	4·27	5·59	8·27	6	6·02	2·5
8	1·49	2·04	2·23	2·48	3·22	4·09	5·23	7·42		8	8·03	3·4
10	2·05	2·23	2·46	3·15	3·56	4·56	6·44			10	10·03	4·2
12	2·22	2·44	3·08	3·44	4·34	5·57				12	12·04	5·1
14	2·40	3·04	3·35	4·18	5·23					14	14·05	6·0
16	2·59	3·27	4·04	4·58	6·55					16	16·05	6·9
18	3·20	3·53	4·38	5·56						18	18·06	7·8
20	3·43	4·22	5·23							20	20·07	8·8
22	4·09	4·59								22	22·08	9·7
24	4·40	5·55								24	24·08	10·7
26	5·22									26	26·09	11·8
28										28	28·10	12·8
−30										30	30·11	13·9

les termes au dessus de l'Horizon vrai de ceux qui sont au dessous.

donnent l'heure vraie, matin, pour l'Azimut vers le côté polaire du Premier Vertical.

AZIMUTH AND HOUR ANGLE FOR LATITUDE AND DECLINATION.

LATITUDE 7°.

DECLINATION		AZIMUTH										
		5°	10°	15°	20°	25°	30°	35°	40°	45°	50°	55°	60°
		m.	m.	m.	m.	h. m.	h. m.	h. m.	h. m.	h. m.	h. m.	h. m.	h. m.
+	30°	9	18	28	38	49	1·01	1·15	1·31	1·51	2·17	2·56	4·17
Like Latitude	28	8	16	25	34	44	55	1·07	1·21	1·39	2·01	2·32	3·26
	26	7	15	22	30	39	49	59	1·12	1·27	1·45	2·12	2·53
	24	6	13	20	27	34	43	52	1·03	1·16	1·33	1·54	2·26
	22	6	11	17	23	30	38	45	55	1·06	1·20	1·38	2·04
	20	5	10	15	20	26	32	39	47	56	1·08	1·23	1·43
	18	4	8	12	17	22	27	33	39	47	56	1·09	1·25
	16	3	6	10	14	17	22	26	32	38	45	55	1·08
	14	3	5	8	10	13	17	20	24	29	35	42	52
	12	2	4	5	7	9	12	14	17	21	25	30	36
	10	1	2	3	4	6	7	9	10	12	15	18	21
	8	0	1	1	1	2	2	3	3	4	5	6	7
	6	0	1	1	1	2	2	3	3	4	5	6	7
	4	1	2	3	4	6	7	8	10	12	14	17	21
+	2	2	4	5	7	9	11	14	17	20	24	28	34
	0	2	5	7	10	13	16	20	23	28	33	39	48
−	2	3	6	10	13	17	21	25	30	36	42	51	1·01
	4	4	8	12	16	20	25	31	37	44	52	1·02	1·15
	6	5	9	14	19	24	30	36	43	52	1·01	1·13	1·28
	8	5	11	16	22	28	35	42	50	1·00	1·11	1·25	1·42
	10	6	12	18	25	32	39	48	56	1·08	1·21	1·37	1·57
Unlike Latitude	12	7	13	20	28	35	44	53	1·04	1·16	1·31	1·49	2·11
	14	7	15	23	31	39	49	59	1·11	1·25	1·41	2·01	2·27
	16	8	16	25	34	43	54	1·05	1·18	1·33	1·52	2·14	2·43
	18	9	18	27	37	48	59	1·12	1·26	1·42	2·02	2·27	3·00
	20	10	20	30	40	52	1·04	1·18	1·34	1·52	2·14	2·42	3·19
	22	10	21	32	44	56	1·10	1·24	1·42	2·02	2·26	2·57	3·39
	24	11	23	35	47	1·01	1·15	1·31	1·50	2·13	2·39	3·13	4·02
	26	12	24	37	51	1·05	1·21	1·38	1·59	2·24	2·52	3·31	4·28
	28	13	26	40	54	1·10	1·27	1·46	2·08	2·34	3·07	3·51	5·01
−	30	14	28	43	58	1·15	1·34	1·54	2·18	2·46	3·23	4·15	5·52

Latitude and Declination being unlike, the black line separates

When Lat. and Dec. are of the same name, the terms below the black line

14

AZIMUTH AND HOUR ANGLE FOR LATITUDE AND DECLINATION.

DECLINATION	LATITUDE 7°. AZIMUTH.									DECL.	AT ELONG.	
	63°	66°	69°	72°	75°	78°	81°	84°	87°/90°		E'ong.	H.A.
°	h.m.	h.m.	h.m.	h.m.	h.m.	h.m.	h.m.	h.m.	h.m.	°	° ′	h.m.
										30	60·45	5·11
+30										28	62·49	5·07
28										26	64·54	5·02
26	3·36									24	66·59	4·56
24	2·56	3·51								22	69·06	4·49
22	2·26	3·00	4·28									
20	2·01	2·25	3·05							20	71·13	4·41
18	1·38	1·56	2·22	3·11						18	73·23	4·31
16	1·18	1·31	1·55	2·18	3·06					16	75·35	4·19
14	59	1·08	1·21	1·40	2·11					14	77·51	4·01
12	41	48	56	1·08	1·25	1·58				12	80·14	3·40
10	24	28	33	39	48	1·03	1·34			10	82·50	3·03
8	8	9	11	13	15	20	27	43		8	86·07	1·56
6	8	9	10	12	15	19	24	35	1·01/2·05		AT TRUE HORIZON.	
4	23	27	31	36	43	53	1·09	1·35	2·21/3·41	DECL.	Amp.	Dasc.
+2	39	44	51	59	1·11	1·27	1·50	2·27	3·26/4·54	°	° ′	h.m.
0	54	1·01	1·10	1·22	1·38	1·59	2·30	3·17	4·27/6·00	0	0·00	0·0
−2	1·09	1·18	1·30	1·45	2·05	2·32	3·10	4·07	5·27/7·06	2	2·01	1·0
4	1·24	1·36	1·50	2·08	2·32	3·05	3·52	4·59	6·33/8·19	4	4·02	2·0
6	1·40	1·53	2·11	2·32	3·01	3·40	4·36	5·59	7·53/9·55	6	6·03	3·0
8	1·56	2·12	2·32	2·57	3·31	4·18	5·27	7·17		8	8·04	4·0
10	2·12	2·30	2·53	3·23	4·04	5·02	6·35			10	10·05	0·5·0
12	2·29	2·50	3·17	3·52	4·41	5·57				12	12·06	6·0
14	2·47	3·11	3·42	4·24	5·27					14	14·06	7·0
16	3·05	3·33	4·16	5·03	6·21					16	16·07	8·1
18	3·26	3·59	4·43	5·56						18	18·08	9·1
20	3·48	4·27	5·26							20	20·09	0·10·2
22	4·13	5·02	6·49							22	22·10	11·4
24	4·44	5·54								24	24·12	12·5
26	5·24									26	26·13	13·7
28										28	28·14	15·0
−30										30	30·15	0·16·3

the terms below from those above the true Horizon.

give App. Time A.M. for Azimuth on polar side of Prime Vertical.

AZIMUTH AND HOUR ANGLE FOR LATITUDE AND DECLINATION.

LATITUDE 8°.

	DECLINATION	\multicolumn{12}{c}{AZIMUTH.}

	DECLINATION	5°	10°	15°	20°	25°	30°	35°	40°	45°	50°	55°	60°
		m.	m.	m.	h. m.	h. m.	h. m.	h. m.	h. m.	h. m.	h. m.	h. m.	h. m.
+	30	9	18	27	36	47	58	1·12	1·27	1·46	2·11	2·48	4·03
Like Latitude.	28	8	16	24	33	42	52	1·04	1·17	1·34	1·55	2·25	3·16
	26	7	14	21	29	37	46	56	1·08	1·23	1·41	2·05	2·43
	24	6	12	19	25	33	40	49	58	1·12	1·27	1·48	2·18
	22	5	11	16	22	28	35	42	51	1·02	1·15	1·31	1·55
	20	4	9	14	19	24	30	36	43	52	1·03	1·16	1·35
	18	4	7	11	15	20	24	30	36	43	51	1·02	1·17
	16	3	6	9	12	16	19	23	28	34	40	49	1·00
	14	2	4	7	9	12	14	17	21	25	30	36	44
	12	1	3	4	6	8	9	11	14	16	20	24	29
	10	1	2	2	3	4	5	6	7	8	10	12	14
	8	*	*	*	*	*	*	*	*	*	*	*	*
	6	1	1	2	3	4	5	6	7	8	10	11	14
	4	1	3	4	6	7	9	11	13	16	19	23	27
+	2	2	4	6	9	11	14	17	20	24	28	34	41
	0	3	6	9	12	15	18	22	27	32	38	45	54
−	2	3	7	11	14	19	23	28	33	40	47	56	1·08
	4	4	8	13	17	22	28	33	40	47	56	1·07	1·21
	6	5	10	15	20	26	32	39	47	55	1·06	1·18	1·35
	8	6	11	17	23	30	37	45	53	1·03	1·15	1·30	1·48
Unlike Latitude.	10	6	13	19	26	33	41	50	1·00	1·12	1·25	1·42	2·03
	12	7	14	21	29	37	46	56	1·07	1·20	1·35	1·54	2·17
	14	8	16	24	32	41	51	1·02	1·14	1·28	1·45	2·06	2·32
	16	8	17	26	35	45	56	1·08	1·21	1·37	1·56	2·19	2·48
	18	9	19	28	38	49	1·01	1·14	1·29	1·46	2·07	2·32	3·05
	20	10	20	31	42	53	1·06	1·20	1·36	1·55	2·18	2·46	3·24
	22	11	22	33	45	58	1·12	1·27	1·45	2·05	2·30	3·01	3·44
	24	12	23	36	48	1·02	1·17	1·34	1·51	2·15	2·43	3·18	4·06
	26	12	25	38	52	1·07	1·23	1·41	2·02	2·26	2·56	3·35	4·32
	28	13	27	41	56	1·12	1·29	1·48	2·11	2·37	3·11	3·55	5·04
−	30	14	29	44	1·00	1·17	1·35	1·56	2·20	2·50	3·27	4·18	5·51

Lat. et Dec. étant de noms opposés, la ligne noire sépare

Quand Lat. et Dec. sont du même nom, les termes au dessous de la ligne noire

AZIMUTH AND HOUR ANGLE FOR LATITUDE AND DECLINATION.

DECLINATION	\multicolumn{9}{c	}{LATITUDE 8°.}	DECL.	\multicolumn{2}{c	}{AT ELONG.}
	\multicolumn{9}{c	}{AZIMUTH.}		Elong.	H.A.
	63°	66°	69°	72°	75°	78°	81°	84°	87°	90°	° ′	h. m.
°	h.m.	h.m.	h.m.	h.m.	h.m.	h.m.	h.m.	h.m.	h.m.	30	60·59	5·04
+30										28	63·05	4·59
										26	65·11	4·53
28	4·41									24	67·18	4·46
26	3·23									22	69·26	4·39
24	2·45	3·34										
22	2·16	2·47	3·54							20	71·37	4·29
										18	73·49	4·17
20	1·51	2·13	2·48							16	76·06	4·03
										14	78·28	3·43
18	1·29	1·45	2·08	2·49						12	81·02	3·14
16	1·09	1·21	1·36	2·01	2·51							
14	50	58	1·09	1·24	1·50	2·53				10	83·59	2·29
12	33	38	44	53	1·07	1·31	3·01					
10	16	18	22	26	32	41	58			\multicolumn{3}{c	}{A L'HORIZON VRAI.}
8	*	*	*	*	*	*	*	*	*	DECL.	Amp.	Diff. Asc.
6	16	18	21	24	29	36	47	1·06	1·40	2·47		
4	30	35	41	48	57	1·10	1·29	1·58	2·46	4·01		
+2	46	52	1·00	1·10	1·23	1·42	2·08	2·46	3·44	5·02	° ′	m.
0	1·01	1·09	1·20	1·33	1·50	2·13	2·45	3·32	4·37	6·00	0	0·0	0·0
−2	1·16	1·26	1·39	1·55	2·16	2·44	3·23	4·18	5·31	6·58	2	2·01	1·1
4	1·33	1·44	1·59	2·18	2·43	3·16	4·02	5·05	6·28	7·59	4	4·02	2·3
6	1·47	2·01	2·19	2·41	3·10	3·50	4·44	5·57	7·35	9·13	6	6·04	3·4
8	2·02	2·19	2·39	3·05	3·40	4·26	5·30	7·04	9·15		8	8·05	4·5
10	2·18	2·37	3·01	3·31	4·11	5·07	6·29				10	10·06	5·7
12	2·35	2·57	3·24	3·59	4·47	5·57	8·32				12	12·07	6·8
14	2·53	3·17	3·49	4·30	5·29	7·18					14	14·08	8·0
16	3·11	3·39	4·16	5·07	6·30						16	16·10	9·2
18	3·31	4·04	4·48	5·55							18	18·11	10·5
20	3·53	4·32	5·28								20	20·12	11·7
22	4·18	5·06	6·34								22	22·14	13·1
24	4·47	5·53									24	24·15	14·4
26	5·26										26	26·16	15·7
28	6·43										28	28·18	17·1
−30											30	30·20	18·6

les termes au dessus de l'Horizon vrai de ceux qui sont au dessous.

donnent l'heure vraie, matin, pour l'Azimut vers le côté polaire du Premier Vertical.

AZIMUTH AND HOUR ANGLE FOR LATITUDE AND DECLINATION.

LATITUDE 9°.

	DECLINATION	\multicolumn{12}{c}{AZIMUTH.}

	DECLINATION	5°	10°	15°	20°	25°	30°	35°	40°	45°	50°	55°	60°
	°	m.	m.	m.	h. m	h. m	h. m.	h. m.	h. m.	h. m.	h. m.	h. m.	h. m.
+	30	8	17	25	35	45	56	1·09	1·23	1·42	2·05	2·40	3·49
	28	7	15	23	31	40	50	1·01	1·14	1·29	1·50	2·18	3·05
	26	7	13	20	27	35	44	53	1·05	1·18	1·35	1·58	2·34
	24	6	11	18	24	31	38	46	56	1·07	1·22	1·41	2·09
	22	5	10	15	20	26	32	40	48	57	1·09	1·25	1·47
Like Latitude.	20	4	8	12	17	22	27	33	40	48	57	1·10	1·27
	18	3	7	10	14	18	22	27	32	38	46	56	1·09
	16	3	5	8	11	14	17	20	25	29	35	43	52
	14	2	4	6	7	10	12	14	17	21	25	30	37
	12	1	2	3	4	6	7	9	10	12	15	18	22
	10	0	1	1	1	2	2	3	3	4	5	6	7
	8	0	1	1	1	2	2	3	3	4	5	6	7
	6	1	2	3	4	6	7	8	10	12	14	17	21
	4	2	4	5	7	9	12	14	17	20	24	28	34
+	2	2	5	7	10	13	16	19	23	28	33	39	47
	0	3	6	10	13	17	21	25	30	36	42	50	1·01
−	2	4	8	12	16	20	25	31	36	43	51	1·01	1·14
	4	5	9	14	19	24	30	36	43	51	1·01	1·12	1·27
	6	5	11	16	22	28	34	42	50	59	1·10	1·24	1·41
	8	6	12	18	25	31	39	47	56	1·07	1·20	1·35	1·54
	10	7	13	20	28	35	43	53	1·03	1·15	1·29	1·47	2·08
Unlike Latitude.	12	7	15	22	31	39	48	59	1·10	1·23	1·39	1·58	2·23
	14	8	16	25	34	43	53	1·04	1·17	1·32	1·49	2·11	2·38
	16	9	18	27	37	47	58	1·10	1·24	1·41	2·00	2·23	2·54
	18	10	19	29	40	51	1·03	1·17	1·32	1·50	2·11	2·37	3·10
	20	10	21	32	43	55	1·08	1·23	1·40	1·59	2·22	2·51	3·28
	22	11	22	34	46	59	1·14	1·30	1·47	2·08	2·34	3·06	3·48
	24	12	24	37	50	1·04	1·19	1·36	1·56	2·19	2·46	3·22	4·10
	26	13	26	39	53	1·08	1·25	1·43	2·04	2·29	3·00	3·39	4·35
	28	14	28	42	57	1·13	1·31	1·51	2·14	2·41	3·14	3·59	5·06
−	30	15	29	45	1·01	1·18	1·37	1·59	2·23	2·53	3·30	4·21	5·50

Latitude and Declination being unlike, the black line separates

When Lat. and Dec. are of the same name, the terms below the black line

AZIMUTH AND HOUR ANGLE FOR LATITUDE AND DECLINATION.

DECLINATION	LATITUDE 9°. AZIMUTH.									DECL.	AT ELONG.	
	63°	66°	69°	72°	75°	78°	81°	84°	87°		Elong ° ′	H A h. m.
										30	61·16	4·56
	h. m.	h. m.	h. m.	h. m.	h. m.	h. m.	h. m.	h. m.	h. m.	28	63·22	4·51
+30										26	65·30	4·44
28	4·12									24	67·39	4·37
26	3·10									22	69·51	4·28
24	2·34	3·17								20	72·04	4·17
22	2·06	2·34								18	74·21	4·03
20	1·41	2·01	2·32	3·59						16	76·43	3·46
18	1·20	1·34	1·54	2·28						14	79·14	3·22
16	1·00	1·10	1·24	1·44	2·22					12	82·02	2·47
14	42	48	57	1·09	1·29	2·10				10	85·37	1·44
12	25	28	33	40	49	1·05	1·42					
10	8	9	11	13	16	20	27	46			AT TRUE HORIZON.	
8	8	9	10	12	15	18	24	35	1·50	DECL.	Amp.	Dasc.
6	23	27	31	36	43	53	1·07	1·31	2·10	3·14		
4	38	44	50	59	1·10	1·25	1·46	2·18	3·07		° ′	h. m.
+2	53	1·01	1·10	1·21	1·36	1·55	2·23	3·02	3·57			
0	1·08	1·17	1·29	1·43	2·01	2·25	2·59	3·44	4·46	0	0·00	0·0·0
−2	1·23	1·34	1·48	2·05	2·27	2·55	3·34	4·27	5·34	2	2·01	1·3
4	1·38	1·51	2·07	2·27	2·53	3·26	4·11	5·10	6·24	4	4·03	2·5
6	1·53	2·08	2·27	2·50	3·19	3·58	4·50	5·58	7·21	6	6·05	3·8
8	2·09	2·26	2·47	3·13	3·47	4·32	5·33	6·54	8·35	8	8·06	5·1
10	2·25	2·44	3·08	3·38	4·18	5·11	6·24	8·15		10	10·08	6·4
12	2·41	3·03	3·30	4·05	4·51	5·56	7·39			12	12·09	7·7
14	2·58	3·23	3·54	4·35	5·31	7·01				14	14·11	9·0
16	3·17	3·45	4·21	5·10	6·25					16	16·12	10·4
18	3·36	4·09	4·52	5·53						18	18·14	11·8
20	3·58	4·36	5·29	6·25						20	20·16	13·2
22	4·22	5·08								22	22·18	14·7
24	4·51	5·52								24	24·19	16·2
26	5·27									26	26·21	17·7
28	6·29									28	28·23	19·3
−30										30	30·25	21·0

the terms below from those above the true Horizon.

give App. Time A.M. for Azimuth on polar side of Prime Vertical.

AZIMUTH AND HOUR ANGLE FOR LATITUDE AND DECLINATION.

LATITUDE 10°.

DECLINATION		AZIMUTH									
		5°	10°	15°	20°	25°	30°	35°	40°	45°	50°	55°	60°
		m.	m.	m.	h. m.	h. m.	h. m.	h. m.	h. m.	h. m.	h. m.	h. m.	h. m.
+	30	8	16	24	33	43	53	1·05	1·20	1·37	2·00	2·33	3·35
Like Latitude	28	7	14	22	29	38	47	58	1·10	1·25	1·44	2·10	2·54
	26	6	12	19	26	33	41	50	1·01	1·14	1·30	1·51	2·24
	24	5	11	16	22	29	35	43	52	1·03	1·16	1·34	2·00
	22	4	9	14	19	24	30	36	44	53	1·04	1·18	1·38
	20	4	7	11	15	20	25	30	36	43	52	1·03	1·19
	18	3	6	9	12	16	19	24	28	34	41	50	1·01
	16	2	4	7	9	12	14	18	21	25	30	36	45
	14	1	3	4	6	8	10	12	14	17	20	24	29
	12	1	1	2	3	4	5	6	7	8	10	12	14
	10	*	*	*	*	*	*	*	*	*	*	*	*
	8	1	1	2	3	4	5	6	7	8	10	11	14
	6	1	3	4	6	7	9	11	13	16	19	23	27
	4	2	4	6	9	11	14	17	20	24	28	34	41
+	2	3	6	9	12	15	18	22	27	32	38	45	54
	0	3	7	11	14	19	23	28	33	39	47	56	1·07
−	2	4	8	13	17	22	27	33	40	47	56	1·07	1·20
	4	5	10	15	20	26	32	39	46	55	1·05	1·18	1·33
	6	6	11	17	23	30	37	44	53	1·03	1·15	1·29	1·46
	8	6	13	19	26	33	41	50	1·00	1·11	1·24	1·40	2·00
	10	7	14	21	29	37	46	55	1·06	1·19	1·34	1·51	2·14
Unlike Latitude	12	8	15	24	32	41	51	1·01	1·13	1·27	1·43	2·03	2·28
	14	8	17	26	35	45	55	1·07	1·20	1·35	1·53	2·15	2·43
	16	9	18	28	38	49	1·00	1·13	1·27	1·44	2·04	2·28	2·59
	18	10	19	30	41	53	1·05	1·19	1·35	1·53	2·14	2·41	3·15
	20	11	21	33	44	57	1·10	1·25	1·42	2·02	2·26	2·55	3·33
	22	11	23	35	48	1·01	1·16	1·32	1·50	2·12	2·37	3·10	3·52
	24	12	25	38	51	1·06	1·21	1·39	1·59	2·22	2·50	3·26	4·14
	26	13	26	40	55	1·10	1·27	1·46	2·07	2·32	3·03	3·42	4·38
	28	14	28	43	58	1·15	1·33	1·53	2·16	2·44	3·17	4·02	5·08
−	30	15	30	46	1·02	1·20	1·39	2·01	2·26	2·56	3·33	4·24	5·49

Lat. et Dec. étant de noms opposés, la ligne noire sépare

Quand Lat. et Dec. sont du même nom, les termes au dessous de la ligne noire

AZIMUTH AND HOUR ANGLE FOR LATITUDE AND DECLINATION.

DECLINATION	LATITUDE 10° — AZIMUTH									DECL	At Elong.		A L'Horizon Vrai.	
	63°	66°	69°	72°	75°	78°	81°	84°	87°	90°		Elong.	H.A.
	h. m.	h. m.	h. m.	h. m.	h. m.	h. m.	h. m.	h. m.	h. m.	h. m.		° ′	h. m.
+30											30	61·34	4·49
28	3·51										28	63·43	4·43
26	2·57										26	65·53	4·35
24	2·23	3·01									24	68·04	4·27
22	1·55	2·20	3·06								22	70·18	4·16
20	1·32	1·49	2·08	3·14							20	72·35	4·04
18	1·11	1·23	1·40	2·09							18	74·57	3·49
16	51	1·00	1·11	1·28	1·57						16	77·27	3·28
14	33	38	45	55	1·09	1·37					14	80·09	3·00
12	16	19	22	26	32	42	1·01				12	83·20	2·16
10	*	*	*	*	*	*	*	*	*	*			
8	16	18	21	24	29	36	46	1·03	1·34	2·29		Amp.	Diff. Asc.
6	31	35	40	47	56	1·08	1·26	1·53	2·34	3·34			
4	46	52	1·00	1·09	1·22	1·39	2·02	2·36	3·24	4·27		° ′	h. m.
+2	1·01	1·09	1·19	1·31	1·47	2·08	2·37	3·16	4·09	5·14			
0	1·15	1·25	1·37	1·52	2·12	2·37	3·11	3·55	4·53	6·00	0	0·0·0	0·0·0
−2	1·30	1·42	1·56	2·14	2·37	3·06	3·44	4·34	5·37	6·46	2	2·02	1·4
4	1·45	1·58	2·15	2·36	3·02	3·35	4·19	5·15	6·22	7·33	4	4·04	2·8
6	2·00	2·15	2·34	2·58	3·27	4·06	4·55	5·58	7·12	8·26	6	6·06	4·2
8	2·15	2·33	2·54	3·21	3·55	4·38	5·35	6·47	8·12	9·31	8	8·07	5·7
10	2·31	2·50	3·15	3·45	4·24	5·14	6·21	7·50	9·46		10	10·09	0·7·1
12	2·47	3·09	3·37	4·11	4·56	5·56	7·22				12	12·11	8·6
14	3·04	3·29	4·00	4·39	5·33	6·51					14	14·13	10·1
16	3·22	3·50	4·26	5·13	6·21						16	16·15	11·6
18	3·41	4·13	4·55	5·54							18	18·17	13·1
20	4·02	4·40	5·22	6·59							20	20·19	0·14·7
22	4·26	5·11	6·21								22	22·21	16·3
24	4·53	5·51									24	24·24	18·0
26	5·28										26	26·26	19·7
28	6·22										28	28·28	21·5
−30											30	30·31	0·23·4

les termes au dessus de l'Horizon vrai de ceux qui sont au dessous.

donnent l'heure vraie, matin, pour l'Azimut vers le côté polaire du Premier Vertical.

AZIMUTH AND HOUR ANGLE FOR LATITUDE AND DECLINATION.

Latitude 11°.

	Declination	Azimuth										
		5°	10°	15°	20°	25°	30°	35°	40°	45°	50°	55°	60°
		m.	m.	m.	h. m.	h. m.	h. m.	h. m.	h. m.	h. m.	h. m.	h. m.	h. m.
	+ 30	8	15	23	32	41	51	1·02	1·15	1·32	1·54	2·24	3·22
Like Latitude	28	7	13	20	28	36	45	55	1·06	1·20	1·38	2·03	2·43
	26	6	12	18	24	31	39	47	57	1·09	1·24	1·44	2·15
	24	5	10	15	21	27	33	40	49	59	1·11	1·27	1·51
	22	4	8	13	17	22	27	33	40	48	59	1·12	1·30
	20	3	7	10	14	18	22	27	32	39	47	57	1·11
	18	3	5	8	11	14	17	21	25	30	36	43	53
	16	2	4	6	8	10	12	15	18	21	25	30	37
	14	1	2	3	5	6	7	9	10	12	15	18	22
	12	0	1	1	1	2	2	3	3	4	5	6	7
	10	0	1	1	1	2	2	3	3	4	5	6	7
	8	1	2	3	4	6	7	8	10	12	14	17	21
	6	2	4	5	7	9	12	14	17	20	24	28	34
	4	2	5	8	10	13	16	20	23	28	33	39	47
	+ 2	3	6	10	13	17	21	25	30	36	42	50	1·00
	0	4	8	12	16	20	25	30	36	43	51	1·01	1·13
	− 2	5	9	14	19	24	30	36	43	51	1·00	1·12	1·26
	4	5	10	16	22	28	34	41	49	59	1·10	1·23	1·39
	6	6	12	18	24	31	39	47	56	1·06	1·19	1·34	1·52
	8	7	13	20	27	35	43	52	1·03	1·14	1·28	1·45	2·06
	10	7	15	22	30	39	48	58	1·09	1·22	1·38	1·56	2·19
Unlike Latitude	12	8	16	25	33	43	53	1·04	1·16	1·31	1·47	2·08	2·33
	14	9	18	27	36	46	57	1·10	1·23	1·39	1·57	2·20	2·48
	16	9	19	29	39	50	1·02	1·16	1·30	1·47	2·08	2·32	3·03
	18	10	21	31	42	54	1·07	1·22	1·38	1·56	2·18	2·45	3·20
	20	11	22	34	46	59	1·12	1·28	1·45	2·05	2·29	2·59	3·37
	22	12	24	36	49	1·03	1·18	1·34	1·53	2·15	2·41	3·13	3·56
	24	13	25	39	52	1·07	1·23	1·41	2·01	2·25	2·53	3·29	4·17
	26	13	27	41	56	1·12	1·29	1·48	2·10	2·35	3·06	3·46	4·41
	28	14	29	44	1·00	1·16	1·35	1·55	2·19	2·47	3·21	4·05	5·10
	− 30	15	31	47	1·03	1·21	1·41	2·03	2·28	2·59	3·36	4·26	5·48

Latitude and Declination being unlike, the black line separates

When Lat. and Dec. are of the same name, the terms below the black line

AZIMUTH AND HOUR ANGLE FOR LATITUDE AND DECLINATION.

DECLINATION	LATITUDE 11°. AZIMUTH.									DECL.	AT ELONG.	
	63°	66°	69°	72°	75°	78°	81°	84°	87°		Elong.	H.A.
°	h. m.	h. m.	h. m.	h. m.	h. m.	h. m.	h. m.	h. m.	h. m.	°	° ′	h. m.
										30	61·55	4·41
+30										28	64·05	4·34
										26	66·18	4·26
28	3·32									24	68·32	4·16
26	2·44	3·52								22	70·50	4·05
24	2·12	2·45								20	73·11	3·51
22	1·45	2·07	2·45									
										18	75·40	3·33
20	1·22	1·37	2·00	2·44						16	78·18	3·09
										14	81·17	2·35
18	1·01	1·12	1·27	1·50	2·42					12	85·10	1·35
16	42	49	58	1·11	1·34	2·33						
14	25	29	34	40	50	1·08	2·02					
12	8	9	11	13	16	21	28	49				
10	8	9	10	12	15	18	23	44	55	1·40		
											AT TRUE HORIZON.	
8	23	27	31	36	43	52	1·06	1·27	2·02	2·55		
6	39	44	50	58	1·09	1·23	1·43	2·12	2·53	3·49		
4	53	1·00	1·09	1·20	1·34	1·52	2·17	2·51	3·37	4·35	DECL.	Amp.	Dasc.
+2	1·08	1·17	1·27	1·41	1·58	2·20	2·49	3·28	4·19	5·19		° ′	h. m.
0	1·22	1·33	1·46	2·02	2·22	2·48	3·21	4·05	4·59	6·00	0	0·00	0·0·0
−2	1·37	1·49	2·04	2·23	2·46	3·15	3·53	4·41	5·38	6·41	2	2·02	1·6
4	1·51	2·05	2·23	2·44	3·10	3·43	4·25	5·18	6·20	7·25	4	4·04	3·1
6	2·06	2·22	2·41	3·05	3·35	4·12	5·00	5·58	7·04	8·11	6	6·07	4·7
8	2·21	2·39	3·01	3·28	4·01	4·43	5·36	6·42	7·55	9·05	8	8·09	6·3
10	2·36	2·57	3·21	3·51	4·29	5·17	6·19	7·25	9·03	10·20	10	10·11	0·7·9
12	2·52	3·15	3·42	4·16	4·59	5·56	7·11	8·28			12	12·14	9·5
14	3·09	3·34	4·05	4·44	5·34	6·44	8·44				14	14·16	11·1
16	3·27	3·55	4·30	5·14	6·17	8·09					16	16·18	12·8
18	3·46	4·18	4·58	5·53	7·25						18	18·21	14·5
20	4·06	4·43	5·32	6·47							20	20·23	0·16·2
22	4·29	5·13	6·16								22	22·26	18·0
24	4·56	5·51									24	24·29	19·9
26	5·29	6·58									26	26·31	21·8
28	6·16										28	28·34	23·7
−30											30	30·37	0·25·8

the terms below from those above the true Horizon.

give App. Time A.M. for Azimuth on polar side of Prime Vertical.

AZIMUTH AND HOUR ANGLE FOR LATITUDE AND DECLINATION.

LATITUDE 12°.

	DECLINATION	\multicolumn{11}{c	}{AZIMUTH}

	DECLINATION	5°	10°	15°	20°	25°	30°	35°	40°	45°	50°	55°	60°
		m.	m.	m.	h. m.	h. m.	h. m.	h. m.	h. m.	h. m.	h. m.	h. m.	h. m.
	+30	7	14	22	30	39	48	59	1·12	1·27	1·47	2·16	3·09
	28	6	13	19	26	34	42	51	1·02	1·15	1·32	1·55	2·33
	26	5	11	17	23	29	36	44	53	1·04	1·18	1·37	2·05
	24	5	9	14	19	24	30	37	45	54	1·05	1·20	1·42
	22	4	8	12	16	20	25	30	37	44	53	1·05	1·21
Like Latitude	20	3	6	9	12	16	20	24	29	35	42	51	1·03
	18	2	4	7	9	12	15	18	21	26	31	37	46
	16	1	3	4	6	8	10	12	14	17	20	24	30
	14	1	1	2	3	4	5	6	7	8	10	12	14
	12	*	*	*	*	*	*	*	*	*	*	*	*
	10	1	1	2	3	4	5	6	7	8	10	12	14
	8	1	3	4	6	8	9	11	13	16	19	23	27
	6	2	4	6	9	12	14	17	20	24	29	34	41
	4	3	6	9	12	15	18	22	27	32	38	45	54
	+2	3	7	11	14	19	23	28	33	39	46	55	1·06
	0	4	8	13	17	22	27	33	40	47	56	1·06	1·19
	−2	5	10	15	20	26	32	39	46	55	1·05	1·17	1·32
	4	6	11	17	23	29	36	44	53	1·02	1·14	1·28	1·45
	6	6	13	19	26	33	41	49	59	1·10	1·23	1·39	1·58
	8	7	14	21	29	37	45	55	1·06	1·18	1·32	1·50	2·11
	10	8	15	23	32	41	50	1·01	1·12	1·26	1·42	2·01	2·25
	12	8	17	26	35	44	55	1·06	1·19	1·34	1·51	2·12	2·38
Unlike Latitude	14	9	18	28	38	48	1·00	1·12	1·26	1·42	2·01	2·24	2·53
	16	10	20	30	41	52	1·04	1·18	1·33	1·51	2·11	2·36	3·08
	18	11	21	32	44	56	1·09	1·24	1·40	1·59	2·22	2·49	3·24
	20	11	23	35	47	1·00	1·14	1·30	1·48	2·09	2·33	3·03	3·41
	22	12	24	37	50	1·04	1·20	1·37	1·56	2·18	2·44	3·17	4·00
	24	13	26	40	54	1·09	1·25	1·43	2·04	2·28	2·57	3·33	4·20
	26	14	28	42	57	1·13	1·31	1·50	2·12	2·38	3·10	3·49	4·43
	28	15	29	45	1·01	1·18	1·37	1·58	2·21	2·49	3·24	4·08	5·11
	−30	15	31	48	1·05	1·23	1·43	2·05	2·31	3·01	3·39	4·29	5·47

Lat. et Dec. étant de noms opposés, la ligne noire sépare

Quand Lat. et Dec. sont du même nom, les termes au dessous de la ligne noire

AZIMUTH AND HOUR ANGLE FOR LATITUDE AND DECLINATION.

DECLINATION	LATITUDE 12°. AZIMUTH.									DECL.	AT ELONG.	
	63°	66°	69°	72°	75°	78°	81°	84°	87° / 90°		Elong. ° ′	H.A. h. m.
	h. m.	h. m.	h. m.	h. m.	h. m.	h. m.	h. m.	h. m.	h. m.	30	62·18	4·34
+30										28	64·31	4·26
										26	66·46	4·17
28	3·15									24	69·04	4·06
26	2·32	3·24								22	71·26	3·53
24	2·00	2·30	3·50									
22	1·35	1·54	2·26							20	73·53	3·37
										18	76·29	3·17
20	1·12	1·26	1·45	2·19						16	79·20	2·48
18	52	1·01	1·13	1·31	2·07					14	82·44	2·06
16	34	39	46	56	1·12	1·45						
14	16	19	22	26	33	43	1·05				A L'HORIZON VRAI.	
12	*	*	*	*	*	*	*	*	*			
10	16	18	21	24	29	36	46	1·02	1·29 2·16	DECL.		
8	31	35	40	47	56	1·07	1·24	1·48	2·24 3·14			
6	46	52	59	1·09	1·21	1·37	1·58	2·28	3·09 4·01		Amp.	Diff. Asc.
4	1·00	1·08	1·18	1·30	1·45	2·04	2·30	3·04	3·49 4·43			
+2	1·15	1·24	1·36	1·50	2·08	2·31	3·01	3·21	4·27 5·22		° ′	h. m.
0	1·29	1·40	1·54	2·10	2·31	2·57	3·31	4·13	5·03 6·00	0	0·00	0· 0·0
−2	1·43	1·56	2·12	2·31	2·54	3·24	4·01	4·46	5·40 6·38	2	2·03	1·7
4	1·57	2·12	2·30	2·51	3·18	3·51	4·31	5·21	6·18 7·17	4	4·05	3·4
6	2·12	2·28	2·48	3·12	3·42	4·18	5·03	5·57	6·58 7·59	6	6·08	5·1
8	2·27	2·45	3·07	3·34	4·07	4·48	5·38	6·37	7·43 8·46	8	8·11	6·8
10	2·42	3·02	3·27	3·57	4·34	5·19	6·16	7·24	8·38 9·44	10	10·14	0· 8·6
12	2·58	3·20	3·48	4·21	5·02	5·55	7·02	8·25	10·07	12	12·16	10·4
14	3·14	3·39	4·10	4·47	5·35	6·38	8·06			14	14·19	12·2
16	3·31	3·59	4·34	5·17	6·14	7·40				16	16·22	14·0
18	3·50	4·21	5·01	5·52	7·10					18	18·25	15·8
20	4·10	4·46	5·32	6·40						20	20·28	0·17·7
22	4·32	5·14	6·13							22	22·31	19·7
24	4·58	5·50	7·38							24	24·34	21·7
26	5·29	6·45								26	26·38	23·8
28	6·13									28	28·41	25·9
−30										30	30·45	0·28·2

les termes au dessus de l'Horizon vrai de ceux qui sont au dessous.

donnent l'heure vraie, matin, pour l'Azimut vers le côté polaire du Premier Vertical.

AZIMUTH AND HOUR ANGLE FOR LATITUDE AND DECLINATION.

LATITUDE 13°.

	DECLINATION.	\multicolumn{12}{c}{AZIMUTH.}

	DECLINATION	5°	10°	15°	20°	25°	30°	35°	40°	45°	50°	55°	60°
		m.	m.	m.	h. m.	h. m.	h. m.	h. m.	h. m.	h. m.	h. m.	h. m.	h. m.
	+ 30	7	14	21	28	37	46	56	1·08	1·22	1·41	2·08	2·56
	28	6	12	18	25	32	39	48	58	1·11	1·26	1·48	2·22
	26	5	10	15	21	27	34	41	50	1·00	1·13	1·30	1·55
	24	4	8	13	17	22	28	34	41	49	1·00	1·13	1·33
	22	3	7	10	14	18	22	27	33	40	48	58	1·13
Like Latitude.	20	3	5	8	11	14	17	21	25	30	37	44	55
	18	2	4	6	8	10	12	15	18	21	25	31	38
	16	1	2	3	5	6	7	9	11	12	15	18	22
	14	0	1	1	2	2	2	3	3	4	5	6	7
	12	0	1	1	1	2	2	3	3	4	5	6	7
	10	1	2	3	4	6	7	9	10	12	14	17	21
	8	2	4	5	7	9	12	14	17	20	24	28	34
	6	2	5	8	10	13	16	20	23	28	33	39	47
	4	3	6	10	13	17	21	25	30	35	42	50	1·00
+	2	4	8	12	16	20	25	30	36	43	51	1·01	1·13
	0	5	9	14	19	24	30	36	43	51	1·00	1·11	1·25
−	2	5	10	16	22	28	34	41	49	58	1·09	1·22	1·38
	4	6	12	18	24	31	39	47	56	1·06	1·18	1·32	1·50
	6	7	13	20	27	35	43	52	1·02	1·14	1·27	1·43	2·03
	8	7	15	22	30	39	48	58	1·09	1·21	1·36	1·54	2·16
	10	8	16	24	33	42	52	1·03	1·15	1·29	1·46	2·05	2·30
	12	9	17	26	36	46	57	1·09	1·22	1·37	1·55	2·17	2·43
	14	9	19	29	39	50	1·02	1·14	1·29	1·46	2·05	2·28	2·57
	16	10	20	31	42	54	1·06	1·20	1·36	1·54	2·15	2·41	3·12
Unlike Latitude.	18	11	22	33	45	58	1·11	1·26	1·43	2·03	2·26	2·53	3·28
	20	12	23	36	48	1·02	1·16	1·33	1·51	2·12	2·37	3·07	3·45
	22	12	25	38	52	1·06	1·22	1·39	1·59	2·21	2·48	3·21	4·03
	24	13	27	40	55	1·10	1·27	1·46	2·07	2·31	3·00	3·36	4·23
	26	14	28	43	58	1·15	1·33	1·53	2·15	2·41	3·13	3·52	4·45
	28	15	30	46	1·02	1·20	1·39	2·00	2·24	2·52	3·26	4·10	5·12
−	30	16	32	48	1·06	1·24	1·45	2·07	2·33	3·04	3·41	4·31	5·46

Latitude and Declination being unlike, the black line separates

When Lat. and Dec. are of the same name, the terms below the black line

AZIMUTH AND HOUR ANGLE FOR LATITUDE AND DECLINATION.

DECLINATION.	LATITUDE 13°. AZIMUTH.									DECL.	AT ELONG.	
	63°	66°	69°	72°	75°	78°	81°	84°	87°		Elong.	H.A.
											° ′	h. m.
	h. m.	h. m.	h. m.	h. m.	h. m.	h. m.	h. m.	h. m.	90° h.m.	30	62·43	4·26
+30										28	64·59	4·17
										26	67·17	4·07
28	2·59									24	69·39	3·55
26	2·19	3·02								22	72·06	3·41
24	1·49	2·14	3·07							20	74·40	3·23
22	1·25	1·41	2·07	3·21								
										18	77·26	2·59
20	1·03	1·14	1·30	1·56						16	80·35	2·26
										14	84·46	1·29
18	43	50	1·00	1·14	1·39							
16	25	29	34	41	52	1·12					AT TRUE HORIZON.	
14	8	9	11	13	16	20	29	52		DECL.		
12	8	9	11	12	15	18	24	34	53 1·32		Amp.	Dasc.
10	23	27	31	36	42	52	1·05	1·25	1·55 2·41		° ′	m.
8	38	43	50	58	1·08	1·21	1·40	2·06	2·42 3·30	2	2·03	0· 1·8
6	53	1·00	1·08	1·19	1·32	1·49	2·22	2·42	3·22 4·12	4	4·06	3·7
4	1·07	1·16	1·26	1·39	1·55	2·16	2·42	3·16	3·59 4·49	6	6·10	5·6
+2	1·21	1·32	1·44	1·59	2·18	2·41	3·11	3·48	4·34 5·25	8	8·13	7·4
0	1·35	1·47	2·01	2·19	2·40	3·06	3·39	4·20	5·08 6·00	10	10·16	0·09·3
−2	1·49	2·03	2·19	2·39	3·02	3·32	4·08	4·51	5·41 6·35	12	12·19	11·3
4	2·03	2·19	2·37	2·58	3·25	3·57	4·37	5·24	6·16 7·11	14	14·23	13·2
6	2·18	2·35	2·55	3·19	3·48	4·24	5·07	5·57	6·53 7·48	16	16·26	15·2
8	2·32	2·51	3·13	3·40	4·12	4·52	5·39	6·34	7·33 8·30	18	18·29	17·2
10	2·47	3·08	3·32	4·02	4·38	5·21	6·14	7·15	8·20 9·19	20	20·33	0·19·3
12	3·03	3·25	3·52	4·25	5·05	5·55	6·55	8·06	9·22 10·28	21	21·35	20·3
14	3·19	3·44	4·14	4·50	5·36	6·33	7·47	9·32		22	22·37	21·4
16	3·36	4·03	4·37	5·19	6·12	7·25				23	23·38	22·5
18	3·54	4·25	5·03	5·52	6·59					24	24·40	23·6
20	4·13	4·48	5·33	6·34						25	25·42	0·24·7
22	4·35	5·16	6·10	7·59						26	26·44	25·9
24	5·00	5·49	7·10							27	27·46	27·0
26	5·30	6·36								28	28·48	28·2
28	6·09									29	29·50	29·4
−30										30	30·52	0·30·6

the terms below from those above the true Horizon.

give App. Time A.M. for Azimuth on polar side of Prime Vertical.

AZIMUTH AND HOUR ANGLE FOR LATITUDE AND DECLINATION.

Latitude 14°.

DECLINATION		AZIMUTH										
		5°	10°	15°	20°	25°	30°	35°	40°	45°	50°	55°	60°
		m.	m.	m.	h. m.	h. m.	h. m.	h. m.	h. m.	h. m.	h. m.	h. m.	h. m.
+ 30		6	13	20	27	35	43	53	1·04	1·18	1·35	2·00	2·43
	28	5	11	17	23	30	37	45	55	1·06	1·21	1·40	2·11
	26	5	9	14	19	25	31	38	46	55	1·07	1·23	1·46
	24	4	8	12	16	20	25	31	37	45	54	1·06	1·24
	22	3	6	9	13	16	20	24	29	35	42	52	1·04
Like Latitude	20	2	4	7	9	12	15	18	22	26	31	38	46
	18	1	3	5	6	8	10	12	14	17	20	25	30
	16	1	1	2	3	4	5	6	7	8	10	12	15
	14	*	*	*	*	*	*	*	*	*	*	*	*
	12	1	1	2	3	4	5	6	7	8	10	12	14
	10	1	3	4	6	8	9	11	14	16	19	23	27
	8	2	4	6	9	11	14	17	20	24	28	34	41
	6	3	6	9	11	15	18	22	27	32	38	45	53
	4	3	7	11	14	19	23	28	33	39	47	55	1·06
+ 2		4	8	13	17	22	27	33	40	47	55	1·06	1·19
	0	5	10	15	20	26	32	38	46	54	1·04	1·16	1·31
− 2		6	11	17	23	29	36	44	52	1·02	1·13	1·27	1·43
	4	6	13	19	26	33	41	49	59	1·10	1·22	1·37	1·56
	6	7	14	21	29	37	46	55	1·05	1·17	1·31	1·48	2·08
	8	8	15	23	31	40	50	1·00	1·12	1·25	1·40	1·59	2·21
	10	8	17	25	34	44	54	1·06	1·18	1·33	1·50	2·09	2·34
Unlike Latitude	12	9	18	27	37	48	59	1·11	1·25	1·41	1·59	2·21	2·48
	14	10	20	30	40	51	1·04	1·17	1·32	1·49	2·09	2·32	3·02
	16	10	21	32	43	55	1·08	1·23	1·39	1·57	2·19	2·44	3·16
	18	11	23	34	46	59	1·13	1·29	1·46	2·06	2·29	2·57	3·32
	20	12	24	37	50	1·03	1·18	1·35	1·53	2·15	2·40	3·10	3·48
	22	13	26	39	53	1·08	1·24	1·41	2·01	2·24	2·51	3·24	4·06
	24	14	27	41	56	1·12	1·29	1·48	2·09	2·34	3·03	3·39	4·25
	26	14	29	44	1·00	1·16	1·35	1·55	2·18	2·44	3·16	3·55	4·47
	28	15	31	47	1·03	1·21	1·40	2·02	2·26	2·55	3·29	4·13	5·13
− 30		16	32	49	1·07	1·26	1·47	2·10	2·36	3·06	3·44	4·33	5·45

Lat. et Dec. étant de noms opposés, la ligne noire sépare

Quand Lat. et Dec. sont du même nom, les termes au dessous de la ligne noire

AZIMUTH AND HOUR ANGLE FOR LATITUDE AND DECLINATION.

DECLINATION	LATITUDE 14°. AZIMUTH.									DECL	AT ELONG.	
											Elong.	H.A.
	63°	66°	69°	72°	75°	78°	81°	84°	87°	90°	° ′	h. m.
										30	63·12	4·18
	h. m.	h. m.	h. m.	h. m.	h. m.	h. m.	h. m.	h. m.	h. m.	h. m.	28	65·30	4·08
+30	3·52										26	67·52	3·57
28	2·43										24	70·18	3·44
26	2·07	2·42									22	72·51	3·28
24	1·38	2·00	2·40										
22	1·15	1·29	1·50	2·35							20	75·35	3·07
											18	78·34	2·40
20	53	1·03	1·16	1·36	2·24						16	82·11	1·58
18	35	40	47	58	1·15	1·58						A L'HORIZON VRAI	
16	17	19	22	27	33	44	1·10				DECL		
14	*	*	*	*	*	*	*	*	*	*		Amp.	Diff. Asc.
12	16	18	21	24	29	35	45	1·00	1·25	2·06		° ′	h. m.
10	31	35	40	47	55	1·06	1·22	1·44	2·16	3·00	2	2·04	0· 2·0
8	44	52	59	1·08	1·20	1·35	1·55	2·25	2·57	3·43	4	4·07	4·0
6	1·00	1·08	1·17	1·28	1·43	2·01	2·25	2·55	3·34	4·20	6	6·11	6·0
4	1·14	1·23	1·34	1·47	2·05	2·26	2·53	3·26	4·07	4·55	8	8·15	8·0
+2	1·27	1·39	1·52	2·07	2·27	2·51	3·20	3·57	4·40	5·28	10	10·19	10·1
0	1·42	1·54	2·09	2·27	2·48	3·15	3·47	4·26	5·11	6·00	12	12·22	0·12·2
−2	1·56	2·09	3·26	2·46	3·10	3·39	4·14	4·55	5·43	6·32	14	14·26	14·3
4	2·09	2·25	2·43	3·06	3·32	4·03	4·41	5·26	6·15	7·05	16	16·30	16·4
6	2·23	2·41	3·01	3·25	3·54	4·29	5·10	5·57	6·48	7·40	18	18·34	18·6
8	2·39	2·57	3·19	3·45	4·17	4·55	5·40	6·27	7·25	8·17	19	19·36	19·7
10	2·52	3·13	3·37	4·07	4·41	5·23	6·12	7·08	8·06	9·00	20	20·38	0·20·8
12	3·07	3·30	3·57	4·29	5·08	5·54	6·49	7·52	8·57	9·54	21	21·40	22·0
14	3·23	3·48	4·18	4·53	5·37	6·30	7·34	8·52	10·22		22	22·43	23·0
16	3·40	4·07	4·40	5·20	6·10	7·14	8·44				23	23·45	24·3
18	3·58	4·28	5·05	5·51	6·52	8·28					24	24·47	25·5
20	4·17	4·51	5·33	6·29	8·00						25	25·49	0·26·7
22	4·38	5·17	6·08	7·28							26	26·52	27·9
24	5·02	5·48	6·58								27	27·54	29·2
26	5·30	6·30									28	28·56	30·5
28	6·06										29	29·59	31·8
−30	7·15										30	30·01	0·33·1

les termes au dessus de l'Horizon vrai de ceux qui sont au dessous.

donnent l'heure vraie, matin, pour l'Azimut vers le côté polaire du Premier Vertical.

AZIMUTH AND HOUR ANGLE FOR LATITUDE AND DECLINATION.

	DECLINATION.	LATITUDE 15°.										
		AZIMUTH.										
		5°	10°	15°	20°	25°	30°	35°	40°	45°	50°	55°	60°
		m.	m.	m.	h. m.	h. m.	h. m.	h. m.	h. m.	h. m.	h. m.	h. m.	h. m.
	+ 30°	6	12	18	25	32	40	49	1·00	1·13	1·29	1·52	2·31
	28	5	10	16	21	27	34	42	51	1·01	1·15	1·33	2·00
	26	4	9	13	18	23	28	35	42	51	1·01	1·15	1·36
	24	3	7	11	14	18	23	28	34	40	49	1·00	1·15
	22	3	5	8	11	14	17	21	26	31	37	45	56
Like Latitude.	20	2	4	6	8	10	12	15	18	22	26	31	38
	18	1	2	3	5	6	7	9	11	13	15	18	22
	16	0	1	1	2	2	2	3	3	4	5	6	7
	14	0	1	1	1	2	2	3	3	4	5	6	7
	12	1	2	3	4	6	7	8	10	12	14	17	21
	10	2	4	5	7	9	12	14	17	20	24	28	34
	8	2	5	8	10	13	16	20	23	28	33	39	47
	6	3	6	10	13	17	21	25	30	36	42	50	1·00
	4	4	8	12	16	20	25	30	36	43	51	1·00	1·12
	+ 2	5	9	14	19	24	30	36	43	51	1·00	1·11	1·24
	0	5	10	16	22	28	34	41	49	58	1·09	1·21	1·37
	− 2	6	12	18	24	31	38	46	55	1·06	1·17	1·31	1·49
	4	7	13	20	27	35	43	52	1·02	1·13	1·26	1·42	2·01
	6	7	15	22	30	38	47	57	1·08	1·21	1·35	1·52	2·14
	8	8	16	24	33	42	52	1·03	1·15	1·28	1·44	2·03	2·26
	10	9	17	26	36	46	56	1·08	1·21	1·36	1·53	2·14	2·39
Unlike Latitude.	12	9	19	28	39	49	1·01	1·14	1·28	1·44	2·03	2·25	2·52
	14	10	20	31	42	53	1·06	1·19	1·35	1·52	2·12	2·36	3·06
	16	11	22	33	45	57	1·10	1·25	1·42	2·00	2·22	2·48	3·20
	18	11	23	35	48	1·01	1·15	1·31	1·49	2·09	2·32	3·01	3·36
	20	12	25	37	51	1·05	1·20	1·37	1·56	2·18	2·43	3·14	3·51
	22	13	26	40	54	1·09	1·25	1·44	2·04	2·27	2·54	3·27	4·09
	24	14	28	42	57	1·13	1·31	1·50	2·12	2·36	3·06	3·42	4·28
	26	15	29	45	1·01	1·18	1·36	1·57	2·20	2·47	3·18	3·58	4·49
	28	15	31	47	1·04	1·23	1·42	2·04	2·29	2·57	3·32	4·15	5·14
	− 30	16	33	50	1·08	1·27	1·48	2·11	2·38	3·09	3·46	4·34	5·44

Latitude and Declination being unlike, the black line separates
When Lat. and Dec. are of the same name, the terms below the black line

AZIMUTH AND HOUR ANGLE FOR LATITUDE AND DECLINATION.

DECLINATION	LATITUDE 15°. AZIMUTH.									DEC.	AT ELONG.	
	63°	66°	69°	72°	75°	78°	81°	84°	87°		Elong.	H.A.
°	h. m.	h. m.	h. m.	h. m.	h. m.	h. m.	h. m.	h. m.	h. m.	°	° ′	h. m.
									90°	30	63·43	4·09
+30	3·22									28	66·05	3·59
										26	68·31	3·47
28	2·28	3·42								24	71·03	3·32
26	1·54	2·24								22	73·43	3·14
24	1·28	1·46	2·18							20	76·37	2·50
22	1·05	1·17	1·36	2·06						18	79·56	2·18
20	44	52	1·02	1·17	2·04					16	84·22	1·23
18	26	30	35	42	54	1·16				DEC.	AT TRUE HORIZON.	
16	8	9	11	13	16	21	29	59				
14	8	9	10	12	15	18	24	33	51		Amp.	Dasc.
12	23	27	30	36	42	51	1·04	1·22	1·50	°	° ′	h. m.
									2·30			
10	38	43	49	57	1·07	1·20	1·38	2·01	2·34	2	2·04	0· 2·1
									3·15			
8	53	1·00	1·08	1·18	1·31	1·47	2·08	2·35	3·11	4	4·08	4·3
6	1·07	1·15	1·25	1·38	1·53	2·12	2·36	3·06	3·44	6	6·13	6·5
									4·28			
4	1·21	1·31	1·42	1·57	2·14	2·36	3·03	3·36	4·15	8	8·17	8·6
									6·59			
+2	1·34	1·46	1·59	2·14	2·35	2·59	3·29	4·04	4·45	10	10·21	10·8
									5·30			
0	1·48	2·01	2·16	2·34	2·56	3·22	3·54	4·32	5·15	12	12·26	0·13·1
									6·00			
−2	2·01	2·16	2·32	2·53	3·17	3·46	4·20	4·59	5·44	14	14·30	15·3
									6·30			
4	2·15	2·31	2·49	3·12	3·38	4·09	4·46	5·28	6·14	16	16·35	17·6
									7·01			
6	2·29	2·46	3·06	3·31	3·59	4·33	5·13	5·57	6·45	18	18·39	20·0
									7·32			
8	2·43	3·02	3·24	3·50	4·22	4·58	5·41	6·28	7·18	19	19·42	21·2
									8·07			
10	2·57	3·18	3·42	4·11	4·45	5·25	6·11	7·02	7·55	20	20·44	0·22·4
									8·45			
12	3·12	3·35	4·01	4·33	5·10	5·54	6·45	7·41	8·39	21	21·47	23·6
									9·30			
14	3·27	3·52	4·21	4·56	5·37	6·26	7·24	8·30	9·38	22	22·49	24·9
									10·34			
16	3·44	4·11	4·43	5·21	6·08	7·06	8·18	10·02		23	23·52	26·1
18	4·01	4·31	5·06	5·50	6·46	8·01				24	24·54	27·4
20	4·20	4·53	5·33	6·25	7·56					25	25·57	0·28·7
22	4·40	5·18	6·07	7·14						26	26·59	30·0
24	5·03	5·47	6·49							27	28·02	31·4
26	5·30	6·25								28	29·05	32·8
28	6·04	7·44								29	30·08	34·2
−30	6·57									30	31·10	0·35·6

the terms below from those above the true Horizon.

give App. Time A.M. for Azimuth on polar side of Prime Vertical.

AZIMUTH AND HOUR ANGLE FOR LATITUDE AND DECLINATION.

LATITUDE 16°.

	DECLINATION.	\multicolumn{12}{c}{AZIMUTH.}

	DECLINATION.	5°	10°	15°	20°	25°	30°	35°	40°	45°	50°	55°	60°
		m.	m.	m.	h. m	h. m.	h. m.	h. m.	h. m.	h. m.	h. m.	h. m	h. m.
	+30	6	11	17	23	30	38	46	56	1·08	1·23	1·44	2·19
Like Latitude.	28	5	10	15	20	25	32	38	47	56	1·09	1·25	1·43
	26	4	8	12	16	21	26	32	38	46	55	1·08	1·26
	24	3	6	9	13	16	20	25	30	36	43	53	1·06
	22	2	5	7	9	12	15	18	22	26	32	38	47
	20	1	3	5	6	8	10	12	14	17	21	25	31
	18	1	1	2	3	4	5	6	7	8	10	12	15
	16	*	*	*	*	*	*	*	*	*	*	*	*
	14	1	1	2	3	4	5	6	7	8	10	12	14
	12	1	3	5	6	8	9	11	14	16	19	23	28
	10	2	4	7	9	11	14	17	20	24	28	34	41
	8	3	6	9	12	15	18	22	27	32	38	45	53
	6	3	7	11	15	19	23	28	33	39	46	55	1·06
	4	4	8	13	17	22	27	33	39	47	55	1·05	1·18
	+2	5	10	15	20	26	32	38	46	54	1·04	1·16	1·30
	0	6	11	17	23	29	36	44	52	1·02	1·13	1·26	1·42
	−2	6	12	19	26	33	41	49	58	1·09	1·21	1·36	1·54
	4	7	14	21	28	36	45	54	1·05	1·16	1·30	1·46	2·06
	6	8	15	23	31	40	49	1·00	1·11	1·24	1·39	1·57	2·18
	8	8	17	25	34	44	54	1·05	1·17	1·32	1·48	2·07	2·31
	10	9	18	27	37	47	58	1·10	1·24	1·39	1·57	2·18	2·44
Unlike Latitude.	12	10	19	29	40	51	1·03	1·16	1·31	1·47	2·06	2·29	2·56
	14	10	21	32	43	55	1·08	1·22	1·37	1·55	2·16	2·40	3·10
	16	11	22	34	46	59	1·12	1·27	1·44	2·03	2·25	2·52	3·24
	18	12	24	36	49	1·03	1·17	1·33	1·51	2·12	2·36	3·04	3·39
	20	13	25	38	52	1·07	1·22	1·39	1·59	2·20	2·46	3·17	3·55
	22	13	27	41	55	1·11	1·27	1·46	2·06	2·30	2·57	3·30	4·12
	24	14	28	43	59	1·15	1·33	1·52	2·14	2·39	3·09	3·45	4·30
	26	15	30	46	1·02	1·19	1·38	1·59	2·22	2·49	3·21	4·00	4·51
	28	16	32	48	1·06	1·24	1·44	2·06	2·31	3·00	3·34	4·17	5·07
	−30	17	34	51	1·09	1·29	1·50	2·13	2·40	3·11	3·48	4·36	5·43

Lat. et Dec. étant de noms opposés, la ligne noire sépare

Quand Lat. et Dec. sont du même nom, les termes au dessous de la ligne noire

AZIMUTH AND HOUR ANGLE FOR LATITUDE AND DECLINATION.

Latitude 16°.

Declination	Azimuth										Dec.	At Elong.	
	63°	66°	69°	72°	75°	78°	81°	84°	87°	90°		Elong.	H.A.
°	h. m.	h. m.	h. m.	h. m.	h. m.	h. m.	h. m.	h. m.	h. m.	h. m.	°	° ′	h. m.
											30	64·17	4·01
+30	3·00										28	66·43	3·49
28	2·14	3·04									26	69·14	3·36
26	1·42	2·07	3·09								24	71·52	3·20
24	1·17	1·32	1·57								22	74·42	2·59
22	55	1·04	1·18	1·42							20	77·51	2·32
20	35	41	48	1·00	1·19						18	81·38	1·52
18	17	19	23	27	34	46	1·17				Dec.	A L'Horizon Vrai.	
16	*	*	*	*	*	*						Amp.	Diff. Asc.
14	16	18	21	24	29	35	45	59	1·22	1·58	°	° ′	h. m.
12	31	35	40	47	55	1·06	1·20	1·41	2·10	2·48	2	2·05	0·2·3
10	46	52	59	1·07	1·19	1·33	1·52	2·16	2·48	3·28	4	4·10	4·6
8	1·00	1·07	1·16	1·27	1·41	1·58	2·20	2·47	3·22	4·03	6	6·15	6·9
6	1·13	1·23	1·33	1·46	2·02	2·22	2·46	3·16	3·51	4·34	8	8·19	9·2
4	1·27	1·37	1·50	2·05	2·23	2·45	3·12	3·44	4·21	5·04	10	10·24	11·6
+2	1·40	1·52	2·06	2·23	2·43	3·07	3·36	4·10	4·49	5·32	12	12·29	14·0
0	1·54	2·07	2·23	2·41	3·03	3·29	4·00	4·37	5·17	6·00	14	14·35	0·16·4
-2	2·07	2·22	2·39	2·59	3·23	3·52	4·25	5·03	5·44	6·28	16	16·40	18·9
4	2·20	2·37	2·55	3·18	3·44	4·14	4·49	5·29	6·12	6·56	17	17·42	20·1
6	2·34	2·52	3·12	3·36	4·04	4·37	5·15	5·57	6·43	7·26	18	18·45	21·4
8	2·48	3·07	3·29	3·55	4·26	5·01	5·41	6·26	7·12	7·57	19	19·48	22·7
10	3·02	3·23	3·47	4·15	4·48	5·26	6·09	6·57	7·46	8·32	20	20·51	0·24·0
12	3·16	3·39	4·05	4·36	5·12	5·53	6·40	7·32	8·24	9·12	21	21·53	25·3
14	3·31	3·56	4·25	4·58	5·38	6·24	7·16	8·14	9·12	10·02	22	22·56	26·6
16	3·47	4·14	4·45	5·22	6·06	6·59	8·01	9·13	10·34		23	23·59	28·0
18	4·04	4·34	5·08	5·50	6·41	7·45	9·17				24	25·02	29·3
20	4·22	4·55	5·34	6·22	7·25						25	26·05	0·30·7
22	4·42	5·19	6·04	7·04							26	27·08	32·2
24	5·04	5·46	6·42								27	28·11	33·6
26	5·30	6·21	7·54								28	29·14	35·1
28	6·01	7·18									29	30·17	36·5
-30	6·47										30	31·21	0·38·1

les termes au dessus de l'Horizon vrai de ceux qui sont au dessous.

donnent l'heure vraie, matin, pour l'Azimut vers le côté polaire du Premier Vertical.

AZIMUTH AND HOUR ANGLE FOR LATITUDE AND DECLINATION.

DECLINATION	LATITUDE 17°. AZIMUTH.											
		5°	10°	15°	20°	25°	30°	35°	40°	45°	50°	55°	60°
		m.	m.	m.	h. m.	h. m.	h. m.	h. m.	h. m.	h. m.	h. m.	h. m.	h. m.
+ 30		5	11	16	22	28	35	43	52	1·03	1·17	1·36	2·07
28		4	9	13	18	23	29	35	43	52	1·03	1·18	1·40
26		3	7	11	15	19	23	28	34	41	50	1·01	1·17
24		3	5	8	11	14	18	22	26	31	38	45	57
22		2	4	6	8	10	13	15	18	24	26	32	39
20 (Like Latitude)		1	2	3	5	6	7	9	11	13	15	18	23
18		0	1	1	2	2	2	3	4	4	5	6	7
16		0	1	1	1	2	2	3	3	4	5	6	7
14		1	2	3	4	6	7	9	10	12	15	17	21
12		2	4	5	7	9	12	14	17	20	24	29	34
10		2	5	8	10	13	16	20	24	28	33	39	47
8		3	6	10	13	17	21	25	30	36	42	50	59
6		4	8	12	16	20	25	30	36	43	51	1·00	1·12
4		5	9	14	19	24	30	36	43	50	1·00	1·10	1·24
+ 2		5	10	16	22	28	34	41	49	58	1·08	1·21	1·36
0		6	12	18	24	31	38	46	55	1·05	1·17	1·31	1·47
− 2		7	13	20	27	35	43	52	1·01	1·13	1·25	1·41	1·59
4		7	14	22	30	38	47	57	1·08	1·20	1·34	1·51	2·11
6		8	16	24	33	42	51	1·02	1·14	1·27	1·43	2·01	2·23
8		9	17	26	35	45	56	1·07	1·20	1·35	1·52	2·11	2·35
10		9	19	28	38	49	1·00	1·13	1·27	1·42	2·01	2·22	2·48
12 (Unlike Latitude)		10	20	30	41	53	1·05	1·18	1·33	1·50	2·10	2·33	3·01
14		11	21	33	44	56	1·10	1·24	1·40	1·58	2·19	2·44	3·14
16		11	23	35	47	1·00	1·14	1·30	1·47	2·06	2·29	2·55	3·28
18		12	24	37	50	1·04	1·19	1·36	1·54	2·15	2·39	3·07	3·42
20		13	26	39	53	1·08	1·24	1·42	2·01	2·23	2·49	3·19	3·58
22		14	27	42	56	1·12	1·29	1·48	2·09	2·34	3·00	3·33	4·14
24		14	29	44	1·00	1·16	1·34	1·54	2·16	2·42	3·11	3·46	4·32
26		15	31	47	1·03	1·21	1·40	2·01	2·24	2·52	3·23	4·02	4·52
28		16	32	49	1·07	1·25	1·46	2·08	2·33	3·02	3·36	4·19	5·15
− 30		17	34	52	1·10	1·30	1·52	2·15	2·42	3·13	3·50	4·37	5·42

Latitude and Declination being unlike, the black line separates

When Lat. and Dec. are of the same name, the terms below the black line

AZIMUTH AND HOUR ANGLE FOR LATITUDE AND DECLINATION.

Latitude 17°.

Declination	Azimuth										Dec.	At Elong.	
	63°	66°	69°	72°	75°	78°	81°	84°	87°	90°		Elong.	H.A.
°	h.m.	h.m.	h.m.	h.m.	h.m.	h.m.	h.m.	h.m.	h.m.	h.m.	°	°	h.m.
											30	64·54	3·52
+30	2·41										28	67·25	3·40
											26	70·02	3·25
28	2·00	2·38									24	72·48	3·07
26	1·31	1·51	2·31								22	75·49	2·43
24	1·06	1·19	1·39	2·20							20	79·18	2·11
22	45	53	1·04	1·21	1·58						18	84·00	1·20
20	26	30	35	39	55	1·21						At True Horizon.	
18	8	10	11	13	16	21	30				Dec.	Amp.	Dasc.
16	8	9	11	13	15	19	24	33	50	1·21	°	° ′	h.m.
14	24	27	31	36	42	51	1·03	1·32	1·46	2·21	2	2·05	0· 2·4
12	38	43	50	57	1·07	1·19	1·35	1·57	2·26	3·04			
10	53	59	1·07	1·17	1·29	1·45	2·04	2·29	3·01	3·39	4	4·11	4·9
8	1·06	1·15	1·24	1·36	1·51	2·09	2·31	2·58	3·32	4·11	6	6·17	7·4
6	1·20	1·30	1·41	1·55	2·11	2·31	2·56	3·25	4·00	4·40	8	8·22	9·9
4	1·33	1·44	1·57	2·13	2·31	2·53	3·20	3·51	4·27	5·07	10	10·28	12·4
+2	1·46	1·59	2·13	2·30	2·51	3·15	3·43	4·16	4·54	5·34	12	12·33	14·9
0	1·59	2·13	2·29	2·48	3·10	3·36	4·06	4·40	5·19	6·00	14	14·39	0·17·5
−2	2·12	2·28	2·45	3·05	3·29	3·57	4·29	5·05	5·45	6·26	16	16·45	20·1
4	2·26	2·42	3·01	3·23	3·49	4·19	4·53	5·30	6·11	6·53	17	17·48	21·5
6	2·39	2·57	3·17	3·41	4·09	4·41	5·17	5·56	6·38	7·20	18	18·51	22 8
8	2·52	3·12	3·34	4·00	4·29	5·03	5·42	6·23	7·07	7·49	19	19·54	24·2
10	3·06	3·27	3·51	4·19	4·51	5·27	6·08	6·52	7·38	8·21	20	20·57	0·25·6
12	3·20	3·43	4·09	4·39	5·13	5·53	6·37	7·24	8·13	8·56	21	22·01	27·0
14	3·35	4·00	4·28	5·00	5·37	6·21	7·10	7·49	8·53	9·39	22	23·04	28·4
16	3·50	4·17	4·48	5·23	6·05	6·53	7·49	8·48	9·49	10·39	23	24·07	29·8
18	4·07	4·36	5·10	5·49	6·36	7·33	8·43				24	25·10	31·3
20	4·25	4·56	5·34	6·15	7·15	8·33					25	26·14	0·32·8
22	4·44	5·19	6·02	6·56	8·18						26	27·17	34·3
24	5·05	5·45	6·37	7·56							27	28·21	35·8
26	5·30	6·18	7·30								28	29·24	37·4
28	6·00	7·04									29	30·28	39·0
−30	6·39										30	31·31	0·40·7

the terms below from those above the true Horizon.

give App. Time A.M. for Azimuth on polar side of Prime Vertical.

35

AZIMUTH AND HOUR ANGLE FOR LATITUDE AND DECLINATION.

LATITUDE 18°.

AZIMUTH.

DECLINATION.		5°	10°	15°	20°	25°	30°	35°	40°	45°	50°	55°	60°
		m.	m.	m.	h. m.	h. m.	h. m	h. m.	h. m.	h. m.	h. m.	h. m.	h. m.
+	30°	5	10	15	20	26	32	39	48	58	1·11	1·28	1·55
	28	4	8	12	16	21	26	32	39	47	57	1·10	1·30
	26	3	6	10	13	17	21	25	30	37	44	54	1·08
	24	2	5	7	10	12	15	19	22	27	32	39	49
	22	2	3	5	6	8	10	12	15	17	21	25	31
Like Latitude.	20	1	2	2	3	4	5	6	7	9	10	12	15
	18	*	*	*	*	*	*	*	*	*	*	*	*
	16	1	1	2	3	4	5	6	7	8	10	12	14
	14	1	3	4	6	8	9	11	14	16	19	23	28
	12	2	4	7	9	11	14	17	20	24	29	34	41
	10	3	6	9	12	15	19	22	27	32	38	45	53
	8	3	7	11	15	19	23	28	33	39	46	55	1·06
	6	4	8	13	17	22	27	33	40	47	55	1·05	1·18
	4	5	10	15	20	26	32	38	46	54	1·04	1·15	1·29
+	2	6	11	17	23	29	36	44	52	1·01	1·12	1·25	1·41
	0	6	12	19	26	33	40	49	58	1·09	1·21	1·35	1·53
−	2	7	14	21	28	36	45	54	1·04	1·16	1·29	1·45	2·04
	4	8	15	23	31	40	49	59	1·11	1·23	1·38	1·55	2·16
	6	8	17	25	34	43	53	1·05	1·17	1·31	1·46	2·05	2·28
	8	9	18	27	37	47	58	1·10	1·23	1·38	1·55	2·15	2·40
	10	10	19	29	40	51	1·02	1·15	1·29	1·46	2·04	2·26	2·52
Unlike Latitude.	12	10	21	31	42	54	1·07	1·21	1·36	1·53	2·13	2·37	3·05
	14	11	22	33	45	58	1·11	1·26	1·43	2·01	2·22	2·47	3·18
	16	12	24	36	48	1·02	1·16	1·32	1·49	2·09	2·32	2·59	3·31
	18	12	25	38	51	1·06	1·21	1·38	1·56	2·17	2·42	3·11	3·45
	20	13	26	40	54	1·10	1·26	1·44	2·03	2·26	2·52	3·23	4·00
	22	14	28	42	58	1·14	1·31	1·50	2·11	2·35	3·03	3·36	4·16
	24	15	30	45	1·01	1·18	1·36	1·56	2·19	2·44	3·14	3·50	4·34
	26	15	31	47	1·04	1·22	1·42	2·03	2·27	2·54	3·26	4·04	4·53
	28	16	33	50	1·08	1·27	1·47	2·10	2·35	3·04	3·39	4·21	5·15
−	30	17	35	53	1·11	1·32	1·53	2·17	2·44	3·15	3·52	4·39	5·41

Lat. et Dec. étant de noms opposés, la ligne noire sépare

Quand Lat. et Dec. sont du même nom, les termes au dessous de la ligne noire

AZIMUTH AND HOUR ANGLE FOR LATITUDE AND DECLINATION.

DECLINATION.	LATITUDE 18°. AZIMUTH.									DEC.	AT ELONG.	
	63°	66°	69°	72°	75°	78°	81°	84°	87°–90°		Elong.	H.A.
	h. m.	h. m.	h. m.	h. m.	h. m.	h. m.	h. m.	h. m.	h. m.	30	65·35	h. m. 3·43
+30	2·24									28	68·11	3·29
										26	70·55	3·13
28	1·47	2·17								24	73·51	2·53
26	1·20	1·36	2·06							22	77·08	2·26
24	58	1·06	1·22	1·49						20	81·08	1·47
22	36	42	50	1·02	1·24							
20	17	21	23	28	35	47	1·30				A L'HORIZON VRAI.	
18	*	*	*	*	*	*	*	*	*		Amp.	Diff. Asc.
16	16	18	21	24	29	35	44	58	1·20 1·52		° ′	h. m.
14	31	35	40	47	55	1·05	1·19	1·38	2·05 2·40	2	2·06	0· 2·6
12	46	51	58	1·07	1·18	1·31	1·49	2·12	2·41 3·17	4	4·12	5·2
10	1·00	1·07	1·16	1·27	1·39	1·56	2·16	2·41	3·12 3·49	6	6·19	0· 7·8
8	1·13	1·22	1·32	1·45	2·00	2·18	2·41	3·08	3·41 4·17	8	8·25	10·5
6	1·26	1·37	1·49	2·03	2·20	2·40	3·05	3·34	4·07 4·45	10	10·31	13·1
4	1·39	1·51	2·04	2·20	2·39	3·01	3·27	3·58	4·32 5·10	12	12·38	15·8
+2	1·52	2·05	2·20	2·37	2·58	3·22	3·50	4·21	4·57 5·35	14	14·43	18·6
0	2·05	2·19	2·35	2·54	3·16	3·42	4·11	4·45	5·21 6·00	15	15·47	0·20·0
−2	2·18	2·33	2·51	3·11	3·35	4·02	4·33	5·08	5·46 6·25	16	16·51	21·4
4	2·3.	2·47	3·06	3·28	3·54	4·23	4·56	5·32	6·10 6·50	17	17·54	22·8
6	2·44	3·02	3·22	3·46	4·13	4·44	5·18	5·56	6·36 7·15	18	18·58	24·2
8	2·57	3·16	3·38	4·04	4·33	5·05	5·42	6·22	7·02 7·43	19	20·01	25·7
10	3·10	3·31	3·55	4·22	4·53	5·28	6·07	6·49	7·31 8·11	20	21·05	0·27·2
12	3·24	3·47	4·12	4·42	5·15	5·52	6·34	7·18	8·02 8·43	21	22·08	28·7
14	3·39	4·03	4·30	5·02	5·38	6·19	7·04	7·51	8·38 9·20	22	23·12	30·2
16	3·54	4·20	4·50	5·24	6·04	6·48	7·39	8·32	9·23 10·08	23	24·15	31·7
18	4·10	4·38	5·11	5·49	6·33	7·24	8·23	9·30	10·43	24	25·19	33·3
20	4·27	4·59	5·34	6·16	7·08	8·11	9·53			25	26·23	0·34·9
22	4·46	5·20	6·00	6·50	7·56					26	27·27	36·5
24	5·08	5·45	6·33	7·37						27	28·31	38·1
26	5·29	6·14	7·16							28	29·35	39·8
28	5·57	6·55								29	30·39	41·5
−30	6·34									30	31·43	0·43·2

les termes au dessus de l'Horizon vrai de ceux qui sont au dessous.

donnent l'heure vraie, matin, pour l'Azimut vers le côté polaire du Premier Vertical.

AZIMUTH AND HOUR ANGLE FOR LATITUDE AND DECLINATION.

LATITUDE 19°.

	DECLINATION	\multicolumn{12}{c}{AZIMUTH.}

	Declination	5°	10°	15°	20°	25°	30°	35°	40°	45°	50°	55°	60°
		m.	m.	m.	h. m.	h. m.	h. m.	h. m.	h. m.	h. m.	h. m.	h. m.	h. m.
	+30	4	9	14	18	24	30	36	44	53	1·05	1·20	1·44
Like Latitude.	28	4	7	11	15	19	24	29	35	42	51	1·03	1·20
	26	3	5	8	11	15	18	22	27	32	38	47	59
	24	2	4	6	8	10	13	16	19	22	27	32	40
	22	1	2	3	5	6	7	9	11	13	16	19	23
	20	0	1	1	2	2	2	3	4	4	5	6	7
	18	0	1	1	2	2	2	3	4	4	5	6	7
	16	1	2	3	5	6	7	9	10	12	15	17	21
	14	2	4	6	7	10	12	14	17	20	24	29	34
	12	2	5	8	10	13	16	20	24	28	33	39	47
	10	3	6	10	13	17	21	25	30	36	42	50	59
	8	4	8	12	16	21	25	30	36	43	51	1·00	1·12
	6	5	9	14	19	24	30	36	43	50	59	1·10	1·23
	4	5	10	16	22	28	34	41	49	58	1·08	1·20	1·35
	+2	6	12	18	24	31	38	46	55	1·05	1·16	1·30	1·46
	0	7	13	20	27	35	43	51	1·01	1·12	1·25	1·40	1·58
	−2	7	14	22	30	38	47	56	1·07	1·19	1·33	1·50	2·09
	4	8	16	24	33	42	51	1·02	1·13	1·27	1·42	1·59	2·21
	6	9	17	26	35	45	56	1·07	1·20	1·34	1·50	2·09	2·32
	8	9	18	28	38	49	1·00	1·12	1·26	1·41	1·59	2·19	2·44
	10	10	20	30	41	52	1·04	1·17	1·32	1·49	2·08	2·30	2·56
Unlike Latitude.	12	11	21	32	44	56	1·09	1·23	1·39	1·56	2·16	2·40	3·08
	14	11	23	34	47	59	1·13	1·28	1·45	2·04	2·26	2·51	3·21
	16	12	24	37	50	1·03	1·18	1·34	1·52	2·12	2·35	3·02	3·34
	18	13	26	39	53	1·07	1·23	1·40	1·59	2·20	2·45	3·13	3·48
	20	13	27	41	56	1·11	1·28	1·46	2·06	2·29	2·55	3·26	4·03
	22	14	29	43	59	1·15	1·33	1·52	2·13	2·37	3·05	3·38	4·18
	24	15	30	46	1·02	1·19	1·38	1·58	2·21	2·47	3·16	3·52	4·35
	26	16	32	48	1·05	1·24	1·43	2·05	2·29	2·56	3·28	4·06	4·54
	28	17	33	51	1·09	1·28	1·49	2·12	2·37	3·06	3·41	4·22	5·15
	−30	17	35	53	1·13	1·33	1·55	2·19	2·46	3·17	3·54	4·40	5·39

Latitude and Declination being unlike, the black line separates

When Lat. and Dec. are of the same name, the terms below the black line

AZIMUTH AND HOUR ANGLE FOR LATITUDE AND DECLINATION.

DECLINATION	LATITUDE 19°. AZIMUTH.									DEC.	AT ELONG.	
	63°	66°	69°	72°	75°	78°	81°	84°	87°	90°	Elong.	H.A.
°	h. m.	h. m.	h. m.	h. m.	h. m.	h. m.	h. m.	h. m.	h. m.	h. m.	° ′	h. m.
										30	66·20	3·34
+30	2·08	3·02								28	69·02	3·19
										26	71·55	3·00
28	1·35	1·58	3·07							24	75·03	2·37
26	1·08	1·22	1·44							22	78·42	2·06
24	46	54	1·06	1·25	2·25					20	83·38	1·16
22	26	31	36	44	58	1·30						
20	8	10	11	13	17	22	31			DEC.	AT TRUE HORIZON.	
18	8	9	11	13	15	19	24	33	49	1·17	Amp.	Dasc.
16	24	27	31	36	42	51	1·08	1·19	1·42	2·14	° ′	h. m.
14	39	43	49	57	1·06	1·18	1·34	1·54	2·21	2·54	2	2·07	0· 2·8
12	53	59	1·07	1·17	1·28	1·43	2·01	2·25	2·53	3·28	4	4·14	5·5
10	1·06	1·14	1·24	1·33	1·49	2·06	2·27	2·52	3·22	3·57	6	6·21	0· 8·3
8	1·20	1·29	1·40	1·53	2·09	2·28	2·50	3·17	3·48	4·24	8	8·28	11·1
6	1·32	1·43	1·56	2·10	2·28	2·48	3·13	3·41	4·13	4·49	10	10·35	13·9
4	1·45	1·57	2·11	2·27	2·46	3·08	3·34	4·04	4·37	5·13	12	12·42	16·8
+2	1·58	2·11	2·26	2·44	3·04	3·28	3·55	4·26	5·00	5·37	14	14·49	19·7
0	2·10	2·25	2·41	3·00	3·22	3·47	4·16	4·48	5·23	6·00	15	15·53	0·21·2
−2	2·23	2·38	2·56	3·17	3·40	4·07	4·37	5·11	5·46	6·23	16	16·57	22·7
4	2·35	2·52	3·11	3·33	3·58	4·27	4·58	5·33	6·10	6·47	17	18·01	24·2
6	2·48	3·06	3·27	3·50	4·17	4·47	5·20	5·56	6·34	7·11	18	19·05	25·7
8	3·01	3·20	3·42	4·07	4·36	5·07	5·42	6·20	6·58	7·36	19	20·08	27·2
10	3·14	3·35	3·59	4·27	4·55	5·29	6·06	6·45	7·25	8·03	20	21·12	0·28·8
12	3·28	3·50	4·15	4·44	5·16	5·52	6·31	7·12	7·54	8·32	21	22·16	30·4
14	3·42	4·06	4·33	5·04	5·38	6·17	6·59	7·43	8·25	9·06	22	23·21	32·0
16	3·57	4·22	4·52	5·25	6·02	6·44	7·24	8·18	9·05	9·46	23	24·25	33·6
18	4·12	4·40	5·12	5·48	6·29	7·16	8·08	9·04	9·58	10·43	24	25·29	35·3
20	4·29	4·59	5·34	6·13	7·01	7·57	9·04				25	26·33	0·37·0
22	4·47	5·20	5·59	6·45	7·42	9·05					26	27·37	38·7
24	5·07	5·44	6·28	7·25	9·09						27	28·42	40·4
26	5·29	6·12	7·07								28	29·46	42·2
28	5·55	6·48	8·29								29	30·51	44·0
−30	6·28	6·52									30	31·56	0·45·9

the terms below from those above the true Horizon.

give App. Time A.M. for Azimuth on polar side of Prime Vertical.

AZIMUTH AND HOUR ANGLE FOR LATITUDE AND DECLINATION.

DECLINATION.	LATITUDE 20°. AZIMUTH.											
		5°	10°	15°	20°	25°	30°	35°	40°	45°	50°	55°	60°
		m.	m.	m.	h. m.	h. m.	h. m.	h. m.	h. m.	h. m.	h. m.	h. m.	h. m.
+30		4	8	12	17	22	27	33	40	48	58	1·12	1·33
Like Latitude.	28	3	6	10	13	17	21	26	31	37	45	55	1·10
	26	2	5	7	10	12	15	19	23	27	33	40	50
	24	2	3	5	6	8	10	12	15	18	21	26	31
	22	1	2	2	3	4	5	6	7	9	10	12	15
	20	*	*	*	*	*	*	*	*	*	*	*	*
	18	1	1	2	3	4	5	6	7	8	10	12	14
	16	1	3	4	6	8	10	12	14	16	20	23	28
	14	2	4	7	9	11	14	17	20	24	29	34	41
	12	3	6	9	12	15	19	23	27	32	38	45	53
	10	4	7	11	15	19	23	28	33	39	47	55	1·05
	8	4	8	13	17	22	28	33	40	47	55	1·05	1·17
	6	5	10	15	20	26	32	38	46	54	1·04	1·15	1·29
	4	6	11	17	23	29	36	44	52	1·01	1·12	1·25	1·40
+2		6	12	19	26	33	40	49	58	1·08	1·20	1·34	1·51
0		7	14	21	28	36	45	54	1·04	1·16	1·29	1·44	2·03
−2		8	15	23	31	40	49	59	1·10	1·23	1·37	1·54	2·14
	4	8	16	25	34	43	53	1·04	1·16	1·30	1·45	2·03	2·25
	6	9	18	27	37	47	58	1·09	1·22	1·37	1·54	2·13	2·36
	8	10	19	29	39	50	1·02	1·15	1·29	1·44	2·02	2·23	2·48
Unlike Latitude.	10	10	20	31	42	54	1·06	1·20	1·35	1·52	2·11	2·33	3·00
	12	11	22	33	45	57	1·11	1·25	1·41	1·59	2·20	2·44	3·12
	14	12	23	35	48	1·01	1·15	1·31	1·48	2·07	2·29	2·54	3·24
	16	12	25	37	51	1·05	1·20	1·36	1·54	2·15	2·38	3·05	3·37
	18	13	26	40	54	1·09	1·25	1·42	2·01	2·23	2·47	3·16	3·51
	20	14	28	42	57	1·12	1·29	1·48	2·08	2·31	2·57	3·28	4·05
	22	14	29	44	1·00	1·17	1·34	1·54	2·15	2·40	3·08	3·41	4·20
	24	15	31	47	1·03	1·21	1·40	2·00	2·23	2·49	3·19	3·54	4·36
	26	16	32	49	1·06	1·25	1·45	2·07	2·31	2·58	3·30	4·08	4·55
	28	17	34	52	1·10	1·29	1·50	2·13	2·39	3·08	3·43	4·24	5·15
−30		18	36	54	1·14	1·34	1·56	2·21	2·48	3·19	3·56	4·41	5·38

Lat. et Dec. étant de noms opposés, la ligne noire sépare

Quand Lat. et Dec. sont du même nom, les termes au dessous de la ligne noire

AZIMUTH AND HOUR ANGLE FOR LATITUDE AND DECLINATION.

DECLINATION.	LATITUDE 20°. AZIMUTH.									DEC.	AT ELONG.	
											Elong.	H.A.
	63°	66°	69°	72°	75°	78°	81°	84°	87°	90°	° ′	h. m.
											30 67·10	3·24
	h. m.	h. m.	h. m.	h. m.	h. m.	h. m.	h. m.	h. m.	h. m.	h. m.	28 69·59	3·07
+30	1·53	2·30									26 73·02	2·47
28	1·23	1·41	2·19								24 76·27	2·21
26	58	1·09	1·25	1·59							22 80·38	1·43
24	36	43	51	1·04	1·30							
22	17	20	24	28	36	50					DEC.	A L'HORIZON VRAI.
20	*	*	*	*	*	*	*	*	*	*	Amp.	Diff. Asc.
18	16	18	21	25	29	35	44	57	1·17	1·47	° ′	h. m.
16	31	35	40	47	54	1·05	1·18	1·36	2·01	2·32	2	2·08 0· 2·9
14	46	52	58	10·7	1·17	1·30	1·47	2·08	2·35	3·07	4	4·15 5·9
12	1·00	1·07	1·15	1·26	1·38	1·54	2·13	2·36	3·04	3·37	6	6·23 8·8
10	1·13	1·21	1·32	1·44	1·58	2·15	2·46	3·01	3·31	4·04	8	8·31 0·11·7
8	1·26	1·36	1·47	2·02	2·17	2·36	2·59	3·25	3·55	4·29	10	10·39 14·7
6	1·38	1·50	2·02	2·18	2·35	2·56	3·20	3·48	4·19	4·53	12	12·47 17·7
4	1·51	2·03	2·17	2·34	2·53	3·15	3·40	4·09	4·41	5·16	13	13·51 19·3
+2	2·03	2·17	2·32	2·50	3·10	3·34	4·01	4·31	5·02	5·38	14	14·55 20·8
0	2·15	2·30	2·47	3·06	3·28	3·53	4·21	4·52	5·25	6·00	15	15·59 0·22·4
−2	2·28	2·44	3·01	3·22	3·45	4·11	4·41	5·13	5·48	6·22	16	17·03 24·0
4	2·40	2·57	3·16	3·38	4·02	4·30	5·01	5·34	6·09	6·44	17	18·08 25·6
6	2·53	3·11	3·31	3·54	4·20	4·49	5·21	5·56	6·31	7·07	18	19·12 27·2
8	3·05	3·25	3·46	4·09	4·38	5·09	5·43	6·18	6·55	7·31	19	20·16 28·8
10	3·18	3·39	4·02	4·28	4·57	5·30	6·05	6·42	7·20	7·56	20	21·21 0·30·5
12	3·31	3·53	4·18	4·46	5·17	5·52	6·29	7·07	7·46	8·23	21	22·25 32·1
14	3·45	4·09	4·35	5·05	5·38	6·15	6·54	7·35	8·16	8·53	22	23·30 33·8
16	4·00	4·25	4·53	5·25	6·01	6·41	7·23	8·07	8·50	9·28	23	24·34 35·6
18	4·15	4·42	5·13	5·47	6·26	7·10	7·57	8·46	9·33	10·13	24	25·39 37·3
20	4·31	5·00	5·34	6·12	6·55	7·45	8·41	9·43	10·50		25	26·44 0·39·1
22	4·48	5·20	5·58	6·40	7·31	8·35					26	27·48 40·9
24	5·07	5·43	6·25	7·16	8·25						27	28·53 42·8
26	5·29	6·09	6·59	8·11							28	29·58 44·6
28	5·54	6·42	7·52								29	31·04 46·6
−30	6·24	7·30									30	32·09 0·48·5

les termes au dessus de l'Horizon vrai de ceux qui sont au dessous.

donnent l'heure vraie, matin, pour l'Azimut vers le côté polaire du Premier Vertical.

AZIMUTH AND HOUR ANGLE FOR LATITUDE AND DECLINATION.

LATITUDE 21°.

AZIMUTH.

DECLINATION.	5°	10°	15°	20°	25°	30°	35°	40°	45°	50°	55°	60°
	m.	m.	m.	h. m.	h. m.	h. m.	h. m.	h. m.	h. m.	h. m.	h. m.	h. m.
+ 30°	4	7	11	15	19	24	30	36	43	52	1·05	1·23
28	3	6	8	12	15	18	22	27	33	39	48	1·00
26	2	4	6	8	10	13	16	19	23	27	33	41
24	1	2	4	5	6	8	9	11	13	16	19	24
22	0	1	1	2	2	2	3	4	4	5	6	8
20	0	1	1	2	2	2	3	4	4	5	6	8
18	1	2	3	5	6	7	9	11	12	15	18	21
16	2	4	6	8	10	12	14	17	20	24	29	35
14	3	5	8	11	13	17	20	24	28	33	40	47
12	4	6	10	13	17	21	25	30	36	42	50	59
10	4	8	12	16	21	25	31	37	43	51	1·00	1·11
8	5	9	14	19	24	30	36	43	50	1·00	1·10	1·23
6	5	10	16	22	28	34	41	49	58	1·08	1·20	1·34
4	6	12	18	24	31	38	46	55	1·05	1·16	1·29	1·45
+ 2	7	13	20	27	35	43	51	1·01	1·12	1·24	1·39	1·56
0	7	14	22	30	38	47	56	1·07	1·19	1·33	1·48	2·07
− 2	8	16	24	32	41	51	1·01	1·13	1·26	1·41	1·58	2·18
4	8	17	26	35	45	55	1·07	1·19	1·33	1·49	2·07	2·29
6	9	18	28	38	48	59	1·12	1·25	1·40	1·57	2·17	2·41
8	10	20	30	41	52	1·04	1·17	1·31	1·47	2·05	2·27	2·52
10	10	21	32	43	55	1·08	1·22	1·37	1·55	2·14	2·37	3·03
12	11	22	34	46	59	1·13	1·27	1·44	2·02	2·23	2·47	3·15
14	12	24	36	49	1·03	1·17	1·33	1·50	2·09	2·33	2·57	3·27
16	13	25	38	52	1·06	1·22	1·38	1·57	2·17	2·41	3·08	3·40
18	13	27	40	55	1·10	1·26	1·44	2·03	2·25	2·50	3·19	3·53
20	14	28	43	58	1·14	1·31	1·50	2·10	2·33	3·00	3·31	4·07
22	15	30	45	1·01	1·18	1·36	1·56	2·18	2·42	3·10	3·43	4·22
24	16	31	47	1·04	1·22	1·41	2·02	2·25	2·51	3·21	3·56	4·38
26	16	33	50	1·08	1·26	1·46	2·08	2·33	3·00	3·32	4·10	4·56
28	17	35	52	1·11	1·31	1·52	2·15	2·41	3·10	3·44	4·25	5·15
− 30	18	36	55	1·15	1·35	1·58	2·22	2·50	3·21	3·57	4·42	5·37

Latitude and Declination being unlike, the black line separates

When Lat. and Dec. are of the same name, the terms below the black line

AZIMUTH AND HOUR ANGLE FOR LATITUDE AND DECLINATION.

DECLINATION.	LATITUDE 21°.									DEC.	AT ELONG.	
	AZIMUTH.										Elong.	H.A.
	63°	66°	69°	72°	75°	78°	81°	84°	87°	90°	° ′	h. m.
											30	68·04	3·13
	h. m.	h. m.	h. m.	h. m.	h. m.	h. m.	h. m.	h. m.	h. m.		28	71·03	2·55
+30	1·39	2·07									26	74·19	2·32
28	1·10	1·26	1·52								24	78·07	2·02
26	47	56	1·08	1·30							22	83·17	1·13
24	27	31	37	46	1·01	1·47						AT TRUE HORIZON.	
22	9	10	12	13	17	22	33					Amp.	Dasc.
20	8	9	11	13	15	19	24	33	48	1·14		° ′	h. m.
18	24	27	31	36	42	50	1·02	1·17	1·39	2·09			
16	39	44	50	57	1·05	1·17	1·32	1·51	2·16	2·47	2	2·09	0·3·1
14	53	59	1·07	1·16	1·27	1·41	1·59	2·20	2·47	3·19	4	4·17	6·2
12	1·06	1·14	1·23	1·34	1·47	2·04	2·23	2·46	3·14	3·46	6	6·26	9·2
10	1·19	1·28	1·39	1·52	2·06	2·24	2·45	3·10	3·39	4·11	8	8·34	0·12·4
8	1·32	1·42	1·54	2·08	2·24	2·44	3·06	3·32	4·02	4·34	10	10·43	15·5
6	1·44	1·56	2·09	2·24	2·42	3·03	3·27	3·54	4·24	4·56	12	12·52	18·7
4	1·56	2·09	2·24	2·40	2·59	3·21	3·46	4·14	4·45	5·18	13	13·56	20·3
+2	2·08	2·22	2·38	2·56	3·16	3·40	4·06	4·35	5·06	5·39	14	15·01	22·0
0	2·20	2·35	2·52	3·11	3·32	3·57	4·25	4·55	5·27	6·00	15	16·06	0·23·6
−2	2·32	2·48	3·06	3·27	3·49	4·15	4·44	5·15	5·47	6·21	16	17·10	25·3
4	2·45	3·02	3·21	3·42	4·06	4·33	5·03	5·35	6·08	6·42	17	18·15	27·0
6	2·57	3·15	3·35	3·58	4·23	4·52	5·23	5·56	6·29	7·04	18	19·20	28·7
8	3·09	3·28	3·50	4·14	4·40	5·11	5·43	6·17	6·51	7·26	19	20·25	30·4
10	3·22	3·42	4·05	4·31	4·59	5·31	6·04	6·39	7·15	7·49	20	21·29	0·32·1
12	3·35	3·57	4·21	4·48	5·18	5·51	6·26	7·03	7·40	8·14	21	22·34	33·9
14	3·48	4·11	4·37	5·06	5·38	6·13	6·50	7·29	8·07	8·41	22	23·39	35·7
16	4·02	4·27	4·55	5·26	5·59	6·37	7·17	7·58	8·37	9·13	23	24·45	37·5
18	4·17	4·44	5·13	5·47	6·23	7·04	7·48	8·32	9·14	9·51	24	25·50	39·4
20	4·33	5·01	5·33	6·10	6·50	7·36	8·25	9·17	10·06	10·46	25	26·55	0·41·2
22	4·50	5·21	5·56	6·35	7·22	8·17	9·22				26	28·00	43·2
24	5·08	5·42	6·21	7·08	8·05	9·41					27	29·06	45·1
26	5·28	6·07	6·53	7·52							28	30·11	47·1
28	5·51	6·36	7·36								29	31·17	49·1
−30	6·20	7·18									30	32·23	0·51·2

the terms below from those above the true Horizon.

give App. Time A.M. for Azimuth on polar side of Prime Vertical.

E

AZIMUTH AND HOUR ANGLE FOR LATITUDE AND DECLINATION.

LATITUDE 22°.

DECLINATION		AZIMUTH									
		5°	10°	15°	20°	25°	30°	35°	40°	45°	50°	55°	60°
		m.	m.	m.	h. m.	h. m.	h. m.	h. m.	h. m.	h. m.	h. m.	h. m.	h. m.
+	30	3	6	10	13	17	22	26	32	38	46	57	1·12
Like Latitude	28	2	5	7	10	13	16	19	23	28	34	41	51
	26	2	3	5	6	8	10	13	15	18	22	26	32
	24	1	2	2	3	4	5	6	7	9	11	13	16
	22	*	*	*	*	*	*	*	*	*	*	*	*
	20	1	1	2	3	4	5	6	7	8	10	12	14
	18	1	3	4	6	8	10	12	14	17	20	23	28
	16	2	4	7	9	12	14	17	21	24	29	34	41
	14	3	6	9	12	15	19	23	27	32	38	45	53
	12	4	7	11	15	19	23	28	33	40	47	55	1·05
	10	4	9	13	18	22	28	33	40	47	55	1·05	1·17
	8	5	10	15	20	26	32	39	46	53	1·04	1·15	1·28
	6	6	11	17	23	29	36	44	52	1·01	1·12	1·24	1·39
	4	6	13	19	26	33	40	49	58	1·08	1·20	1·34	1·50
+	2	7	14	21	28	36	45	54	1·04	1·15	1·28	1·43	2·01
	0	8	15	23	31	40	49	59	1·10	1·22	1·36	1·53	2·12
−	2	8	16	25	34	43	53	1·04	1·16	1·29	1·44	2·02	2·23
	4	9	18	27	36	46	57	1·09	1·22	1·36	1·52	2·11	2·34
	6	9	19	29	39	50	1·01	1·14	1·28	1·43	2·01	2·21	2·44
	8	10	20	31	42	53	1·06	1·19	1·34	1·51	2·09	2·30	2·56
Unlike Latitude	10	11	22	33	45	57	1·10	1·24	1·40	1·57	2·17	2·40	3·07
	12	11	23	35	47	1·00	1·14	1·29	1·46	2·05	2·26	2·50	3·18
	14	12	24	37	50	1·04	1·19	1·35	1·52	2·12	2·35	3·00	3·30
	16	13	26	39	53	1·08	1·23	1·40	1·59	2·20	2·44	3·11	3·43
	18	14	27	41	56	1·11	1·28	1·46	2·06	2·28	2·53	3·22	3·56
	20	14	29	44	59	1·15	1·33	1·52	2·12	2·36	3·02	3·33	4·10
	22	15	30	46	1·02	1·19	1·38	1·58	2·20	2·44	3·12	3·45	4·24
	24	16	32	48	1·05	1·23	1·43	2·04	2·27	2·53	3·23	3·58	4·39
	26	17	33	51	1·09	1·28	1·48	2·10	2·35	3·02	3·34	4·11	4·56
	28	17	35	53	1·12	1·33	1·53	2·17	2·43	3·12	3·46	4·26	5·15
−	30	18	37	56	1·16	1·37	1·59	2·24	2·51	3·22	3·59	4·42	5·36

Lat. et Dec. étant de noms opposés, la ligne noire sépare

Quand Lat. et Dec. sont du même nom, les termes au dessous de la ligne noire

AZIMUTH AND HOUR ANGLE FOR LATITUDE AND DECLINATION.

DECLINATION.	LATITUDE 22°.									DEC.	AT ELONG.	
	AZIMUTH.										Elong.	H.A.
	63°	66°	69°	72°	75°	78°	81°	84°	87°	90°	° ′	h. m.
										30	69·04	3·02
°	h. m.	h. m.	h. m.	h. m.	h. m.	h. m.	h. m.	h. m.	h. m.	28	72·14	2·42
+30	1·26	1·47	2·48							26	75·47	2·16
28	1·00	1·11	1·30	2·19						24	80·10	1·39
26	37	44	53	1·07	1·39							
24	18	21	24	29	37	52				DEC.	A L'HORIZON VRAI.	
22	*	*	*	*	*	*	*	*	*		Amp.	Diff. Asc.
20	16	18	21	25	29	35	45	57	1·16	1·43	° ′	h. m.
18	31	36	41	47	54	1·04	1·17	1·34	1·57	2·26	2	2·09	0· 3·2
16	46	52	58	1·07	1·17	1·29	1·45	2·06	2·30	2·59	4	4·19	6·5
14	1·00	1·07	1·15	1·25	1·37	1·52	2·10	2·31	2·57	3·28	6	6·28	9·7
12	1·13	1·21	1·31	1·43	1·56	2·13	2·32	2·56	3·23	3·53	8	8·38	13·1
10	1·25	1·35	1·46	1·59	2·15	2·32	2·54	3·18	3·46	4·16	10	10·48	0·16·3
8	1·38	1·49	2·01	2·15	2·32	2·51	3·14	3·39	4·08	4·39	11	11·53	18·0
6	1·50	2·02	2·15	2·31	2·49	3·09	3·33	3·59	4·28	5·00	12	12·58	19·7
4	2·02	2·15	2·29	2·46	3·05	3·27	3·52	4·19	4·49	5·20	13	14·02	21·4
+2	2·14	2·28	2·43	3·01	3·22	3·44	4·10	4·38	5·08	5·40	14	15·07	23·1
0	2·25	2·40	2·57	3·16	3·38	4·02	4·28	4·57	5·28	6·00	15	16·13	0·24·9
−2	2·37	2·53	3·11	3·31	3·54	4·19	4·47	5·16	5·48	6·20	16	17·17	26·6
4	2·49	3·06	3·25	3·46	4·10	4·36	5·05	5·36	6·08	6·40	17	18·23	28·4
6	3·01	3·19	3·39	4·02	4·27	4·54	5·24	5·55	6·28	7·00	18	19·28	30·2
8	3·13	3·32	3·53	4·17	4·43	5·12	5·43	6·16	6·49	7·21	19	20·33	32·0
10	3·25	3·46	4·08	4·33	5·01	5·31	6·03	6·37	7·11	7·44	20	21·39	0·33·8
12	3·38	3·59	4·23	4·50	5·19	5·51	6·24	6·59	7·34	8·07	21	22·44	35·7
14	3·51	4·14	4·39	5·07	5·38	6·12	6·47	7·23	7·59	8·32	22	23·50	37·6
16	4·05	4·29	4·56	5·26	5·59	6·34	7·12	7·49	8·27	9·01	23	24·55	39·5
18	4·19	4·45	5·14	5·46	6·21	6·59	7·39	8·20	8·59	9·34	24	26·01	41·5
20	4·34	5·02	5·33	6·08	6·46	7·28	8·12	8·53	9·41	10·17	25	27·07	0·43·4
22	4·51	5·21	5·54	6·33	7·15	8·03	8·57	9·55	10·56		26	28·13	45·5
24	5·08	5·42	6·18	7·02	7·52	8·55					27	29·19	47·5
26	5·28	6·04	6·47	7·39	8·54						28	30·25	49·6
28	5·50	6·32	7·24	8·51							29	31·32	51·8
−30	6·17	7·08	8·43								30	32·38	0·54·0

les termes au dessus de l'Horizon vrai de ceux qui sont au dessous.

donnent l'heure vraie, matin, pour l'Azimut vers le côté polaire du Premier Vertical.

AZIMUTH AND HOUR ANGLE FOR LATITUDE AND DECLINATION.

LATITUDE 23°.

DECLINATION.	AZIMUTH.											
	5°	10°	15°	20°	25°	30°	35°	40°	45°	50°	55°	60°
	m.	m.	m.	h. m.	h. m.	h. m.	h. m.	h. m.	h. m.	h. m.	h. m.	h. m.
+ 30	3	6	9	12	15	19	23	28	33	40	49	1·02
28	2	4	6	8	11	13	16	19	23	28	34	42
26	1	2	4	5	6	8	9	11	14	16	20	24
24	0	1	1	2	2	3	3	4	4	5	6	8
22	0	1	1	2	2	2	3	4	4	5	6	7
20	1	2	3	5	6	7	9	11	13	15	18	21
18	2	4	6	8	10	12	15	17	21	24	29	35
16	3	5	8	11	13	17	20	24	28	34	40	47
14	3	7	10	13	17	21	26	30	36	42	50	59
12	4	8	12	16	21	26	31	37	43	51	1·00	1·11
10	5	9	14	19	24	30	36	43	51	59	1·10	1·23
8	5	11	16	22	28	34	41	49	58	1·08	1·20	1·34
6	6	12	18	24	31	38	46	55	1·05	1·16	1·29	1·44
4	7	13	20	27	35	43	51	1·01	1·12	1·24	1·38	1·55
+ 2	7	14	22	30	38	47	56	1·07	1·19	1·32	1·47	2·06
0	8	16	24	32	41	51	1·01	1·13	1·25	1·40	1·57	2·16
− 2	8	17	26	35	45	55	1·06	1·18	1·32	1·48	2·06	2·27
4	9	18	28	38	48	59	1·11	1·24	1·39	1·56	2·15	2·38
6	10	20	30	40	51	1·03	1·16	1·30	1·46	2·04	2·24	2·48
8	10	21	32	43	55	1·08	1·21	1·36	1·53	2·12	2·34	2·59
10	11	22	34	46	58	1·12	1·26	1·42	2·00	2·20	2·43	3·10
12	12	24	36	49	1·02	1·16	1·32	1·49	2·07	2·29	2·53	3·22
14	12	25	38	51	1·05	1·21	1·37	1·55	2·15	2·37	3·03	3·33
16	13	26	40	54	1·09	1·25	1·42	2·01	2·22	2·46	3·14	3·45
18	14	28	42	57	1·13	1·30	1·48	2·08	2·30	2·55	3·24	3·58
20	15	29	44	1·00	1·17	1·34	1·54	2·15	2·38	3·05	3·35	4·11
22	15	31	47	1·03	1·21	1·39	1·59	2·22	2·46	3·15	3·47	4·25
24	16	32	49	1·06	1·25	1·44	2·05	2·29	2·55	3·25	4·00	4·40
26	17	34	51	1·10	1·29	1·49	2·12	2·37	3·04	3·36	4·13	4·57
28	18	36	54	1·13	1·33	1·55	2·18	2·44	3·14	3·48	4·27	5·15
− 30	18	37	56	1·17	1·38	2·01	2·25	2·53	3·24	4·00	4·43	5·35

AZIMUTH from depressed pole *continued*   120°

When Lat. and Dec. are of the same name, the terms below the black line

AZIMUTH AND HOUR ANGLE FOR LATITUDE AND DECLINATION.

Latitude 23°.

DECLINATION.	AZIMUTH.									DEC.	AT ELONG.	
	63°	66°	69°	72°	75°	78°	81°	84°	87°		Elong.	H.A.
											°	h. m.
	h. m.	h. m.	h. m.	h. m.	h. m.	h. m.	h. m.	h. m.	h. m.	30	70·11	2·51
+30	1·13	1·30	2·02							28	73·34	2·28
28	49	58	1·11	1·37						26	77·32	1·58
26	28	32	39	47	1·03					24	82·57	1·10
24	9	10	11	14	17	23	34				AT TRUE HORIZON.	
22	8	10	11	13	15	19	24	33	47			
											Amp.	Dasc.
20	24	27	31	36	42	50	1·01	1·16	1·37		° ′	h. m.
18	39	44	50	57	1·06	1·17	1·31	1·49	2·12	2	2·10	0· 3·4
16	53	59	1·07	1·16	1·27	1·40	1·57	2·17	2·41	4	4·21	6·8
14	1·06	1·14	1·23	1·34	1·46	2·02	2·20	2·42	3·07	6	6·31	10·2
12	1·19	1·28	1·38	1·50	2·05	2·21	2·41	3·04	3·30	8	8·42	13·7
10	1·31	1·41	1·53	2·07	2·22	2·40	3·01	3·25	3·52	10	10·52	0·17·2
8	1·43	1·55	2·07	2·22	2·39	2·58	3·20	3·45	4·13	11	11·58	18·9
6	1·55	2·07	2·21	2·37	2·55	3·16	3·39	4·04	4·33	12	13·03	20·7
4	2·07	2·20	2·35	2·52	3·11	3·33	3·57	4·23	4·52	13	14·09	22·5
+2	2·18	2·33	2·49	3·07	3·27	3·49	4·14	4·42	5·11	14	15·14	24·3
0	2·30	2·45	3·02	3·21	3·42	4·06	4·32	5·00	5·29	15	16·20	0·26·1
−2	2·41	2·58	3·15	3·36	3·58	4·22	4·49	5·18	5·48	16	17·25	28·0
4	2·53	3·10	3·29	3·50	4·13	4·39	5·07	5·36	6·07	17	18·31	29·8
6	3·05	3·23	3·43	4·05	4·29	4·56	5·25	5·55	6·26	18	19·37	31·7
8	3·16	3·36	3·57	4·20	4·46	5·13	5·43	6·14	6·46	19	20·43	33·6
10	3·28	3·49	4·11	4·36	5·02	5·31	6·02	6·34	7·07	20	21·49	0·35·6
12	3·41	4·02	4·26	4·52	5·20	5·50	6·22	6·55	7·28	21	22·55	37·5
14	3·54	4·16	4·41	5·08	5·38	6·10	6·44	7·18	7·52	22	24·01	39·5
16	4·07	4·31	4·57	5·26	5·58	6·31	7·07	7·43	8·18	23	25·07	41·5
18	4·21	4·46	5·14	5·45	6·19	6·55	7·32	8·10	8·47	24	26·13	43·6
20	4·36	5·03	5·33	6·06	6·42	7·21	8·02	8·43	9·22	25	27·20	0·45·7
22	4·52	5·21	5·53	6·29	7·09	7·53	8·39	9·27	10·12	26	28·26	47·8
24	5·09	5·40	6·15	6·56	7·42	8·34	9·37			27	29·33	50·0
26	5·27	6·02	6·43	7·29	8·28					28	30·40	52·2
28	5·49	6·28	7·15	8·19						29	31·52	54·4
−30	6·13	7·00	8·06							30	32·54	0·56·7
	117°	114°	111°	108°	105°	102°	99°	96°	93°	90°		

give App. Time A.M. for Azimuth on polar side of Prime Vertical.

47

AZIMUTH AND HOUR ANGLE FOR LATITUDE AND DECLINATION.

Latitude 24°.

DECLINATION.	AZIMUTH.											
		5°	10°	15°	20°	25°	30°	35°	40°	45°	50°	55°	60°
		m.	m.	m.	h. m.	h. m.	h. m.	h. m.	h. m.	h. m.	h. m.	h. m.	h. m.
+30		2	5	7	10	13	16	20	24	28	34	42	53
28		2	3	5	7	8	11	13	15	18	22	27	33
26		1	2	2	3	4	5	6	8	9	11	13	16
24		»	»	»	»	»	»	»	»	»	»	»	»
22		1	2	2	3	4	5	6	7	9	10	12	15
20 (Like Latitude)		1	3	5	6	8	10	12	14	17	20	24	28
18		2	4	7	9	12	14	17	21	25	29	35	41
16		3	6	9	12	15	19	23	27	32	38	45	52
14		4	7	11	15	19	23	28	34	40	47	55	1·05
12		4	9	13	18	23	28	33	40	47	55	1·05	1·17
10		5	10	15	20	26	32	39	46	54	1·04	1·15	1·28
8		6	11	17	23	29	36	44	52	1·01	1·12	1·24	1·39
6		6	13	19	26	33	40	49	58	1·08	1·20	1·33	1·49
4		7	14	21	28	36	45	54	1·04	1·15	1·28	1·43	2·00
+2		7	15	23	31	40	49	59	1·10	1·22	1·36	1·52	2·10
0		8	16	25	34	43	53	1·04	1·15	1·29	1·43	2·01	2·21
−2		9	18	27	36	46	57	1·09	1·21	1·35	1·51	2·10	2·31
4		9	19	29	39	50	1·01	1·13	1·27	1·42	1·59	2·19	2·41
6		10	20	31	42	53	1·05	1·18	1·33	1·49	2·07	2·28	2·52
8		11	22	33	44	56	1·09	1·23	1·39	1·56	2·15	2·37	3·03
10 (Unlike Latitude)		11	23	35	47	1·00	1·14	1·28	1·45	2·03	2·23	2·47	3·13
12		12	24	37	50	1·03	1·18	1·34	1·51	2·10	2·32	2·56	3·24
14		13	26	39	52	1·07	1·22	1·39	1·57	2·17	2·40	3·06	3·36
16		13	27	41	55	1·11	1·27	1·44	2·03	2·25	2·49	3·16	3·48
18		14	28	43	58	1·14	1·31	1·50	2·10	2·32	2·58	3·27	4·00
20		15	30	45	1·01	1·18	1·36	1·55	2·17	2·40	3·07	3·38	4·13
22		16	31	47	1·04	1·22	1·41	2·01	2·24	2·48	3·17	3·49	4·27
24		16	33	50	1·07	1·26	1·46	2·07	2·31	2·57	3·27	4·01	4·41
26		17	34	52	1·11	1·30	1·51	2·13	2·38	3·06	3·38	4·14	4·57
28		18	36	55	1·14	1·34	1·56	2·20	2·46	3·15	3·49	4·28	5·14
−30		19	38	57	1·17	1·39	2·02	2·27	2·54	3·26	4·01	4·43	5·34

Azimut au pôle deprimé, *continué*   120°

Quand Lat. et Déc. sont du même nom, les termes au dessous de la ligne noire

AZIMUTH AND HOUR ANGLE FOR LATITUDE AND DECLINATION.

DECLINATION	LATITUDE 24°. AZIMUTH.									DEC.	AT ELONG.	
	63°	66°	69°	72°	75°	78°	81°	84°	87°	90°	Elong.	H.A.
	h.m.	h.m.	h.m.	h.m.	h.m.	h.m.	h.m.	h.m.	h.m.		° ′	h. m.
										30	71·26	2·38
+30	1·02	1·14	1·36							28	75·08	2·13
										26	79·41	1·36
28	38	45	55	1·10	1·57							
26	18	21	25	30	38	57				DEC.	A L'HORIZON VRAI.	
24	*	*	*	*	*	*	*	*	*		Amp.	Diff. Asc.
22	16	19	21	25	29	35	44	56	1·14	1·39	° ′	h. m.
20	32	36	41	47	54	1·04	1·16	1·33	1·54	2·21	2	2·11 0· 3·6
18	46	52	58	1·06	1·16	1·28	1·44	2·02	2·25	2·53	4	4·23 7·1
16	1·00	1·07	1·15	1·25	1·36	1·50	2·07	2·28	2·52	3·20	6	6·34 10·7
14	1·13	1·21	1·30	1·42	1·55	2·11	2·30	2·51	3·16	3·44	8	8·46 14·4
12	1·25	1·35	1·45	1·58	2·13	2·30	2·49	3·12	3·38	4·06	9	9·52 16·2
10	1·37	1·48	2·00	2·13	2·29	2·47	3·08	3·32	3·58	4·27	10	10·57 0·18·0
8	1·49	2·00	2·14	2·28	2·45	3·05	3·26	3·51	4·18	4·46	11	12·03 19·9
6	2·01	2·13	3·27	2·43	3·01	3·21	3·44	4·09	4·36	5·05	12	13·09 21·7
4	2·12	2·25	2·40	2·57	3·16	3·38	4·01	4·27	4·55	5·24	13	14·15 23·6
+2	2·23	2·38	2·54	3·11	3·31	3·54	4·18	4·45	5·13	5·42	14	15·21 25·5
0	2·34	2·50	3·07	3·26	3·46	4·10	4·35	5·02	5·31	6·00	15	16·27 0·27·4
−2	2·46	3·02	3·20	3·40	4·02	4·26	4·52	5·19	5·48	6·18	16	17·34 29·3
4	2·57	3·14	3·33	3·54	4·17	4·42	5·09	5·37	6·06	6·36	17	18·40 31·3
6	3·08	3·26	3·46	4·08	4·32	4·58	5·26	5·55	6·25	6·55	18	19·46 33·3
8	3·20	3·39	4·00	4·13	4·48	5·15	5·43	6·13	6·44	7·14	19	20·53 35·3
10	3·32	3·52	4·14	4·28	5·04	5·32	6·02	6·32	7·03	7·33	20	21·59 0·37·3
12	3·44	4·05	4·28	4·53	5·20	5·50	6·21	6·52	7·24	7·54	21	23·06 39·4
14	3·56	4·18	4·43	5·09	5·38	6·09	6·40	7·13	7·46	8·16	22	24·13 41·5
16	4·09	4·33	4·58	5·26	5·57	6·29	7·02	7·36	8·09	8·40	23	25·19 43·6
18	4·23	4·48	5·15	5·45	6·17	6·51	7·26	8·02	8·36	9·07	24	26·26 45·7
20	4·37	5·03	5·33	6·04	6·39	7·15	7·53	8·31	9·07	9·39	25	27·33 0·47·9
22	4·52	5·21	5·52	6·26	7·04	7·44	8·26	9·08	9·47	10·21	26	28·41 50·2
24	5·09	5·39	6·13	6·51	7·33	8·19	9·10	10·04	11·01		27	29·48 52·4
26	5·27	6·00	6·38	7·21	8·11	9·16					28	30·55 54·8
28	5·47	6·24	7·08	8·01	9·30						29	32·03 57·2
−30	6·10	6·54	7·49								30	33·11 0·59·6
	117°	114°	111°	108°	105°	102°	99°	96°	93°	90°			

donnent l'heure vraie, matin, pour l'Azimut vers le côté polaire du Premier Vertical.

AZIMUTH AND HOUR ANGLE FOR LATITUDE AND DECLINATION.

DECLINATION	LATITUDE 25°. AZIMUTH.											
		5°	10°	15°	20°	25°	30°	35°	40°	45°	50°	55°	60°
		m.	m.	m.	h. m.	h. m.	h. m.	h. m.	h. m.	h. m.	h. m.	h. m.	h. m.
	+30	2	4	6	8	11	13	16	20	24	28	35	43
Like Latitude	28	1	2	4	5	6	8	10	12	14	16	20	25
	26	0	1	1	2	2	3	3	4	4	5	6	8
	24	0	1	1	2	2	3	3	4	4	5	6	7
	22	1	2	3	5	6	7	9	11	13	15	18	22
	20	2	4	6	8	10	12	15	18	21	25	29	35
	18	3	5	8	11	14	17	20	24	29	34	40	48
	16	3	7	10	14	17	22	26	31	36	43	50	1·00
	14	4	8	12	16	21	26	31	37	44	51	1·00	1·11
	12	5	9	14	19	24	30	36	43	51	1·00	1·10	1·22
	10	5	10	16	22	28	34	41	49	57	1·08	1·19	1·33
	8	6	12	18	24	31	38	46	55	1·05	1·16	1·29	1·44
	6	7	13	20	27	35	43	51	1·01	1·11	1·24	1·38	1·54
	4	7	15	22	30	38	47	56	1·07	1·18	1·31	1·47	2·04
+| 2	8	16	24	32	41	51	1·01	1·12	1·25	1·39	1·56	2·15
	0	8	17	26	35	45	55	1·06	1·18	1·32	1·47	2·04	2·25
−| 2	9	18	28	38	48	59	1·11	1·24	1·38	1·55	2·13	2·35
	4	10	20	30	40	51	1·03	1·16	1·30	1·45	2·02	2·22	2·45
	6	10	21	32	43	55	1·07	1·21	1·35	1·52	2·10	2·31	2·55
	8	11	22	34	45	58	1·11	1·26	1·41	1·59	2·18	2·40	3·06
Unlike Latitude	10	12	24	36	48	1·01	1·15	1·31	1·47	2·06	2·26	2·50	3·16
	12	12	25	38	51	1·05	1·20	1·36	1·53	2·13	2·34	2·59	3·27
	14	13	26	40	54	1·08	1·24	1·41	1·59	2·20	2·43	3·09	3·38
	16	14	28	42	56	1·12	1·28	1·46	2·06	2·27	2·51	3·19	3·50
	18	14	29	44	59	1·16	1·33	1·52	2·12	2·35	3·00	3·29	4·02
	20	15	30	46	1·02	1·19	1·37	1·57	2·19	2·42	3·09	3·40	4·15
	22	16	32	48	1·05	1·23	1·42	2·03	2·25	2·50	3·19	3·51	4·28
	24	17	33	51	1·08	1·27	1·47	2·09	2·33	2·59	3·29	4·03	4·42
	26	17	35	53	1·12	1·31	1·52	2·15	2·40	3·08	3·39	4·15	4·57
	28	18	36	55	1·15	1·36	1·58	2·21	2·48	3·17	3·50	4·29	5·14
	−30	19	38	58	1·18	1·40	2·03	2·28	2·56	3·27	4·02	4·44	5·33

AZIMUTH from depressed pole *continued*   120°

When Lat. and Dec. are of the same name, the terms below the black line

AZIMUTH AND HOUR ANGLE FOR LATITUDE AND DECLINATION.

DECLINATION.	LATITUDE 25°. AZIMUTH.									DECLINATION.	AT TRUE HORIZON.	
	63°	66°	69°	72°	75°	78°	81°	84°	87°	90°		Amp.	Dasc.
°	h. m.	h. m.	h. m.	h. m.	h. m.	h. m.	h. m.	h. m.	h. m.	h. m.	°	° ′	h. m.
+30	50	1·00	1·15	1·46							0	0·00	0· 0·0
28	28	33	39	49	1·07						1	1·06	1·9
26	9	10	12	14	18	23	36				2	2·12	3·8
24	8	10	11	13	16	19	24	33	47	1·09	3	3·19	5·6
22	24	28	31	36	42	50	1·01	1·15	1·35	2·00	4	4·25	7·5
20	39	44	53	57	1·06	1·16	1·30	1·47	2·09	2·35	5	5·31	0·09·4
18	53	59	1·07	1·16	1·26	1·39	1·55	2·14	2·37	3·03	6	6·37	11·2
16	1·06	1·14	1·23	1·33	1·45	2·00	2·17	2·38	3·01	3·28	7	7·44	13·1
14	1·19	1·28	1·38	1·49	2·03	2·19	2·38	2·59	3·24	3·51	8	8·50	15·0
12	1·31	1·41	1·52	2·05	2·20	2·37	2·57	3·19	3·44	4·12	9	9·56	16·9
10	1·43	1·54	2·06	2·20	2·36	2·54	3·15	3·38	4·04	4·31	10	11·03	0·18·9
8	1·54	2·06	2·19	2·34	2·52	3·11	3·32	3·56	4·22	4·50	11	12·09	20·8
6	2·06	2·18	2·33	2·49	3·07	3·27	3·49	4·15	4·40	5·08	12	13·16	22·8
4	2·17	2·30	2·46	3·02	3·21	3·42	4·06	4·31	4·58	5·26	13	14·22	24·7
+2	2·28	2·42	2·58	3·16	3·36	3·58	4·22	4·47	5·15	5·43	14	15·29	26·7
0	2·39	2·54	3·11	3·30	3·50	4·13	4·38	5·04	5·32	6·00	15	16·36	0·28·7
−2	2·50	3·06	3·24	3·43	4·05	4·29	4·54	5·21	5·49	6·17	16	17·42	30·7
4	3·01	3·18	3·36	3·57	4·20	4·44	5·10	5·38	6·06	6·34	17	18·49	32·8
6	3·12	3·30	3·49	4·11	4·34	5·00	5·27	5·54	6·23	6·52	18	19·56	34·9
8	3·23	3·42	4·03	4·25	4·49	5·16	5·43	6·12	6·41	7·10	19	21·03	37·0
10	3·35	3·54	4·16	4·40	5·05	5·32	6·01	6·30	7·00	7·29	20	22·10	0·39·1
12	3·46	4·07	4·30	4·55	5·21	5·49	6·19	6·49	7·19	7·48	21	23·18	41·2
14	3·59	4·20	4·44	5·10	5·38	6·07	6·38	7·09	7·40	8·09	22	24·25	43·4
16	4·11	4·34	4·59	5·26	5·56	6·26	6·58	7·31	8·02	8·32	23	25·32	45·7
18	4·24	4·49	5·15	5·44	6·15	6·47	7·21	7·54	8·27	8·57	24	26·40	47·9
20	4·38	5·04	5·29	6·03	6·35	7·10	7·46	8·21	8·55	9·25	25	27·48	0·50·2
22	4·53	5·21	5·51	6·23	6·59	7·36	8·15	8·53	9·29	10·00	26	28·56	52·6
24	5·09	5·38	6·11	6·47	7·25	8·07	8·51	9·36	10·17	10·51	27	30·04	55·0
26	5·26	5·58	6·34	7·14	7·59	8·50	9·51				28	31·12	57·4
28	5·46	6·21	7·01	7·49	8·48						29	32·20	59·9
−30	6·08	6·48	7·37	8·46							30	33·29	1·02·5
	117°	114°	111°	108°	105°	102°	99°	96°	93°	90°			

give App. Time A.M. for Azimuth on polar side of Prime Vertical.

51

AZIMUTH AND HOUR ANGLE FOR LATITUDE AND DECLINATION.

LATITUDE 26°.

DECLINATION.		AZIMUTH.										
		5°	10°	15°	20°	25°	30°	35°	40°	45°	50°	55°	60°
		m.	m.	m.	h. m.	h. m.	h. m.	h. m.	h. m.	h. m.	h. m.	h. m.	h. m.
+	30	2	3	5	7	9	11	13	16	19	23	27	34
Like Latitude.	28	1	2	2	3	4	5	6	8	9	11	13	16
	26	*	*	*	*	*	*	*	*	*	*	*	*
	24	1	2	2	3	4	5	6	7	9	10	12	15
	22	2	3	5	6	8	10	12	14	17	20	24	29
	20	2	4	7	9	12	15	18	21	25	29	35	42
	18	3	6	9	12	16	19	23	28	33	38	45	54
	16	4	7	11	15	19	24	29	34	40	47	55	1·06
	14	4	9	13	18	23	28	34	40	47	56	1·05	1·17
	12	5	10	15	21	26	32	39	46	54	1·04	1·15	1·28
	10	6	11	17	23	30	36	44	52	1·01	1·12	1·24	1·38
	8	6	13	19	26	33	41	49	58	1·08	1·20	1·33	1·49
	6	7	14	21	28	36	45	54	1·04	1·15	1·27	1·42	1·59
	4	8	15	23	31	40	49	59	1·09	1·21	1·35	1·51	2·09
+	2	8	16	25	34	43	53	1·03	1·15	1·28	1·43	1·59	2·19
	0	9	18	27	36	46	57	1·08	1·21	1·35	1·50	2·08	2·29
−	2	9	19	29	39	49	1·01	1·13	1·26	1·41	1·58	2·17	2·39
	4	10	20	31	41	53	1·05	1·18	1·32	1·48	2·06	2·26	2·49
	6	11	21	33	44	56	1·09	1·23	1·38	1·55	2·13	2·34	2·59
	8	11	23	35	47	59	1·13	1·28	1·44	2·01	2·21	2·43	3·09
Unlike Latitude.	10	12	24	36	49	1·03	1·17	1·33	1·49	2·08	2·29	2·53	3·19
	12	13	25	38	52	1·06	1·21	1·38	1·55	2·15	2·37	3·02	3·30
	14	13	27	40	54	1·10	1·26	1·43	2·01	2·22	2·45	3·11	3·41
	16	14	28	43	58	1·13	1·30	1·48	2·08	2·29	2·54	3·21	3·52
	18	15	29	45	1·00	1·17	1·34	1·53	2·14	2·37	3·02	3·31	4·04
	20	15	31	47	1·03	1·21	1·39	1·59	2·20	2·44	3·11	3·42	4·16
	22	16	32	49	1·06	1·24	1·44	2·05	2·27	2·52	3·21	3·53	4·29
	24	17	34	51	1·09	1·28	1·49	2·10	2·34	3·01	3·30	4·04	4·43
	26	18	35	54	1·13	1·32	1·54	2·17	2·42	3·09	3·41	4·16	4·58
	28	18	37	56	1·16	1·37	1·59	2·23	2·49	3·19	3·52	4·30	5·14
−	30	19	39	59	1·19	1·41	2·04	2·30	2·57	3·28	4·03	4·44	5·32

AZIMUT au pôle deprimé *continué*   120°

Quand Lat. et Dec. sont du même nom, les termes au dessous de la ligne noire.

AZIMUTH AND HOUR ANGLE FOR LATITUDE AND DECLINATION.

DECLINATION.	LATITUDE 26°. AZIMUTH.									DECLINATION.	A L'HORIZON VRAI.	
	63°	66°	69°	72°	75°	78°	81°	84°	87°	90°		Amp.	Diff. Asc.
°	h. m.	h. m.	h. m.	h. m.	h. m.	h. m.	h. m.	h. m.	h. m.	h. m.	°	° '	h. m.
+30	·39	·46	·57	1·14							0	0·00	0· 0·0
28	·18	·21	·25	·31	·40	·59	*	*	*	*	1	1·07	2·0
26	*	*	*	*	*	*	*	*	*	*	2	2·14	3·9
24	·17	·19	·22	·25	·30	·36	·44	·56	1·13	1·36	3	3·20	5·8
22	·32	·36	·41	·47	·55	1·04	1·16	1·31	1·51	2·16	4	4·27	7·8
20	·46	·52	·59	1·06	1·16	1·28	1·42	2·00	2·22	2·47	5	5·34	0·09·8
18	1·00	1·07	1·15	1·24	1·36	1·49	2·05	2·25	2·47	3·13	6	6·41	11·8
16	1·13	1·21	1·30	1·41	1·54	2·09	2·26	2·47	3·10	3·36	7	7·48	13·7
14	1·25	1·34	1·45	1·57	2·11	2·27	2·46	3·07	3·31	3·57	8	8·54	15·7
12	1·37	1·47	1·59	2·12	2·27	2·44	3·04	3·26	3·50	4·17	9	10·01	17·7
10	1·48	1·59	2·12	2·26	2·42	3·01	3·21	3·44	4·09	4·35	10	11·08	0·19·7
8	1·59	2·12	2·25	2·40	2·57	3·16	3·38	4·01	4·26	4·53	11	12·15	21·8
6	2·11	2·23	2·38	2·54	3·12	3·32	3·54	4·18	4·43	5·10	12	13·23	23·8
4	2·21	2·35	2·50	3·07	3·26	3·47	4·10	4·34	5·00	5·27	13	14·30	25·9
+2	2·32	2·47	3·03	3·21	3·40	4·02	4·25	4·50	5·16	5·44	14	15·37	27·9
0	2·43	2·58	3·15	3·34	3·54	4·17	4·41	5·06	5·33	6·00	15	16·44	0·30·0
−2	2·54	3·10	3·28	3·47	4·08	4·31	4·56	5·22	5·49	6·16	16	17·52	32·2
4	3·04	3·21	3·40	4·00	4·22	4·46	5·12	5·38	6·05	6·33	17	18·59	34·3
6	3·15	3·33	3·52	4·14	4·37	5·01	5·27	5·54	6·22	6·50	18	20·07	36·5
8	3·26	3·45	4·05	4·27	4·51	5·17	5·43	6·11	6·39	7·07	19	21·14	38·7
10	3·37	3·57	4·18	4·41	5·06	5·32	6·00	6·28	6·57	7·25	20	22·22	0·40·9
12	3·49	4·09	4·32	4·56	5·22	5·49	6·17	6·46	7·15	7·43	21	23·30	43·2
14	4·01	4·22	4·46	5·11	5·38	6·06	6·35	7·05	7·35	8·03	22	24·38	45·5
16	4·13	4·36	5·00	5·27	5·55	6·24	6·55	7·26	7·56	8·24	23	25·46	47·8
18	4·26	4·50	5·15	5·43	6·13	6·44	7·16	7·48	8·18	8·47	24	26·54	50·2
20	4·39	5·05	5·32	6·01	6·33	7·05	7·39	8·12	8·44	9·13	25	28·03	0·52·6
22	4·54	5·20	5·49	6·21	6·54	7·29	8·05	8·41	9·14	9·44	26	29·11	55·0
24	5·09	5·37	6·09	6·42	7·19	7·57	8·37	9·16	9·53	10·24	27	30·20	57·6
26	5·26	5·56	6·30	7·08	7·49	8·33	9·21	10·12	11·05		28	31·29	1·00·1
28	5·44	6·18	6·56	7·38	8·28	9·32					29	32·39	02·7
−30	6·05	6·43	7·27	8·22							30	33·48	1·05·4
	117°	114°	111°	108°	105°	102°	99°	96°	93°	90°			

donnent l'heure vraie, matin, pour l'Azimut vers le côté polaire du Premier Vertical.

AZIMUTH AND HOUR ANGLE FOR LATITUDE AND DECLINATION.

LATITUDE 27°.

AZIMUTH.

DECLINATION.		5°	10°	15°	20°	25°	30°	35°	40°	45°	50°	55°	60°
		m.	m.	m.	h. m.	h. m.	h. m.	h. m.	h. m.	h. m.	h. m.	h. m.	h. m.
+	30	1	2	4	5	7	8	10	12	14	17	20	24
	28	0	1	1	2	2	3	3	4	5	5	7	8
	26	0	1	1	2	2	3	3	4	4	5	6	8
	24	1	2	4	5	6	8	9	11	13	15	18	22
	22	2	4	6	8	10	12	15	18	21	25	30	35
Like Latitude.	20	3	5	8	11	14	17	21	24	29	34	40	48
	18	3	7	10	14	17	22	26	31	37	43	51	1·00
	16	4	8	12	17	21	26	31	37	44	52	1·01	1·11
	14	5	9	14	19	25	30	36	43	51	1·00	1·10	1·22
	12	5	11	16	22	28	34	41	49	58	1·08	1·19	1·33
	10	6	12	18	25	31	39	46	55	1·05	1·16	1·28	1·43
	8	7	13	20	27	35	43	51	1·01	1·12	1·23	1·37	1·53
	6	7	15	22	30	38	47	56	1·07	1·18	1·31	1·46	2·03
	4	8	16	24	32	41	51	1·01	1·12	1·25	1·39	1·55	2·13
+	2	8	17	26	35	45	55	1·06	1·18	1·31	1·46	2·03	2·23
	0	9	18	28	38	48	59	1·11	1·23	1·38	1·54	2·12	2·33
−	2	10	20	30	40	51	1·03	1·15	1·29	1·44	2·01	2·20	2·42
	4	10	21	32	43	54	1·07	1·20	1·35	1·51	2·09	2·29	2·52
	6	11	22	33	45	58	1·11	1·25	1·40	1·57	2·16	2·38	3·02
	8	12	23	35	48	1·01	1·15	1·30	1·46	2·03	2·24	2·46	3·12
	10	12	25	37	50	1·04	1·19	1·35	1·52	2·11	2·32	2·55	3·22
Unlike Latitude.	12	13	26	39	53	1·08	1·23	1·40	1·58	2·17	2·39	3·04	3·32
	14	14	27	41	56	1·11	1·27	1·45	2·04	2·24	2·48	3·14	3·43
	16	14	29	43	58	1·15	1·32	1·50	2·10	2·31	2·56	3·23	3·54
	18	15	30	45	1·01	1·18	1·36	1·55	2·16	2·39	3·04	3·33	4·06
	20	16	31	47	1·04	1·22	1·40	2·01	2·22	2·46	3·13	3·43	4·18
	22	16	33	50	1·07	1·26	1·45	2·06	2·29	2·54	3·22	3·54	4·30
	24	17	34	52	1·10	1·30	1·50	2·12	2·36	3·02	3·32	4·05	4·43
	26	18	36	54	1·13	1·34	1·55	2·18	2·43	3·11	3·42	4·17	4·58
	28	19	37	57	1·17	1·38	2·00	2·24	2·51	3·20	3·53	4·30	5·13
−	30	19	39	59	1·20	1·42	2·06	2·31	2·59	3·29	4·04	4·44	5·30

AZIMUTH from depressed pole *continued* | 120°

When Lat. and Dec. are of the same name, the terms below the black line

AZIMUTH AND HOUR ANGLE FOR LATITUDE AND DECLINATION.

DECLINATION.	LATITUDE 27°. AZIMUTH.									DECLINATION.	AT TRUE HORIZON.	
	63°	66°	69°	72°	75°	78°	81°	84°	87°	90°	Amp.	Dasc.
°	h. m.	h. m.	h. m.	h. m.	h. m.	h. m.	h. m.	h. m.	h. m.	h. m.	° ′	h. m.
+30	29	34	41	51	1·12						0	0·00	0· 0·0
28	9	10	12	15	18	24	38				1	1·07	2·0
26	9	10	11	13	16	19	26	33	46	1·07	2	2·15	4·1
24	25	29	32	36	43	50	1·01	1·14	1·33	1·56	3	3·22	6·1
22	39	44	50	57	1·06	1·16	1·29	1·46	2·06	2·30	4	4·29	8·2
20	53	1·00	1·07	1·16	1·26	1·38	1·53	2·11	2·33	2·58	5	5·37	0·10·2
18	1·06	1·14	1·23	1·33	1·45	1·59	2·15	2·34	2·56	3·22	6	6·44	12·3
16	1·19	1·27	1·37	1·49	2·02	2·17	2·35	2·55	3·18	3·43	7	7·52	14·3
14	1·31	1·40	1·51	2·04	2·18	2·34	2·53	3·14	3·37	4·03	8	8·59	16·4
12	1·42	1·53	2·05	2·18	2·34	2·51	3·10	3·32	3·56	4·21	9	10·07	18·5
10	1·54	2·05	2·18	2·32	2·48	3·07	3·27	3·49	4·13	4·39	10	11·14	0·20·6
8	2·05	2·17	2·31	2·46	3·03	3·22	3·43	4·06	4·30	4·56	11	12·22	22·7
6	2·15	2·28	2·43	2·59	3·17	3·37	3·58	4·21	4·46	5·12	12	13·30	24·9
4	2·26	2·40	2·55	3·12	3·31	3·51	4·13	4·37	5·02	5·28	13	14·37	27·0
+2	2·36	2·51	3·07	3·25	3·44	4·05	4·28	4·53	5·18	5·44	14	15·45	29·2
0	2·47	3·02	3·19	3·38	3·58	4·20	4·43	5·08	5·34	6·00	15	16·53	0·31·4
−2	2·57	3·13	3·31	3·50	4·11	4·34	4·58	5·23	5·49	6·16	16	18·01	33·6
4	3·08	3·25	3·43	4·03	4·25	4·48	5·13	5·39	6·05	6·32	17	19·09	35·8
6	3·18	3·36	3·55	4·16	4·39	5·03	5·28	5·54	6·21	6·48	18	20·18	38·1
8	3·29	3·48	4·08	4·29	4·53	5·17	5·43	6·10	6·37	7·04	19	21·26	40·4
10	3·40	3·59	4·20	4·43	5·07	5·33	5·59	6·27	6·54	7·21	20	22·34	0·42·8
12	3·51	4·12	4·33	4·57	5·22	5·48	6·16	6·44	7·12	7·39	21	23·43	45·1
14	4·03	4·24	4·47	5·11	5·37	6·05	6·33	7·02	7·30	7·57	22	24·52	47·5
16	4·15	4·37	5·01	5·27	5·54	6·22	6·51	7·21	7·50	8·17	23	26·01	50·0
18	4·27	4·51	5·16	5·43	6·11	6·41	7·11	7·41	8·11	8·38	24	27·10	52·4
20	4·40	5·05	5·31	6·00	6·30	7·01	7·33	8·04	8·34	9·02	25	28·19	0·55·0
22	4·54	5·20	5·48	6·18	6·50	7·23	7·57	8·30	9·02	9·30	26	29·28	57·6
24	5·09	5·36	6·07	6·39	7·13	7·49	8·25	9·01	9·35	10·04	27	30·38	1·00·2
26	5·25	5·55	6·27	7·02	7·40	8·20	9·02	9·43	10·21	10·53	28	31·48	02·9
28	5·43	6·15	6·50	7·30	8·14	9·03	10·04				29	32·58	05·6
−30	6·02	6·38	7·19	8·06	9·07						30	34·08	1·08·4
	117°	114°	111°	108°	105°	102°	99°	96°	93°	90°			

give App. Time A.M. for Azimuth on polar side of Prime Vertical.

55

AZIMUTH AND HOUR ANGLE FOR LATITUDE AND DECLINATION.

Latitude 28°.

	DECLINATION	\multicolumn{11}{c}{AZIMUTH.}
		5°	10°	15°	20°	25°	30°	35°	40°	45°	50°	55°	60°
		m.	m.	h. m.	h. m.	h. m.	h. m.	h. m.	h. m.	h. m.	h. m.	h. m.	h. m.
+	30°	1	2	2	3	4	5	7	8	9	11	13	1·16
Like Latitude.	28	*	*	*	*	*	*	*	*	*	*	*	*
	26	1	2	2	3	4	5	6	7	9	10	12	15
	24	2	3	5	6	8	10	12	15	17	20	24	29
	22	2	5	7	9	12	15	18	21	25	30	35	42
	20	3	6	9	12	16	19	23	28	33	39	46	54
	18	4	7	11	15	20	24	29	34	40	47	56	1·06
	16	4	9	13	18	23	28	34	40	48	56	1·05	1·17
	14	5	10	15	21	26	32	39	46	55	1·04	1·15	1·28
	12	6	11	17	23	30	37	44	52	1·01	1·12	1·24	1·38
	10	6	13	19	26	33	41	49	58	1·08	1·20	1·33	1·48
	8	7	14	21	29	36	45	54	1·04	1·15	1·27	1·42	1·58
	6	8	15	23	31	40	49	59	1·09	1·21	1·35	1·50	2·08
	4	8	16	25	34	43	53	1·03	1·15	1·28	1·42	1·59	2·17
+	2	9	18	27	36	46	57	1·08	1·20	1·34	1·50	2·07	2·27
	0	9	19	29	39	49	1·01	1·13	1·26	1·41	1·57	2·15	2·36
–	2	10	20	31	41	53	1·05	1·17	1·32	1·47	2·04	2·24	2·46
	4	11	21	32	44	56	1·09	1·22	1·37	1·53	2·12	2·32	2·56
	6	11	23	34	46	59	1·13	1·27	1·43	2·00	2·19	2·41	3·05
	8	12	24	36	49	1·02	1·17	1·32	1·48	2·06	2·27	2·49	3·15
	10	13	25	38	52	1·06	1·21	1·37	1·54	2·13	2·34	2·58	3·25
Unlike Latitude.	12	13	26	40	54	1·09	1·25	1·41	2·00	2·20	2·42	3·07	3·35
	14	14	28	42	57	1·12	1·29	1·46	2·06	2·27	2·50	3·16	3·45
	16	14	29	44	1·00	1·16	1·33	1·51	2·12	2·34	2·58	3·25	3·56
	18	15	30	46	1·02	1·19	1·37	1·57	2·18	2·41	3·06	3·35	4·07
	20	16	32	48	1·05	1·23	1·42	2·02	2·24	2·48	3·15	3·45	4·19
	22	17	33	50	1·08	1·27	1·47	2·08	2·31	2·56	3·24	3·56	4·31
	24	17	35	53	1·11	1·31	1·51	2·13	2·37	3·04	3·33	4·07	4·44
	26	18	36	55	1·14	1·35	1·56	2·19	2·45	3·12	3·43	4·18	4·58
	28	19	38	57	1·18	1·39	2·01	2·26	2·52	3·21	3·54	4·31	5·13
–	30	20	39	1·00	1·21	1·43	2·07	2·32	3·00	3·31	4·05	4·44	5·29

Azimut au pôle deprimé *continué* 120°

Quand Lat. et Dec. sont du même nom, les termes au dessous de la ligne noire

AZIMUTH AND HOUR ANGLE FOR LATITUDE AND DECLINATION.

DECLINATION.	LATITUDE 28°. AZIMUTH.									DECLINATION.	A L'HORIZON VRAI.	
	63°	66°	69°	72°	75°	78°	81°	84°	87°	90°		Amp.	Diff. Asc.
°	h.m.	h.m.	h.m.	h.m.	h.m.	h.m.	h.m.	h.m.	h.m.	h.m.	°	° '	h. m.
+30	19	22	25	32	41	1·04					0	0·00	0· 0·0
28	*	*	*	*	*	*	*	*	*		1	1·08	2·1
26	17	19	22	25	30	36	44	55	1·12	1·34	2	2·16	4·3
24	32	36	41	47	55	1·04	1·15	1·30	1·48	2·13	3	3·24	6·4
22	47	52	59	1·07	1·16	1·27	1·41	1·58	2·18	2·42	4	4·32	8·5
20	1·00	1·07	1·15	1·24	1·35	1·48	2·04	2·22	2·43	3·07	5	5·40	0·10·7
18	1·13	1·21	1·30	1·41	1·53	2·07	2·24	2·43	3·05	3·29	6	6·48	12·8
16	1·25	1·34	1·44	1·56	2·09	2·25	2·43	3·03	3·25	3·49	7	7·56	15·0
14	1·37	1·46	1·58	2·11	2·25	2·41	3·00	3·21	3·43	4·08	8	9·04	17·1
12	1·48	1·59	2·11	2·24	2·40	2·57	3·16	3·38	4·01	4·26	9	10·12	19·3
10	1·59	2·10	2·23	2·38	2·54	3·12	3·32	3·54	4·18	4·43	10	11·21	0·21·5
8	2·09	2·22	2·36	2·51	3·08	3·27	3·47	4·10	4·34	4·59	11	12·29	23·7
6	2·19	2·33	2·48	3·04	3·22	3·41	4·02	4·25	4·49	5·14	12	13·37	25·9
4	2·30	2·44	3·00	3·16	3·35	3·55	4·17	4·40	5·04	5·30	13	14·46	28·2
+ 2	2·40	2·55	3·11	3·29	3·48	4·09	4·31	4·55	5·20	5·45	14	15·54	30·5
0	2·51	3·06	3·23	3·41	4·01	4·23	4·45	5·10	5·35	6·00	15	17·03	0·32·8
- 2	3·01	3·17	3·35	3·54	4·14	4·36	5·00	5·24	5·49	6·15	16	18·11	35·1
4	3·11	3·28	3·46	4·06	4·27	4·50	5·14	5·39	6·05	6·30	17	19·20	37·4
6	3·22	3·39	3·58	4·19	4·41	5·04	5·29	5·54	6·20	6·46	18	20·29	39·8
8	3·32	3·50	4·10	4·31	4·54	5·18	5·43	6·09	6·35	7·01	19	21·38	42·2
10	3·43	4·02	4·22	4·45	5·08	5·33	5·59	6·25	6·51	7·17	20	22·47	0·44·6
12	3·53	4·14	4·35	4·58	5·22	5·48	6·14	6·41	7·08	7·34	21	23·57	47·1
14	4·05	4·26	4·48	5·12	5·37	6·04	6·31	6·58	7·26	7·52	22	25·06	49·6
16	4·16	4·38	5·02	5·27	5·53	6·20	6·48	7·17	7·44	8·11	23	26·16	52·2
18	4·28	4·51	5·16	5·42	6·09	6·38	7·07	7·36	8·04	8·31	24	27·26	54·8
20	4·41	5·05	5·31	5·58	6·27	6·57	7·27	7·57	8·26	8·53	25	28·36	0·57·4
22	4·55	5·20	5·47	6·16	6·46	7·18	7·50	8·21	8·51	9·18	26	29·46	1·00·1
24	5·09	5·36	6·05	6·35	7·08	7·41	8·15	8·49	9·21	9·47	27	30·57	02·9
26	5·24	5·53	6·24	6·57	7·32	8·09	8·47	9·24	9·57	10·26	28	32·07	05·7
28	5·41	6·12	6·46	7·23	8·02	8·45	9·31	10·19	11·09		29	33·18	08·6
-30	6·00	6·34	7·11	7·54	8·43	9·49					30	34·29	1·11·5
	117°	114°	111°	108°	105°	102°	99°	96°	93°	90°			

donnent l'heure vraie, matin, pour l'Azimut vers le côté polaire du Premier Vertical.

AZIMUTH AND HOUR ANGLE FOR LATITUDE AND DECLINATION.

DECLINATION	LATITUDE 29°. AZIMUTH.											
		5°	10°	15°	20°	25°	30°	35°	40°	45°	50°	55°	60°
		m.	m.	h. m.	h. m.	h. m.	h. m.	h. m.	h. m.	h. m.	h. m.	h. m.	h. m.
+	30	0	1	1	2	2	3	3	4	5	6	7	8
Like Latitude.	28	0	1	1	2	2	3	3	4	5	5	6	8
	26	1	2	4	5	6	8	9	11	13	16	19	22
	24	2	4	6	8	10	13	15	18	21	25	30	36
	22	3	5	8	11	14	17	21	25	29	35	41	48
	20	3	7	10	14	18	22	26	31	37	43	51	1·00
	18	4	8	12	17	21	26	32	38	44	52	1·01	1·12
	16	5	9	14	19	25	30	37	44	51	1·00	1·10	1·22
	14	5	11	16	22	28	35	42	49	58	1·08	1·19	1·33
	12	6	12	18	25	32	39	47	55	1·05	1·16	1·28	1·43
	10	7	13	20	27	35	43	52	1·01	1·12	1·23	1·37	1·53
	8	7	15	22	30	38	47	56	1·07	1·18	1·31	1·46	2·03
	6	8	16	24	32	41	51	1·01	1·12	1·24	1·38	1·54	2·12
	4	8	17	26	35	45	55	1·06	1·18	1·31	1·45	2·02	2·21
+	2	9	18	28	38	48	59	1·11	1·23	1·37	1·53	2·11	2·31
	0	10	20	30	40	51	1·03	1·15	1·29	1·43	2·00	2·19	2·40
−	2	10	21	31	43	54	1·06	1·20	1·34	1·50	2·07	2·27	2·49
	4	11	22	33	45	57	1·10	1·24	1·39	1·56	2·15	2·35	2·59
	6	12	23	35	48	1·01	1·14	1·29	1·45	2·02	2·22	2·44	3·08
	8	12	24	37	50	1·04	1·18	1·34	1·50	2·09	2·29	2·52	3·17
Unlike Latitude.	10	13	26	39	53	1·07	1·22	1·38	1·56	2·15	2·37	3·01	3·27
	12	13	27	41	55	1·10	1·26	1·43	2·02	2·22	2·44	3·09	3·37
	14	14	28	43	58	1·14	1·30	1·48	2·08	2·29	2·52	3·18	3·47
	16	15	30	45	1·01	1·17	1·35	1·53	2·14	2·36	3·00	3·27	3·58
	18	15	31	47	1·03	1·21	1·39	1·58	2·20	2·43	3·08	3·37	4·09
	20	16	32	49	1·06	1·24	1·43	2·04	2·26	2·50	3·17	3·47	4·20
	22	17	34	51	1·09	1·28	1·48	2·09	2·32	2·58	3·26	3·57	4·32
	24	18	35	53	1·12	1·32	1·53	2·15	2·39	3·06	3·35	4·08	4·44
	26	18	37	56	1·15	1·36	1·57	2·21	2·46	3·14	3·45	4·19	4·58
	28	19	38	58	1·18	1·40	2·02	2·27	2·53	3·22	3·55	4·31	5·12
−	30	20	40	1·00	1·22	1·44	2·08	2·33	3·01	3·32	4·06	4·44	5·28

AZIMUTH from depressed pole *continued*   120°

When Lat. and Dec. are of the same name, the terms below the black line

AZIMUTH AND HOUR ANGLE FOR LATITUDE AND DECLINATION.

DECLINATION	LATITUDE 29°. AZIMUTH.									DECLINATION	AT TRUE HORIZON.	
	63°	66°	69°	72°	75°	78°	81°	84°	87°	90°		Amp.	Dasc.
°	h. m.	h. m.	h. m.	h. m.	h. m.	h. m.	h. m.	h. m.	h. m.	h. m.		° ′	h. m.
+30	9	11	12	15	19	25	40				0	0·00	0·0
28	9	10	11	13	16	19	25	33	45	1·06	1	1·09	2·2
26	25	28	32	37	43	51	1·01	1·14	1·31	1·53	2	2·17	4·4
24	40	45	50	57	1·06	1·16	1·29	1·44	2·03	2·26	3	3·26	6·7
22	54	1·00	1·07	1·16	1·26	1·38	1·52	2·09	2·30	2·53	4	4·34	8·9
20	1·07	1·14	1·23	1·32	1·44	1·57	2·13	2·31	2·52	3·16	5	5·43	0·11·1
18	1·19	1·27	1·37	1·48	2·01	2·15	2·32	2·51	3·13	3·36	6	6·52	13·4
16	1·31	1·40	1·51	2·03	2·17	2·32	2·50	3·10	3·32	3·55	7	8·01	15·7
14	1·42	1·52	2·04	2·17	2·31	2·48	3·06	3·27	3·49	4·13	8	9·09	17·9
12	1·53	2·04	2·17	2·30	2·46	3·03	3·22	3·43	4·06	4·30	9	10·18	20·1
10	2·04	2·16	2·29	2·43	3·00	3·18	3·37	3·59	4·22	4·46	10	11·27	0·22·6
8	2·14	2·27	2·41	2·55	3·13	3·32	3·52	4·14	4·37	5·01	11	12·36	24·7
6	2·24	2·38	2·52	3·08	3·26	3·45	4·06	4·28	4·52	5·16	12	13·45	27·1
4	2·34	2·48	3·04	3·21	3·39	3·59	4·20	4·43	5·07	5·31	13	14·54	29·4
+2	2·44	2·59	3·15	3·33	3·52	4·12	4·34	4·57	5·21	5·46	14	16·03	31·8
0	2·54	3·10	3·27	3·45	4·04	4·25	4·48	5·11	5·35	6·00	15	17·13	0·34·2
−2	3·04	3·20	3·38	3·57	4·17	4·39	5·01	5·25	5·50	6·14	16	18·22	36·5
4	3·14	3·31	3·49	4·09	4·30	4·52	5·15	5·39	6·04	6·29	17	19·32	39·0
6	3·24	3·42	4·01	4·21	4·42	5·05	5·29	5·54	6·19	6·44	18	20·41	41·5
8	3·35	3·53	4·12	4·34	4·56	5·19	5·43	6·08	6·34	6·59	19	21·51	44·0
10	3·45	4·04	4·24	4·46	5·09	5·33	5·58	6·26	6·49	7·14	20	23·01	0·46·6
12	3·56	4·15	4·36	4·59	5·23	5·48	6·13	6·39	7·05	7·30	21	24·11	49·1
14	4·07	4·27	4·49	5·12	5·37	6·03	6·29	6·55	7·22	7·47	22	25·22	51·8
16	4·18	4·39	5·02	5·26	5·52	6·18	6·45	7·13	7·39	8·05	23	26·32	54·4
18	4·30	4·52	5·16	5·41	6·08	6·35	7·03	7·31	7·58	8·24	24	27·43	57·2
20	4·42	5·05	5·30	5·57	6·25	6·53	7·22	7·51	8·18	8·44	25	28·54	0·59·9
22	4·55	5·20	5·46	6·14	6·43	7·13	7·43	8·13	8·41	9·07	26	30·05	1·02·7
24	5·09	5·35	6·03	6·32	7·03	7·35	8·07	8·38	9·07	9·34	27	31·16	05·6
26	5·24	5·51	6·21	6·53	7·26	8·00	8·35	9·08	9·39	10·07	28	32·28	08·6
28	5·40	6·10	6·42	7·16	7·53	8·31	9·11	9·50	10·25	10·54	29	33·40	11·6
−30	5·58	6·30	7·05	7·44	8·27	9·15	10·15				30	34·52	1·14·7
	117°	114°	111°	108°	105°	102°	99°	96°	93°	90°			

give App. Time A.M. for Azimuth on polar side of Prime Vertical.

AZIMUTH AND HOUR ANGLE FOR LATITUDE AND DECLINATION.

DECLINATION	LATITUDE 30°. AZIMUTH.										
		5°	10°	15°	20°	25°	30°	35°	40°	45°	50°	55°	60°
		m.	m.	h. m.	h. m.	h. m.	h. m.	h. m.	h. m.	h. m.	h. m.	h. m.	h. m.
+30°	*	*	*	*	*	*	*	*	*	*	*	*
28	1	2	2	3	4	5	6	8	9	11	13	15
26	2	3	5	6	8	10	12	15	17	21	25	29
24	2	5	7	10	12	15	18	22	26	30	36	42
22	3	6	9	12	16	20	24	28	33	39	46	55
Like Latitude 20	4	7	11	15	20	24	29	35	41	48	56	1·06
18	4	9	13	18	23	28	34	41	48	56	1·06	1·17
16	5	10	15	21	27	33	39	47	55	1·04	1·15	1·28
14	6	11	17	23	30	37	44	53	1·02	1·12	1·24	1·38
12	6	13	19	26	33	41	49	58	1·08	1·20	1·33	1·48
10	7	14	21	29	37	45	54	1·04	1·15	1·27	1·41	1·57
8	8	15	23	31	40	49	59	1·09	1·21	1·35	1·50	2·07
6	8	16	25	34	43	53	1·03	1·15	1·28	1·42	1·58	2·16
4	9	18	27	36	46	57	1·08	1·20	1·34	1·49	2·06	2·25
+2	9	19	29	39	49	1·01	1·13	1·26	1·40	1·56	2·14	2·34
0	10	20	31	41	52	1·04	1·17	1·31	1·46	2·03	2·22	2·44
−2	11	21	32	44	56	1·08	1·22	1·36	1·52	2·10	2·30	2·53
4	11	23	34	46	59	1·12	1·26	1·42	1·59	2·17	2·38	3·02
6	12	24	36	49	1·02	1·16	1·31	1·47	2·05	2·25	2·46	3·11
8	12	25	38	51	1·05	1·20	1·36	1·53	2·11	2·32	2·55	3·20
10	13	26	40	54	1·08	1·24	1·40	1·58	2·18	2·39	3·03	3·30
Unlike Latitude 12	14	28	42	56	1·12	1·28	1·45	2·04	2·24	2·47	3·12	3·39
14	14	29	44	59	1·15	1·32	1·50	2·10	2·31	2·54	3·20	3·49
16	15	30	46	1·02	1·18	1·36	1·55	2·15	2·38	3·02	3·29	3·59
18	16	31	48	1·04	1·22	1·40	2·00	2·21	2·45	3·10	3·38	4·10
20	16	33	50	1·07	1·25	1·45	2·05	2·28	2·52	3·18	3·48	4·21
22	17	34	52	1·10	1·29	1·49	2·11	2·34	2·59	3·27	3·58	4·33
24	18	36	54	1·13	1·33	1·54	2·16	2·40	3·07	3·36	4·09	4·45
26	18	37	56	1·16	1·37	1·59	2·22	2·47	3·15	3·46	4·20	4·58
28	19	39	59	1·19	1·41	2·04	2·28	2·55	3·24	3·56	4·32	5·12
−30	20	40	1·01	1·23	1·45	2·09	2·34	3·02	3·33	4·06	4·44	5·27

AZIMUT au pôle deprimé *continué* 125° 120°

Quand Lat. et Dec. sont du même nom, les termes au dessous de la ligne noire

AZIMUTH AND HOUR ANGLE FOR LATITUDE AND DECLINATION.

DECLINATION.	LATITUDE 30°. AZIMUTH.									DECLINATION.	A L'HORIZON VRAI.	
	63°	66°	69°	72°	75°	78°	81°	84°	87°	90°		Amp.	Diff. Asc.
°	h. m.	h. m.	h. m.	h. m.	h. m.	h. m.	h. m.	h. m.	h. m.	h. m.	°	° ′	h. m.
+30	*	*	*	*	*	*	*	*	*	*	0	0·00	0· 0·0
28	17	19	22	26	30	36	44	55	1·11	1·32	1	1·09	2·3
26	33	37	42	48	55	1·04	1·15	1·29	1·47	2·09	2	2·19	4·6
24	47	53	59	1·07	1·16	1·28	1·40	1·58	2·16	2·38	3	3·28	6·9
22	1·00	1·07	1·15	1·24	1·35	1·48	2·02	2·20	2·40	3·02	4	4·37	9·3
20	1·13	1·21	1·30	1·40	1·52	2·06	2·22	2·40	3·01	3·24	5	5·47	0·11·6
18	1·25	1·34	1·44	1·55	2·08	2·23	2·40	2·59	3·20	3·43	6	6·56	13·9
16	1·36	1·46	1·57	2·09	2·23	2·39	2·57	3·16	3·38	4·01	7	8·05	16·3
14	1·47	1·58	2·10	2·23	2·38	2·54	3·12	3·33	3·54	4·18	8	9·15	18·6
12	1·58	2·09	2·22	2·36	2·52	3·09	3·27	3·48	4·10	4·34	9	10·24	21·0
10	2·08	2·21	2·34	2·49	3·05	3·23	3·42	4·03	4·25	4·49	10	11·34	0·23·4
8	2·19	2·31	2·45	3·01	3·18	3·36	3·56	4·17	4·40	5·04	11	12·44	25·8
6	2·28	2·42	2·57	3·13	3·30	3·49	4·09	4·31	4·54	5·18	12	13·53	28·2
4	2·38	2·53	3·08	3·25	3·43	4·02	4·23	4·45	5·08	5·32	13	15·03	30·6
+2	2·48	3·03	3·19	3·36	3·55	4·15	4·36	4·59	5·22	5·46	14	16·13	33·1
0	2·58	3·13	3·30	3·48	4·07	4·28	4·50	5·13	5·36	6·00	15	17·23	0·35·6
−2	3·08	3·24	3·41	4·00	4·19	4·41	5·03	5·26	5·50	6·14	16	18·34	38·1
4	3·17	3·34	3·52	4·11	4·32	4·53	5·16	5·40	6·04	6·28	17	19·44	40·7
6	3·27	3·45	4·03	4·23	4·44	5·06	5·31	5·54	6·18	6·42	18	20·54	43·2
8	3·37	3·55	4·14	4·35	4·57	5·20	5·43	6·08	6·32	6·56	19	22·05	45·9
10	3·47	4·06	4·26	4·47	5·10	5·33	5·57	6·22	6·47	7·11	20	23·16	0·48·5
12	3·58	4·17	4·38	5·00	5·23	5·47	6·12	6·37	7·02	7·26	21	24·27	51·2
14	4·08	4·29	4·50	5·13	5·37	6·02	6·27	6·53	7·18	7·42	22	25·38	54·0
16	4·19	4·40	5·03	5·26	5·51	6·17	6·43	7·09	7·34	7·59	23	26·49	56·7
18	4·31	4·53	5·16	5·41	6·06	6·33	6·59	7·26	7·52	8·17	24	28·01	59·6
20	4·43	5·06	5·30	5·56	6·22	6·50	7·17	7·45	8·11	8·36	25	29·13	1·02·5
22	4·55	5·19	5·45	6·12	6·40	7·08	7·37	8·05	8·32	8·58	26	30·25	05·4
24	5·09	5·34	6·01	6·29	6·58	7·28	7·59	8·27	8·56	9·22	27	31·37	08·4
26	5·23	5·50	6·18	6·48	7·20	7·52	8·24	8·56	9·25	9·51	28	32·50	11·5
28	5·39	6·07	6·38	7·10	7·45	8·20	8·55	9·30	10·01	10·28	29	34·03	14·7
−30	5·56	6·27	7·00	7·36	8·15	8·56	9·39	10·25	11·12	12·00	30	35·16	1·17·9
	117°	114°	111°	108°	105°	102°	99°	96°	93°	90°			

donnent l'heure vraie, matin, pour l'Azimut vers le côté polaire du Premier Vertical.

AZIMUTH AND HOUR ANGLE FOR LATITUDE AND DECLINATION.

LATITUDE 31°.

	DECLINATION	\multicolumn{12}{c}{AZIMUTH}

	DECLINATION	5°	10°	15°	20°	25°	30°	35°	40°	45°	50°	55°	60°
		m.	m.	h. m.	h. m.	h. m.	h. m.	h. m.	h. m.	h. m.	h. m.	h. m.	h. m.
+	30	0	1	0·1	0·2	0·2	0·3	0·3	0·4	0·5	0·5	0·7	0·8
Like Latitude	28	1	2	4	5	6	8	9	11	13	16	19	23
	26	2	4	6	8	10	13	15	18	22	26	30	36
	24	3	5	8	11	14	17	21	25	30	35	41	49
	22	3	7	10	14	18	22	27	32	37	44	51	1·01
	20	4	8	0·12	0·17	0·21	0·26	0·32	0·38	0·45	0·52	1·01	1·12
	18	5	10	14	20	25	31	37	44	52	1·00	1·11	1·23
	16	5	11	16	22	28	35	42	50	59	1·08	1·20	1·33
	14	6	12	18	25	32	39	47	56	1·05	1·16	1·28	1·43
	12	7	13	20	28	35	43	52	1·01	1·12	1·24	1·37	1·52
	10	7	15	0·22	0·30	0·38	0·47	0·56	1·07	1·18	1·31	1·45	2·02
	8	8	16	24	33	41	51	1·01	1·12	1·24	1·38	1·53	2·11
	6	9	17	26	35	45	55	1·06	1·18	1·31	1·45	2·02	2·20
	4	9	18	28	38	48	59	1·10	1·23	1·37	1·52	2·10	2·29
+	2	10	20	30	40	51	1·02	1·15	1·28	1·43	1·59	2·17	2·38
	0	10	21	0·31	0·42	0·54	1·06	1·19	1·33	1·49	2·06	2·25	2·47
–	2	11	22	33	45	57	1·10	1·24	1·39	1·55	2·13	2·33	2·56
	4	12	23	35	47	1·00	1·14	1·28	1·44	2·01	2·20	2·41	3·05
	6	12	24	37	50	1·03	1·18	1·33	1·49	2·07	2·27	2·49	3·14
	8	13	26	39	52	1·07	1·22	1·38	1·55	2·14	2·34	2·57	3·23
	10	13	27	0·41	0·55	1·10	1·25	1·42	2·00	2·20	2·42	3·05	3·32
Unlike Latitude	12	14	28	43	58	1·13	1·29	1·47	2·06	2·26	2·49	3·14	3·41
	14	15	29	44	1·00	1·16	1·33	1·52	2·11	2·33	2·56	3·22	3·51
	16	15	31	46	1·03	1·20	1·38	1·57	2·17	2·39	3·04	3·31	4·01
	18	16	32	48	1·05	1·23	1·42	2·02	2·23	2·46	3·12	3·40	4·11
	20	17	33	0·50	1·08	1·27	1·46	2·07	2·29	2·53	3·20	3·49	4·22
	22	17	35	53	1·11	1·30	1·50	2·12	2·35	3·01	3·29	3·59	4·33
	24	18	36	55	1·14	1·34	1·55	2·18	2·42	3·08	3·38	4·10	4·45
	26	19	38	57	1·17	1·38	2·00	2·23	2·49	3·16	3·47	4·20	4·58
	28	19	39	59	1·20	1·42	2·05	2·29	2·56	3·25	3·56	4·32	5·11
–	30	20	41	1·02	1·23	1·46	2·10	2·35	3·03	3·33	4·07	4·44	5·26

AZIMUTH from depressed pole *continued*   125° 120°

When Lat. and Dec. are of the same name, the terms below the black line

AZIMUTH AND HOUR ANGLE FOR LATITUDE AND DECLINATION.

DECLINATION.	LATITUDE 31°. AZIMUTH.									DECLINATION.	AT TRUE HORIZON.	
	63°	66°	69°	72°	75°	78°	81°	84°	87°	90°		Amp.	Dasc.
	h. m.	h. m.	h. m.	h. m.	h. m.	h. m.	h. m.	h. m.	h. m.	h. m.		° '	h. m.
+30	0·9	0·10	0·12	0·14	0·16	0·20	0·25	0·33	0·45	1·04	0	0·00	0· 0·0
28	25	29	32	37	43	51	1·02	1·13	1·30	1·51	1	1·10	2·4
26	40	45	51	58	1·06	1·16	1·28	1·43	2·01	2·23	2	2·20	4·8
24	54	1·00	1·07	1·16	1·27	1·37	1·51	2·08	2·27	2·49	3	3·30	7·2
22	1·07	1·14	1·23	1·32	1·44	1·57	2·11	2·29	2·49	3·11	4	4·40	9·6
20	1·19	1·27	1·37	1·48	2·00	2·14	2·30	2·48	3·09	3·31	5	5·50	0·12·0
18	1·31	1·40	1·50	2·02	2·15	2·30	2·47	3·06	3·27	3·49	6	7·00	14·5
16	1·42	1·52	2·03	2·16	2·30	2·46	3·03	3·22	3·43	4·06	7	8·10	16·9
14	1·53	2·03	2·15	2·29	2·44	3·00	3·18	3·38	3·59	4·22	8	9·21	19·4
12	2·03	2·15	2·27	2·41	2·57	3·14	3·33	3·53	4·14	4·37	9	10·31	21·9
10	2·13	2·25	2·39	2·54	3·10	3·27	3·46	4·07	4·29	4·52	10	11·41	0·24·3
8	2·23	2·36	2·50	3·05	3·22	3·40	4·00	4·21	4·43	5·06	11	12·52	26·8
6	2·33	2·46	3·01	3·17	3·34	3·53	4·13	4·34	4·57	5·20	12	14·02	29·4
4	2·42	2·56	3·12	3·28	3·46	4·06	4·26	4·48	5·10	5·33	13	15·13	31·9
+2	2·52	3·07	3·23	3·40	3·58	4·18	4·39	5·01	5·24	5·47	14	16·24	34·5
0	3·01	3·17	3·33	3·51	4·10	4·30	4·52	5·14	5·37	6·00	15	17·34	0·37·1
−2	3·11	3·27	3·44	4·02	4·22	4·43	5·04	5·27	5·50	6·13	16	18·45	39·7
4	3·20	3·37	3·55	4·14	4·34	4·55	5·17	5·40	6·03	6·27	17	19·57	42·3
6	3·30	3·47	4·05	4·25	4·46	5·08	5·30	5·53	6·17	6·40	18	21·08	45·0
8	3·40	3·57	4·16	4·37	4·58	5·20	5·43	6·07	6·31	6·54	19	22·19	47·8
10	3·49	4·08	4·28	4·48	5·10	5·33	5·57	6·21	6·45	7·08	20	23·31	0·50·5
12	3·59	4·19	4·39	5·01	5·23	5·47	6·11	6·35	7·00	7·23	21	24·43	53·3
14	4·10	4·30	4·51	5·13	5·36	6·01	6·25	6·50	7·14	7·38	22	25·55	56·2
16	4·21	4·41	5·03	5·26	5·50	6·15	6·40	7·05	7·30	7·54	23	27·07	59·1
18	4·32	4·53	5·16	5·40	6·05	6·30	6·56	7·22	7·47	8·11	24	28·20	1·02·1
20	4·43	5·06	5·29	5·54	6·20	6·47	7·13	7·39	8·05	8·29	25	29·32	1·05·1
22	4·55	5·19	5·44	6·10	6·37	7·04	7·32	7·59	8·25	8·49	26	30·45	08·2
24	5·08	5·33	5·59	6·26	6·54	7·23	7·52	8·20	8·47	9·11	27	31·59	11·3
26	5·22	5·48	6·16	6·44	7·14	7·45	8·15	8·45	9·12	9·37	28	33·13	14·5
28	5·37	6·05	6·34	7·05	7·37	8·10	8·41	9·14	9·44	10·09	29	34·27	17·8
−30	5·54	6·23	6·55	7·28	8·04	8·41	9·18	9·55	10·28	10·56	30	35·41	1·21·2
	117°	114°	111°	108°	105°	102°	99°	96°	93°	90°			

give App. Time A.M. for Azimuth on polar side of Prime Vertical.

63

AZIMUTH AND HOUR ANGLE FOR LATITUDE AND DECLINATION.

LATITUDE 32°.

DECLINATION.	AZIMUTH.											
		5°	10°	15°	20°	25°	30°	35°	40°	45°	50°	55°	60°
		m.	m.	h. m.	h. m.	h. m.	h. m.	h. m.	h. m.	h. m.	h. m.	h. m.	h. m.
+ 30		1	2	0· 3	0· 3	0· 4	0· 5	0· 6	0· 8	0· 9	0·11	0·13	0·16
28		2	3	5	6	8	10	13	15	18	21	25	30
26		2	5	7	9	12	15	18	22	26	31	36	43
24		3	6	9	12	16	20	24	29	34	40	47	55
22		4	8	11	15	20	25	29	35	41	48	57	1·06
Like Latitude. 20		4	9	0·14	0·18	0·23	0·29	0·35	0·41	0·48	0·57	1·06	1·17
18		5	10	16	21	27	33	40	47	55	1·05	1·15	1·28
16		6	12	18	23	30	37	45	53	1·02	1·12	1·24	1·38
14		6	13	19	26	34	41	49	59	1·09	1·20	1·33	1·48
12		7	14	21	29	37	45	54	1·04	1·15	1·27	1·41	1·57
10		8	16	0·23	0·31	0·40	0·49	59	1·10	1·21	1·34	1·49	2·06
8		8	17	25	34	43	53	1·03	1·15	1·28	1·42	1·57	2·15
6		9	18	27	36	46	57	1·08	1·20	1·34	1·48	2·05	2·24
4		9	19	29	39	49	1·01	1·12	1·25	1·40	1·55	2·13	2·33
+ 2		10	20	31	41	52	1·04	1·17	1·31	1·46	2·02	2·21	2·41
0		11	21	0·32	0·43	0·56	1·08	1·21	1·36	1·52	2·09	2·28	2·50
− 2		11	23	34	46	59	1·12	1·26	1·41	1·58	2·16	2·36	2·59
4		12	24	36	48	1·02	1·16	1·31	1·46	2·04	2·23	2·44	3·08
6		12	25	38	51	1·05	1·19	1·35	1·52	2·10	2·30	2·52	3·16
8		13	26	40	53	1·08	1·23	1·39	1·57	2·16	2·37	3·00	3·25
10		14	27	0·41	0·56	1·11	1·27	1·44	2·02	2·22	2·44	3·08	3·34
Unlike Latitude. 12		14	29	43	58	1·14	1·31	1·49	2·08	2·28	2·51	3·16	3·43
14		15	30	45	1·01	1·17	1·35	1·53	2·13	2·35	2·58	3·24	3·53
16		15	31	47	1·03	1·21	1·39	1·58	2·19	2·41	3·06	3·33	4·02
18		16	32	49	1·06	1·24	1·43	2·03	2·25	2·48	3·14	3·42	4·13
20		17	34	0·51	1·09	1·28	1·47	2·08	2·31	2·55	3·22	3·51	4·23
22		17	35	53	1·12	1·31	1·51	2·13	2·37	3·02	3·30	4·00	4·34
24		18	37	55	1·15	1·35	1·56	2·19	2·43	3·10	3·39	4·10	4·45
26		19	38	58	1·18	1·39	2·01	2·25	2·50	3·17	3·48	4·21	4·58
28		20	40	1·00	1·21	1·43	2·06	2·30	2·57	3·26	3·57	4·32	5·11
− 30		20	41	1·02	1·24	1·47	2·11	2·36	3·04	3·34	4·07	4·44	5·25

AZIMUT au pôle deprimé *continué*   125°   1·20°

Quand Lat. et Dec. sont du même nom, les termes au dessous de la ligne noire

AZIMUTH AND HOUR ANGLE FOR LATITUDE AND DECLINATION.

DECLINATION.	LATITUDE 32°. AZIMUTH.									DECLINATION.	A L'HORIZON VRAI.	
	63°	66°	69°	72°	75°	78°	81°	84°	87°	90°		Amp.	Diff. Asc.
°	h. m.	h. m.	h. m.	h. m.	h. m.	h. m.	h. m.	h. m.	h. m.	h. m.	°	° ′	h. m.
+30	0·17	0·20	0·23	0·26	0·30	0·36	0·44	0·55	1·10	1·30	0	0·00	0· 0·0
28	33	37	42	48	55	1·04	1·15	1·29	1·46	2·07	1	1·11	2·5
26	48	53	59	1·07	1·16	1·27	1·40	1·55	2·14	2·35	2	2·22	5·0
24	1·01	1·08	1·15	1·24	1·35	1·47	2·01	2·18	2·37	2·58	3	3·32	7·5
22	1·13	1·21	1·30	1·40	1·52	2·05	2·20	2·38	2·57	3·19	4	4·43	10·0
20	1·25	1·34	1·44	1·55	2·07	2·22	2·38	2·56	3·16	3·38	5	5·54	0·12·5
18	1·36	1·46	1·57	2·09	2·22	2·37	2·54	3·12	3·31	3·55	6	7·04	15·1
16	1·47	1·58	2·09	2·22	2·36	2·52	3·09	3·28	3·49	4·11	7	8·16	17·6
14	1·58	2·09	2·21	2·34	2·49	3·06	3·24	3·43	4·04	4·26	8	9·27	20·2
12	2·08	2·19	2·32	2·47	3·02	3·19	3·37	3·57	4·18	4·40	9	10·38	22·7
10	2·18	2·30	2·43	2·58	3·14	3·32	3·51	4·11	4·32	4·54	10	11·49	0·25·3
8	2·27	2·40	2·54	3·10	3·26	3·44	4·04	4·24	4·46	5·08	11	13·00	27·9
6	2·37	2·50	3·05	3·21	3·38	3·57	4·16	4·37	4·59	5·21	12	14·11	30·5
4	2·46	3·00	3·16	3·33	3·50	4·09	4·29	4·50	5·12	5·34	13	15·23	33·2
+2	2·55	3·10	3·26	3·43	4·01	4·21	4·41	5·03	5·25	5·47	14	16·35	35·9
0	3·04	3·20	3·36	3·54	4·13	4·33	4·53	5·15	5·37	6·00	15	17·46	0·38·6
−2	3·14	3·30	3·47	4·05	4·24	4·44	5·06	5·28	5·50	6·13	16	18·58	41·3
4	3·23	3·40	3·57	4·15	4·36	4·56	5·18	5·40	6·03	6·26	17	20·10	44·1
6	3·32	3·49	4·08	4·27	4·47	5·08	5·31	5·53	6·16	6·39	18	21·22	46·9
8	3·42	4·00	4·18	4·38	4·59	5·21	5·43	6·06	6·29	6·52	19	22·35	49·7
10	3·51	4·10	4·29	4·50	5·11	5·33	5·56	6·19	6·43	7·06	20	23·47	0·52·6
12	4·01	4·20	4·40	5·01	5·23	5·46	6·10	6·33	6·57	7·20	21	25·00	55·5
14	4·11	4·31	4·52	5·13	5·36	6·00	6·23	6·47	7·11	7·34	22	26·13	58·5
16	4·22	4·42	5·04	5·26	5·49	6·13	6·38	7·03	7·26	7·49	23	27·26	1·01·5
18	4·33	4·54	5·16	5·39	6·03	6·28	6·53	7·18	7·44	8·05	24	28·40	04·6
20	4·44	5·06	5·29	5·53	6·18	6·43	7·09	7·35	7·59	8·22	25	29·53	1·07·8
22	4·56	5·19	5·43	6·08	6·34	7·00	7·27	7·53	8·18	8·41	26	31·08	11·0
24	5·08	5·32	5·57	6·24	6·51	7·18	7·46	8·12	8·38	9·02	27	32·22	14·3
26	5·21	5·47	6·13	6·41	7·09	7·38	8·07	8·35	9·01	9·25	28	33·37	17·6
28	5·36	6·02	6·31	7·00	7·30	8·01	8·32	9·01	9·29	9·53	29	34·52	21·1
−30	5·52	6·20	6·50	7·22	7·56	8·29	9·03	9·35	10·05	10·30	30	36·08	1·24·6
	117°	114°	111°	108°	105°	102°	99°	96°	93°	90°			

donnent l'heure vraie, matin, pour l'Azimut vers le côté polaire du Premier Vertical.

AZIMUTH AND HOUR ANGLE FOR LATITUDE AND DECLINATION.

DECLINATION		LATITUDE 33°.										
		AZIMUTH.										
		5°	10°	15°	20°	25°	30°	35°	40°	45°	50°	55°	60°
		m.	m.	h. m.	h. m.	h. m.	h. m.	h. m.	h. m.	h. m.	h. m.	h. m.	h. m.
+	30	1	2	0·4	0·5	0·6	0·8	0·10	0·11	0·14	0·16	0·19	0·23
Like Latitude	28	2	4	6	8	10	13	16	19	22	26	31	37
	26	3	5	8	11	14	18	21	25	30	35	42	49
	24	3	7	10	14	18	22	27	32	38	44	52	1·01
	22	4	8	13	17	22	27	32	38	45	53	1·02	1·12
	20	5	10	0·15	0·20	0·25	0·31	0·37	0·44	0·52	1·01	1·11	1·23
	18	5	11	17	23	29	35	42	50	59	1·09	1·20	1·33
	16	6	12	19	25	32	39	47	56	1·06	1·16	1·29	1·43
	14	7	14	20	28	35	43	52	1·02	1·12	1·24	1·37	1·52
	12	7	15	22	30	39	47	57	1·07	1·18	1·31	1·45	2·01
	10	8	16	0·24	0·33	0·42	0·51	1·01	1·12	1·24	1·38	1·53	2·10
	8	9	17	26	35	45	55	1·06	1·18	1·31	1·45	2·01	2·19
	6	9	18	28	38	48	59	1·10	1·23	1·37	1·52	2·09	2·28
	4	10	20	30	40	51	1·02	1·15	1·28	1·42	1·59	2·16	2·36
+	2	10	21	31	42	54	1·06	1·19	1·33	1·48	2·05	2·24	2·45
	0	11	22	0·33	0·45	0·57	1·10	1·23	1·38	1·54	2·12	2·32	2·53
−	2	12	23	35	47	1·00	1·14	1·28	1·43	2·00	2·19	2·39	3·02
	4	12	24	37	50	1·03	1·17	1·32	1·49	2·06	2·25	2·47	3·10
	6	13	25	39	52	1·06	1·20	1·37	1·54	2·12	2·32	2·54	3·19
	8	13	27	40	54	1·09	1·25	1·41	1·59	2·18	2·39	3·02	3·27
Unlike Latitude	10	14	28	0·42	0·57	1·12	1·29	1·46	2·04	2·24	2·46	3·10	3·36
	12	14	29	44	59	1·15	1·32	1·50	2·10	2·30	2·53	3·18	3·45
	14	15	30	46	1·02	1·19	1·36	1·55	2·15	2·37	3·00	3·26	3·54
	16	16	32	48	1·05	1·22	1·40	2·00	2·21	2·43	3·08	3·34	4·04
	18	16	33	50	1·07	1·25	1·44	2·05	2·26	2·50	3·15	3·43	4·14
	20	17	34	0·52	1·10	1·29	1·49	2·10	2·32	2·56	3·23	3·52	4·24
	22	18	36	54	1·13	1·32	1·53	2·15	2·38	3·04	3·31	4·01	4·34
	24	18	37	56	1·15	1·36	1·57	2·20	2·44	3·11	3·40	4·11	4·46
	26	19	38	58	1·18	1·40	2·02	2·26	2·51	3·19	3·48	4·21	4·57
	28	20	40	1·00	1·21	1·44	2·07	2·31	2·58	3·27	3·58	4·32	5·10
−	30	21	41	1·03	1·25	1·48	2·12	2·37	3·05	3·35	4·08	4·44	5·24
		AZIMUTH from depressed pole *continued*										125°	120°

When Lat. and Dec. are of the same name, the terms below the black line

AZIMUTH AND HOUR ANGLE FOR LATITUDE AND DECLINATION.

DECLINATION.	LATITUDE 33°. AZIMUTH.									DECLINATION.	AT TRUE HORIZON.	
	63°	66°	69°	72°	75°	78°	81°	84°	87°	90°		Amp.	Dasc.
°	h. m.	h. m.	h. m.	h. m.	h. m.	h. m.	h. m.	h. m.	h. m.	h. m.	°	° '	h. m.
+30	0.26	0.29	0.33	0.38	0.44	0.51	1.01	1.13	1.29	1.49	0	0.00	0· 0·0
28	41	46	51	58	1.06	1.16	1.28	1.42	2.00	2.20	1	1.12	2.6
26	55	1.01	1.08	1.16	1.26	1.37	1.51	2.06	2.24	2.46	2	2.23	5.2
24	1.07	1.15	1.23	1.32	1.43	1.56	2.10	2.27	2.46	3.07	3	3.35	7.8
22	1.20	1.28	1.37	1.48	1.59	2.13	2.28	2.46	3.05	3.26	4	4.46	10.4
20	1.31	1.40	1.50	2.02	2.14	2.29	2.45	3.03	3.22	3.44	5	5.58	0·13·0
18	1.42	1.52	2.03	2.15	2.29	2.44	3.00	3.19	3.38	4.00	6	7.10	15.7
16	1.52	2.03	2.15	2.28	2.42	2.58	3.15	3.34	3.54	4.15	7	8.21	18.3
14	2.03	2.14	2.26	2.40	2.55	3.11	3.29	3.48	4.08	4.30	8	9.33	20.9
12	2.12	2.24	2.37	2.51	3.07	3.24	3.42	4.01	4.22	4.44	9	10.45	23.6
10	2.22	2.34	2.48	3.03	3.19	3.36	3.55	4.14	4.35	4.57	10	11.57	0·26·3
8	2.31	2.44	2.59	3.14	3.30	3.48	4.07	4.27	4.48	5.10	11	13.09	29.0
6	2.40	2.54	3.09	3.25	3.42	4.00	4.19	4.40	5.01	5.23	12	14.21	31.7
4	2.50	3.04	3.19	3.35	3.53	4.12	4.31	4.52	5.13	5.35	13	15.34	34.5
+2	2.59	3.13	3.29	3.46	4.04	4.23	4.43	5.04	5.26	5.48	14	16.46	37.3
0	3.08	3.23	3.39	3.57	4.15	4.35	4.55	5.16	5.38	6.00	15	17.59	0·40·1
−2	3.17	3.32	3.49	4.07	4.26	4.46	5.07	5.28	5.50	6.12	16	19.11	42.9
4	3.26	3.42	3.59	4.18	4.37	4.58	5.19	5.41	6.03	6.25	17	20.24	45.8
6	3.35	3.52	4.10	4.29	4.49	5.09	5.31	5.53	6.15	6.37	18	21.37	48.7
8	3.44	4.02	4.20	4.40	5.00	5.21	5.43	6.05	6.28	6.50	19	22.51	51.7
10	3.53	4.11	4.31	4.51	5.12	5.33	5.56	6.18	6.41	7.03	20	24.04	0·54·7
12	4.03	4.22	4.41	5.02	5.24	5.46	6.08	6.31	6.54	7.16	21	25.18	57.7
14	4.13	4.32	4.52	5.14	5.36	5.59	6.22	6.45	7.08	7.30	22	26.32	1·00·8
16	4.23	4.43	5.04	5.26	5.49	6.12	6.35	6.59	7.22	7.45	23	27.46	04.0
18	4.33	4.54	5.16	5.39	6.02	6.26	6.50	7.14	7.38	8.00	24	29.01	07.2
20	4.44	5.06	5.28	5.52	6.16	6.41	7.05	7.30	7.54	8.16	25	30.16	1·10·5
22	4.56	5.18	5.42	6.06	6.31	6.56	7.22	7.47	8.11	8.34	26	31.31	13.9
24	5.08	5.31	5.56	6.21	6.47	7.13	7.40	8.06	8.30	8.53	27	32.46	17.3
26	5.21	5.45	6.11	6.37	7.05	7.32	8.00	8.26	8.52	9.14	28	34.02	20.8
28	5.35	6.00	6.27	6.56	7.24	7.54	8.22	8.50	9.16	9.40	29	35.19	24.4
−30	5.50	6.17	6.46	7.16	7.47	8.18	8.50	9.20	9.47	10.11	30	36.36	1·28·1
	117°	114°	111°	108°	105°	102°	99°	96°	93°	90°			

give App. Time A.M. for Azimuth on polar side of Prime Vertical.

67

AZIMUTH AND HOUR ANGLE FOR LATITUDE AND DECLINATION.

DECLINATION.	LATITUDE 34°. AZIMUTH.											
		5°	10°	15°	20°	25°	30°	35°	40°	45°	50°	55°	60°
		m.	m.	h. m.	h. m.	h. m.	h. m.	h. m.	h. m.	h. m.	h. m.	h. m.	h. m.
+ 30		2	3	0· 5	0· 7	0· 9	0·11	0·13	0·15	0·18	0·21	0·25	0·30
28		2	5	7	10	13	16	19	22	26	31	37	43
26		3	6	9	13	16	20	24	29	34	40	47	56
24		4	8	12	16	20	25	30	35	42	49	57	1·07
22		4	9	14	19	24	29	35	41	49	57	1·07	1·18
20 (Like Latitude)		5	10	0·16	0·21	0·27	0·33	0·40	0·47	0·56	1·05	1·16	1·28
18		6	12	18	24	31	38	45	53	1·02	1·13	1·24	1·38
16		6	13	20	27	34	42	50	59	1·09	1·20	1·33	1·48
14		7	14	22	29	37	45	55	1·04	1·15	1·27	1·41	1·57
12		8	15	23	32	40	49	59	1·10	1·21	1·34	1·49	2·06
10		8	17	0·25	0·34	0·43	0·53	1·04	1·15	1·28	1·41	1·57	2·15
8		9	18	27	36	46	57	1·08	1·20	1·34	1·48	2·05	2·23
6		9	19	29	39	49	1·01	1·13	1·25	1·39	1·55	2·12	2·31
4		10	20	31	41	52	1·04	1·17	1·30	1·45	2·02	2·20	2·40
+ 2		11	21	32	44	56	1·08	1·21	1·35	1·51	2·08	2·27	2·48
0		11	23	0·34	0·46	0·58	1·12	1·26	1·40	1·57	2·15	2·34	2·56
− 2		12	24	36	48	1·01	1·15	1·30	1·45	2·03	2·21	2·42	3·05
4		12	25	38	51	1·04	1·19	1·34	1·50	2·08	2·28	2·49	3·13
6		13	26	39	53	1·07	1·23	1·39	1·56	2·14	2·35	2·57	3·21
8		14	27	41	56	1·11	1·26	1·43	2·01	2·20	2·41	3·04	3·30
10		14	28	0·43	58	1·14	1·30	1·47	2·06	2·26	2·48	3·12	3·38
12 (Unlike Latitude)		15	30	45	1·00	1·17	1·34	1·52	2·11	2·32	2·55	3·20	3·47
14		15	31	47	1·03	1·20	1·38	1·57	2·16	2·38	3·02	3·28	3·56
16		16	32	49	1·05	1·23	1·42	2·01	2·22	2·45	3·09	3·36	4·05
18		17	33	50	1·08	1·26	1·46	2·06	2·28	2·51	3·17	3·44	4·15
20		17	35	0·52	1·11	1·30	1·50	2·11	2·33	2·58	3·24	3·53	4·25
22		18	36	54	1·13	1·33	1·54	2·16	2·39	3·05	3·32	4·02	4·35
24		19	37	57	1·16	1·37	1·58	2·21	2·45	3·12	3·41	4·12	4·46
26		19	39	59	1·19	1·41	2·03	2·27	2·52	3·20	3·49	4·22	4·57
28		20	40	1·01	1·22	1·44	2·08	2·32	2·59	3·27	3·58	4·32	5·09
− 30		21	42	1·03	1·25	1·48	2·13	2·38	3·06	3·36	4·08	4·44	5·23
	AZIMUT au pôle deprimé *continué*											125°	120°

Quand Lat. et Dec. sont du même nom, les termes au dessous de la ligne noire

AZIMUTH AND HOUR ANGLE FOR LATITUDE AND DECLINATION.

DECLINATION.	LATITUDE 34°. AZIMUTH.									DECLINATION.	A L'HORIZON VRAI.	
	63°	66°	69°	72°	75°	78°	81°	84°	87°	90°		Amp.	Diff. Asc.
°	h. m.	h. m.	h. m.	h. m.	h. m.	h. m.	h. m.	h. m.	h. m.	h. m.	°	° ′	h. m.
+30	0·33	0·38	0·43	0·48	0·55	1·04	1·15	1·28	1·42	2·05	0	0·00	0· 0·0
28	48	54	1·00	1·07	1·16	1·27	1·39	1·54	2·10	2·32	1	1·12	2·7
26	1·01	1·08	1·16	1·25	1·35	1·47	2·00	2·16	2·33	2·56	2	2·25	5·4
24	1·14	1·22	1·30	1·40	1·51	2·04	2·19	2·36	2·53	3·15	3	3·37	8·1
22	1·25	1·34	1·44	1·55	2·07	2·21	2·36	2·53	3·11	3·33	4	4·50	10·8
20	1·36	1·46	1·56	2·08	2·21	2·36	2·52	3·09	3·28	3·49	5	6·02	0·13·5
18	1·47	1·57	2·09	2·21	2·35	2·50	3·06	3·24	3·43	4·05	6	7·15	16·2
16	1·57	2·08	2·20	2·34	2·47	3·03	3·20	3·39	3·58	4·19	7	8·27	19·0
14	2·07	2·19	2·31	2·45	3·00	3·16	3·33	3·52	4·12	4·33	8	9·40	21·8
12	2·17	2·29	2·42	2·56	3·12	3·28	3·46	4·05	4·25	4·47	9	10·53	24·5
10	2·26	2·39	2·52	3·07	3·23	3·40	3·58	4·18	4·38	4·59	10	12·05	0·27·3
8	2·35	2·48	3·03	3·18	3·34	3·52	4·10	4·30	4·50	5·12	11	13·18	30·1
6	2·44	2·58	3·13	3·28	3·45	4·03	4·22	4·42	5·03	5·24	12	14·31	33·0
4	2·53	3·07	3·23	3·39	3·56	4·15	4·34	4·54	5·15	5·36	13	15·45	35·8
+2	3·02	3·17	3·32	3·49	4·07	4·26	4·45	5·06	5·27	5·48	14	16·58	38·7
0	3·11	3·26	3·42	3·59	4·18	4·37	4·57	5·17	5·39	6·00	15	18·12	0·41·7
−2	3·19	3·35	3·52	4·10	4·28	4·48	5·08	5·29	5·50	6·12	16	19·25	44·6
4	3·28	3·44	4·02	4·20	4·39	4·59	5·20	5·41	6·02	6·24	17	20·39	47·6
6	3·37	3·54	4·12	4·30	4·50	5·10	5·31	5·53	6·15	6·36	18	21·53	50·6
8	3·46	4·03	4·22	4·41	5·01	5·22	5·43	6·05	6·27	6·48	19	23·07	53·7
10	3·55	4·13	4·32	4·52	5·12	5·33	5·55	6·17	6·39	7·01	20	24·22	0·56·8
12	4·05	4·23	4·42	5·03	5·24	5·45	6·07	6·30	6·52	7·13	21	25·37	1·00·0
14	4·14	4·33	4·53	5·14	5·35	5·58	6·20	6·43	7·06	7·27	22	26·52	03·3
16	4·24	4·44	5·04	5·25	5·48	6·10	6·33	6·56	7·20	7·41	23	28·07	06·5
18	4·34	4·54	5·16	5·38	6·01	6·24	6·47	7·10	7·34	7·55	24	29·23	09·9
20	4·45	5·06	5·28	5·51	6·14	6·38	7·02	7·26	7·50	8·11	25	30·39	1·13·3
22	4·56	5·18	5·40	6·04	6·28	6·53	7·18	7·42	8·08	8·27	26	31·55	16·8
24	5·08	5·30	5·54	6·19	6·44	7·09	7·35	7·59	8·24	8·45	27	33·12	20·4
26	5·20	5·44	6·08	6·34	7·00	7·27	7·53	8·19	8·45	9·04	28	34·30	24·1
28	5·33	5·58	6·24	6·51	7·19	7·47	8·14	8·41	9·08	9·28	29	35·47	27·8
−30	5·48	6·14	6·42	7·10	7·40	8·10	8·39	9·07	9·35	9·55	30	37·06	1·31·7
	117°	114°	111°	108°	105°	102°	99°	96°	93°	90°			

donnent l'heure vraie, matin, pour l'Azimut vers le côté polaire du Premier Vertical.

AZIMUTH AND HOUR ANGLE FOR LATITUDE AND DECLINATION.

LATITUDE 35°.

Declination	Azimuth											
		5°	10°	15°	20°	25°	30°	35°	40°	45°	50°	55°	60°
		m.	m.	h. m.	h. m.	h. m.	h. m.	h. m.	h. m.	h. m.	h. m.	h. m.	h. m.
+ 30		2	4	0·6	0·8	0·11	0·13	0·16	0·19	0·22	0·26	0·31	0·37
28		3	6	8	11	15	18	22	26	31	36	42	50
26		3	7	11	14	18	23	27	32	38	45	53	1·02
24		4	8	13	17	22	27	33	39	46	53	1·02	1·13
22		5	10	15	20	26	31	38	45	53	1·01	1·11	1·23
Like Latitude. 20		6	11	0·17	0·23	0·29	0·36	0·43	0·51	0·59	1·09	1·20	1·33
18		6	12	19	25	32	40	48	56	1·06	1·17	1·29	1·43
16		7	14	21	28	36	43	52	1·02	1·12	1·24	1·37	1·52
14		7	15	23	30	39	48	57	1·07	1·19	1·31	1·45	2·01
12		8	16	24	33	42	51	1·02	1·13	1·25	1·38	1·53	2·10
10		9	17	0·26	0·35	0·45	0·55	1·06	1·18	1·31	1·45	2·00	2·18
8		9	18	28	38	48	59	1·10	1·23	1·36	1·51	2·08	2·27
6		10	20	30	40	51	1·02	1·15	1·28	1·42	1·58	2·15	2·35
4		10	21	31	42	54	1·06	1·19	1·33	1·48	2·04	2·23	2·43
+ 2		11	22	33	45	57	1·10	1·23	1·38	1·54	2·11	2·30	2·51
0		11	23	0·35	0·47	1·00	1·13	1·28	1·43	1·59	2·17	2·37	2·59
− 2		12	24	37	50	1·03	1·17	1·32	1·48	2·05	2·24	2·45	3·07
4		13	25	38	52	1·06	1·20	1·36	1·53	2·11	2·30	2·52	3·15
6		13	27	40	54	1·09	1·24	1·40	1·58	2·16	2·37	2·59	3·24
8		14	28	42	57	1·12	1·28	1·45	2·03	2·22	2·43	3·07	3·32
10		14	29	0·44	0·59	1·15	1·31	1·49	2·08	2·28	2·50	3·14	3·40
Unlike Latitude. 12		15	30	46	1·01	1·18	1·35	1·54	2·13	2·34	2·57	3·22	3·49
14		16	31	47	1·04	1·21	1·39	1·58	2·18	2·40	3·04	3·29	3·57
16		16	33	49	1·06	1·24	1·44	2·03	2·24	2·46	3·11	3·37	4·06
18		17	34	51	1·09	1·27	1·47	2·07	2·29	2·53	3·18	3·46	4·16
20		17	35	0·53	1·12	1·31	1·51	2·12	2·35	2·59	3·26	3·54	4·25
22		18	36	55	1·14	1·34	1·55	2·17	2·41	3·06	3·33	4·03	4·35
24		19	38	57	1·17	1·38	1·59	2·22	2·47	3·13	3·42	4·12	4·46
26		19	39	59	1·20	1·41	2·04	2·28	2·53	3·20	3·50	4·22	4·57
28		20	41	1·01	1·23	1·45	2·08	2·33	3·00	3·28	3·59	4·32	5·09
− 30		21	42	1·04	1·26	1·49	2·13	2·39	3·07	3·36	4·08	4·43	5·21
				AZIMUTH from depressed pole *continued*								125°	120°

When Lat. and Dec. are of the same name, the terms below the black line

AZIMUTH AND HOUR ANGLE FOR LATITUDE AND DECLINATION.

DECLINATION	LATITUDE 35°. AZIMUTH.									DECLINATION	AT TRUE HORIZON.	
	63°	66°	69°	72°	75°	78°	81°	84°	87°	90°		Amp.	Dasc.
°	h. m.	h. m.	h. m.	h. m.	h. m.	h. m.	h. m.	h. m.	h. m.	h. m.	°	° ′	h. m.
+30	0·41	0·46	0·52	0·59	1·07	1·16	1·28	1·42	1·58	2·18	0	0·00	0· 0·0
28	55	1·01	1·08	1·16	1·26	1·37	1·50	2·05	2·23	2·43	1	1·13	2·8
26	1·08	1·14	1·23	1·33	1·43	1·56	2·10	3·25	2·43	3·03	2	2·27	5·6
24	1·20	1·28	1·37	1·48	1·59	2·12	2·27	2·44	3·02	3·22	3	3·40	8·4
22	1·31	1·40	1·50	2·01	2·14	2·27	2·43	3·00	3·19	3·39	4	4·53	11·2
20	1·42	1·52	2·02	2·14	2·27	2·42	2·58	3·15	3·34	3·55	5	6·06	0·14·0
18	1·52	2·03	2·14	2·27	2·40	2·55	3·12	3·30	3·49	4·09	6	7·20	16·9
16	2·02	2·13	2·25	2·38	2·53	3·08	3·25	3·43	4·03	4·23	7	8·33	19·7
14	2·12	2·23	2·36	2·50	3·05	3·21	3·38	3·56	4·16	4·37	8	9·47	22·6
12	2·21	2·33	2·46	3·01	3·16	3·33	3·50	4·09	4·29	4·49	9	11·01	25·5
10	2·30	2·43	2·57	3·11	3·27	3·44	4·02	4·21	4·41	5·02	10	12·14	0·28·4
8	2·39	2·52	3·06	3·22	3·38	3·55	4·14	4·33	4·53	5·14	11	13·28	31·3
6	2·48	3·02	3·16	3·32	3·49	4·06	4·25	4·45	5·05	5·25	12	14·42	34·2
4	2·56	3·11	3·26	3·42	3·59	4·17	4·36	4·56	5·16	5·37	13	15·56	37·2
+2	3·05	3·20	3·35	3·52	4·09	4·28	4·47	5·07	5·28	5·49	14	17·11	40·2
0	3·14	3·29	3·45	4·02	4·20	4·39	4·58	5·18	5·39	6·00	15	18·25	0·43·3
−2	3·22	3·38	3·54	4·12	4·30	4·49	5·09	5·30	5·51	6·11	16	19·40	46·3
4	3·31	3·47	4·04	4·22	4·41	5·00	5·20	5·41	6·02	6·23	17	20·55	49·4
6	3·39	3·56	4·13	4·32	4·51	5·11	5·32	5·52	6·14	6·35	18	22·10	52·6
8	3·48	4·05	4·23	4·42	5·02	5·22	5·43	6·04	6·25	6·46	19	23·25	55·8
10	3·57	4·15	4·33	4·53	5·13	5·33	5·54	6·16	6·37	6·58	20	24·41	0·59·1
12	4·06	4·24	4·43	5·03	5·24	5·45	6·06	6·28	6·49	7·11	21	25·57	1·02·4
14	4·15	4·34	4·54	5·14	5·35	5·57	6·19	6·40	7·02	7·23	22	27·13	05·7
16	4·25	4·44	5·04	5·25	5·47	6·09	6·31	6·53	7·15	7·37	23	28·29	09·2
18	4·35	4·55	5·16	5·37	5·59	6·22	6·45	7·07	7·29	7·51	24	29·46	12·7
20	4·45	5·06	5·27	5·50	6·12	6·35	6·59	7·21	7·44	8·05	25	31·04	1·16·2
22	4·56	5·17	5·39	6·02	6·26	6·50	7·13	7·37	7·59	8·21	26	32·21	19·9
24	5·07	5·29	5·52	6·16	6·41	7·05	7·29	7·53	8·16	8·38	27	33·39	23·6
26	5·19	5·43	6·06	6·31	6·56	7·22	7·47	8·11	8·35	8·57	28	34·58	27·4
28	5·32	5·56	6·21	6·47	7·14	7·40	8·06	8·32	8·56	9·17	29	36·17	31·4
−30	5·46	6·11	6·38	7·05	7·33	8·01	8·29	8·55	9·20	9·42	30	37·37	1·35·4
	117°	114°	111°	108°	105°	102°	99°	96°	93°	90°			

give App. Time A.M. for Azimuth on polar side of Prime Vertical.

AZIMUTH AND HOUR ANGLE FOR LATITUDE AND DECLINATION.

Latitude 36°.

Azimuth.

DECLINATION		5°	10°	15°	20°	25°	30°	35°	40°	45°	50°	55°	60°
		m.	m.	h. m.	h. m.	h. m.	h. m.	h. m.	h. m.	h. m.	h. m.	h. m.	h. m.
+	30	2	5	0·7	0·10	0·13	0·16	0·19	0·23	0·27	0·32	0·37	0·44
	28	3	6	10	13	17	21	25	29	35	41	48	56
	26	4	8	12	16	20	26	30	36	42	49	58	1·08
	24	5	9	14	19	24	30	36	42	49	58	1·07	1·18
	22	5	11	16	22	27	34	41	48	56	1·06	1·16	1·29
Like Latitude	20	6	12	0·18	0·24	0·31	0·38	0·46	0·54	1·03	1·13	1·25	1·38
	18	7	13	20	27	34	42	50	59	1·09	1·21	1·33	1·48
	16	7	14	22	29	37	46	55	1·05	1·16	1·28	1·41	1·57
	14	8	16	24	32	41	50	59	1·10	1·22	1·35	1·49	2·05
	12	8	16	25	34	44	54	1·04	1·15	1·28	1·42	1·57	2·14
	10	9	18	0·27	0·37	0·47	0·57	1·08	1·20	1·34	1·48	2·04	2·22
	8	9	19	29	39	50	1·01	1·12	1·25	1·39	1·55	2·11	2·30
	6	10	20	31	41	53	1·04	1·17	1·30	1·45	2·01	2·19	2·38
	4	11	21	32	44	55	1·08	1·21	1·35	1·51	2·07	2·26	2·46
+	2	11	23	34	46	58	1·11	1·25	1·40	1·56	2·14	2·33	2·54
	0	12	24	0·36	0·48	1·01	1·15	1·29	1·45	2·02	2·20	2·40	3·02
−	2	12	25	38	51	1·04	1·18	1·34	1·50	2·07	2·26	2·47	3·10
	4	13	26	39	53	1·07	1·22	1·38	1·55	2·13	2·33	2·54	3·18
	6	13	27	41	55	1·10	1·26	1·42	2·00	2·19	2·39	3·01	3·26
	8	14	28	43	58	1·13	1·29	1·46	2·05	2·24	2·46	3·09	3·34
	10	15	29	0·44	1·00	1·16	1·33	1·51	2·10	2·30	2·52	3·16	3·42
Unlike Latitude	12	15	31	46	1·02	1·19	1·36	1·55	2·15	2·36	2·58	3·23	3·50
	14	16	32	48	1·05	1·22	1·40	2·00	2·20	2·42	3·05	3·31	3·59
	16	16	33	50	1·07	1·25	1·44	2·04	2·25	2·48	3·12	3·39	4·08
	18	17	34	52	1·10	1·28	1·48	2·09	2·31	2·54	3·20	3·47	4·17
	20	18	36	0·54	1·12	1·32	1·52	2·13	2·36	3·01	3·27	3·55	4·26
	22	18	37	56	1·15	1·35	1·56	2·18	2·42	3·07	3·34	4·04	4·36
	24	19	38	58	1·18	1·39	2·00	2·23	2·48	3·14	3·42	4·13	4·46
	26	20	40	1·00	1·21	1·42	2·04	2·29	2·54	3·21	3·51	4·22	4·57
	28	20	41	1·02	1·24	1·46	2·09	2·34	3·01	3·29	3·59	4·32	5·08
−	30	21	42	1·04	1·27	1·50	2·14	2·40	3·07	3·37	4·09	4·43	5·20

Azimut au pôle déprimé continué   125° | 120°

Quand Lat. et Dec. sont du même nom, les termes au dessous de la ligne noire

AZIMUTH AND HOUR ANGLE FOR LATITUDE AND DECLINATION.

DECLINATION.	LATITUDE 36°. AZIMUTH.									DECLINATION.	A L'HORIZON VRAI.	
	63°	66°	69°	72°	75°	78°	81°	84°	87°	90°		Amp.	Diff. Asc.
	h. m.	h. m.	h. m.	h. m.	h. m.	h. m.	h. m.	h. m.	h. m.	h. m.		° '	h. m.
+30	0·49	0·54	1·01	1·08	1·17	1·27	1·39	1·54	2·10	2·30	0	0·00	0· 0·0
28	1·02	1·09	1·16	1·25	1·35	1·47	2·00	2·15	2·32	2·52	1	1·14	2·9
26	1·14	1·22	1·31	1·40	1·51	2·04	2·18	2·34	2·52	3·11	2	2·28	5·8
24	1·26	1·34	1·44	1·54	2·06	2·20	2·35	2·51	3·09	3·29	3	3·43	8·7
22	1·37	1·46	1·56	2·08	2·20	2·34	2·50	3·07	3·25	3·45	4	4·57	11·6
20	1·47	1·57	2·08	2·20	2·33	2·48	3·04	3·21	3·40	4·00	5	6·11	0·14·6
18	1·57	2·08	2·19	2·32	2·46	3·01	3·17	3·35	3·54	4·14	6	7·25	17·5
16	2·07	2·18	2·30	2·43	2·58	3·13	3·30	3·48	4·07	4·27	7	8·40	20·5
14	2·16	2·28	2·41	2·54	3·09	3·25	3·42	4·00	4·20	4·40	8	9·54	23·4
12	2·25	2·37	2·51	3·05	3·20	3·37	3·54	4·12	4·32	4·52	9	11·09	26·4
10	2·34	2·47	3·01	3·15	3·31	3·48	4·05	4·24	4·44	5·04	10	12·24	0·29·4
8	2·43	2·56	3·10	3·25	3·41	3·59	4·17	4·36	4·55	5·15	11	13·39	32·5
6	2·51	3·05	3·20	3·35	3·52	4·09	4·28	4·47	5·06	5·27	12	14·54	35·5
4	3·00	3·14	3·29	3·45	4·02	4·20	4·38	4·58	5·18	5·38	13	16·09	38·6
+2	3·08	3·23	3·38	3·54	4·12	4·30	4·49	5·09	5·29	5·49	14	17·24	41·7
0	3·16	3·31	3·47	4·04	4·22	4·40	5·00	5·19	5·40	6·00	15	18·40	0·44·9
-2	3·25	3·40	3·57	4·14	4·32	4·51	5·10	5·30	5·51	6·11	16	19·55	48·1
4	3·33	3·49	4·06	4·23	4·42	5·01	5·21	5·41	6·02	6·22	17	21·11	51·3
6	3·41	3·58	4·15	4·33	4·52	5·12	5·32	5·52	6·13	6·33	18	22·27	54·6
8	3·50	4·07	4·25	4·43	5·03	5·22	5·43	6·03	6·24	6·45	19	23·44	57·9
10	3·59	4·16	4·34	4·53	5·13	5·33	5·54	6·15	6·36	6·56	20	25·01	1·01·3
12	4·07	4·25	4·44	5·03	5·24	5·44	6·05	6·26	6·47	7·08	21	26·18	04·8
14	4·16	4·35	4·54	5·14	5·35	5·56	6·17	6·38	6·59	7·20	22	27·35	08·3
16	4·26	4·45	5·05	5·25	5·46	6·08	6·29	6·51	7·12	7·33	23	28·53	11·9
18	4·35	4·55	5·15	5·36	5·58	6·20	6·42	7·04	7·25	7·46	24	30·11	15·5
20	4·45	5·06	5·27	5·48	6·10	6·33	6·55	7·18	7·39	8·00	25	31·30	1·19·2
22	4·56	5·17	5·38	6·01	6·24	6·47	7·10	7·32	7·54	8·15	26	32·49	23·0
24	5·07	5·28	5·51	6·14	6·38	7·01	7·25	7·48	8·10	8·31	27	34·08	26·9
26	5·18	5·41	6·04	6·28	6·53	7·17	7·41	8·05	8·27	8·49	28	35·28	30·9
28	5·31	5·54	6·19	6·43	7·09	7·34	8·00	8·24	8·47	9·08	29	36·49	35·0
-30	5·44	6·09	6·34	7·00	7·27	7·54	8·20	8·45	9·09	9·30	30	38·10	1·39·2
	117°	114°	111°	108°	105°	102°	99°	96°	93°	90°			

donnent l'heure vraie, matin, pour l'Azimut vers le côté polaire du Premier Vertical.

AZIMUTH AND HOUR ANGLE FOR LATITUDE AND DECLINATION.

LATITUDE 37°.

	DECLINATION	\multicolumn{12}{c}{AZIMUTH.}

	DECLINATION	5°	10°	15°	20°	25°	30°	35°	40°	45°	50°	55°	60°
		m.	m.	h. m.	h. m.	h. m.	h. m.	h. m.	h. m.	h. m.	h. m.	h. m.	h. m.
+	30	3	6	0·9	0·12	0·15	0·18	0·22	0·26	0·31	0·37	0·43	0·50
	28	4	7	11	15	19	23	28	33	39	46	53	1·02
	26	4	9	13	18	22	28	33	39	46	54	1·03	1·13
	24	5	10	15	20	26	32	38	45	53	1·02	1·12	1·24
	22	6	11	17	23	29	36	43	51	1·00	1·10	1·21	1·34
Like Latitude.	20	6	13	0·19	0·26	0·33	0·40	0·48	0·57	1·06	1·17	1·29	1·43
	18	7	14	21	28	36	44	53	1·02	1·13	1·24	1·37	1·52
	16	7	15	23	31	39	48	57	1·08	1·19	1·31	1·45	2·01
	14	8	16	25	33	42	52	1·02	1·13	1·25	1·38	1·53	2·09
	12	9	17	26	36	45	55	1·06	1·18	1·31	1·45	2·00	2·18
	10	9	19	0·28	0·38	0·48	0·59	1·11	1·23	1·36	1·51	2·07	2·26
	8	10	20	30	40	51	1·03	1·15	1·28	1·42	1·58	2·15	2·34
	6	10	21	32	42	54	1·06	1·19	1·33	1·48	2·04	2·22	2·42
	4	11	22	33	45	57	1·10	1·23	1·38	1·53	2·10	2·29	2·49
+	2	11	23	35	47	1·00	1·13	1·27	1·42	1·59	2·17	2·36	2·57
	0	12	24	0·37	0·49	1·03	1·17	1·31	1·47	2·04	2·23	2·43	3·05
−	2	13	25	38	52	1·06	1·20	1·36	1·52	2·10	2·29	2·50	3·12
	4	13	26	40	54	1·08	1·24	1·40	1·57	2·15	2·35	2·57	3·20
	6	14	28	42	56	1·11	1·27	1·44	2·02	2·21	2·41	3·04	3·28
	8	14	29	43	59	1·14	1·31	1·48	2·06	2·26	2·48	3·11	3·36
	10	15	30	0·45	1·01	1·17	1·34	1·52	2·11	2·32	2·54	3·19	3·44
Unlike Latitude.	12	15	31	47	1·03	1·20	1·38	1·57	2·16	2·38	3·00	3·25	3·52
	14	16	32	49	1·06	1·23	1·42	2·01	2·21	2·43	3·07	3·33	4·00
	16	17	33	51	1·08	1·26	1·45	2·05	2·27	2·49	3·14	3·40	4·09
	18	17	35	52	1·11	1·29	1·49	2·10	2·32	2·56	3·21	3·48	4·17
	20	18	36	0·54	1·13	1·33	1·53	2·15	2·37	3·02	3·28	3·56	4·26
	22	19	37	56	1·16	1·36	1·57	2·19	2·43	3·08	3·35	4·05	4·36
	24	19	39	58	1·19	1·39	2·01	2·24	2·49	3·15	3·43	4·13	4·46
	26	20	40	1·00	1·21	1·43	2·06	2·30	2·55	3·22	3·51	4·23	4·56
	28	21	41	1·02	1·24	1·47	2·10	2·35	3·01	3·30	3·59	4·32	5·07
−	30	21	43	1·05	1·27	1·50	2·15	2·41	3·08	3·37	4·09	4·43	5·19

AZIMUTH from depressed pole *continued*   125° 120°

When Lat. and Dec. are of the same name, the terms below the black line

AZIMUTH AND HOUR ANGLE FOR LATITUDE AND DECLINATION.

LATITUDE 37°.

DECLINATION.	AZIMUTH.									DECLINATION.	AT TRUE HORIZON.	
	63°	66°	69°	72°	75°	78°	81°	84°	87°	90°		Amp.	Dasc.
	h. m.	h. m.	h. m.	h. m.	h. m.	h. m.	h. m.	h. m.	h. m.	h. m.		° ′	h. m.
+30	0·56	1·02	1·09	1·17	1·26	1·37	1·50	2·04	2·21	2·40	0	0·00	0· 0·0
28	1·09	1·16	1·24	1·33	1·44	1·55	2·09	2·24	2·41	3·00	1	1·15	3·0
26	1·21	1·29	1·38	1·48	1·59	2·12	2·26	2·42	2·59	3·19	2	2·30	6·0
24	1·32	1·41	1·50	2·01	2·13	2·27	2·42	2·58	3·16	3·35	3	3·45	9·0
22	1·42	1·52	2·02	2·14	2·27	2·41	2·56	3·13	3·31	3·50	4	5·01	12·1
20	1·52	2·03	2·14	2·26	2·39	2·54	3·10	3·27	3·45	4·04	5	6·16	0·15·1
18	2·02	2·13	2·25	2·37	2·51	3·06	3·22	3·40	3·58	4·18	6	7·31	18·1
16	2·11	2·23	2·35	2·48	3·03	3·18	3·35	3·52	4·11	4·31	7	8·47	21·2
14	2·20	2·32	2·45	2·59	3·14	3·29	3·46	4·04	4·23	4·43	8	10·02	24·3
12	2·29	2·42	2·55	3·09	3·24	3·40	3·58	4·16	4·35	4·54	9	11·18	27·4
10	2·38	2·51	3·04	3·19	3·35	3·51	4·09	4·27	4·46	5·06	10	12·33	0·30·5
8	2·46	3·00	3·14	3·29	3·45	4·02	4·19	4·38	4·57	5·17	11	13·49	33·7
6	2·55	3·08	3·23	3·38	3·55	4·12	4·30	4·49	5·08	5·28	12	15·05	36·9
4	3·03	3·17	3·32	3·48	4·05	4·22	4·40	4·59	5·19	5·39	13	16·22	40·1
+ 2	3·11	3·25	3·41	3·57	4·14	4·32	4·51	5·10	5·30	5·49	14	17·38	43·3
0	3·19	3·34	3·50	4·07	4·24	4·42	5·01	5·20	5·40	6·00	15	18·55	0·46·6
− 2	3·27	3·43	3·59	4·16	4·34	4·52	5·11	5·31	5·51	6·11	16	20·11	49·9
4	3·35	3·51	4·08	4·25	4·43	5·02	5·22	5·41	6·01	6·21	17	21·28	53·3
6	3·43	4·00	4·17	4·35	4·53	5·12	5·32	5·52	6·12	6·32	18	22·46	56·7
8	3·52	4·09	4·26	4·44	5·03	5·23	5·43	6·03	6·23	6·43	19	24·03	1·00·1
10	4·00	4·17	4·35	4·54	5·13	5·33	5·53	6·14	6·34	6·54	20	25·21	1·03·7
12	4·09	4·26	4·45	5·04	5·24	5·44	6·04	6·25	6·45	7·06	21	26·40	07·3
14	4·17	4·36	4·55	5·14	5·34	5·55	6·16	6·36	6·57	7·17	22	27·58	10·9
16	4·27	4·45	5·05	5·25	5·45	6·06	6·27	6·48	7·09	7·29	23	29·17	14·6
18	4·36	4·55	5·15	5·36	5·57	6·18	6·40	7·01	7·22	7·42	24	30·37	18·4
20	4·46	5·05	5·26	5·47	6·09	6·31	6·52	7·14	7·35	7·56	25	31·57	1·22·3
22	4·56	5·16	5·37	5·59	6·21	6·44	7·06	7·28	7·49	8·10	26	33·17	26·3
24	5·06	5·27	5·49	6·12	6·35	6·58	7·20	7·43	8·04	8·25	27	34·39	30·3
26	5·17	5·39	6·02	6·25	6·49	7·13	7·36	7·59	8·21	8·41	28	36·00	34·5
28	5·29	5·52	6·16	6·40	7·04	7·29	7·53	8·17	8·39	9·00	29	37·23	38·8
−30	5·42	6·06	6·31	6·56	7·22	7·47	8·12	8·36	8·59	9·20	30	38·46	1·43·2
	117°	114°	111°	108°	105°	102°	99°	96°	93°	90°			

give App. Time A.M. for Azimuth on polar side of Prime Vertical.

AZIMUTH AND HOUR ANGLE FOR LATITUDE AND DECLINATION.

LATITUDE 38°.

AZIMUTH.

DECLINATION		5°	10°	15°	20°	25°	30°	35°	40°	45°	50°	55°	60°
	°	m.	m.	h. m.	h. m.	h. m.	h. m.	h. m.	h. m.	h. m.	h. m.	h. m.	h. m.
+	30	3	6	0·10	0·13	0·17	0·21	0·25	0·30	0·35	0·41	0·48	0·57
	28	4	8	12	16	21	26	31	36	43	50	58	1·08
	26	5	9	14	19	24	30	36	42	50	58	1·08	1·19
	24	5	11	16	22	28	34	41	48	57	1·06	1·17	1·29
	22	6	12	18	25	31	38	46	54	1·04	1·14	1·25	1·39
Like Latitude	20	7	13	0·20	0·27	0·35	0·42	0·51	1·00	1·10	1·21	1·34	1·48
	18	7	14	22	30	38	46	55	1·05	1·16	1·28	1·42	1·57
	16	8	16	24	32	41	50	1·00	1·10	1·22	1·35	1·49	2·05
	14	8	17	26	35	44	54	1·04	1·15	1·28	1·42	1·57	2·14
	12	9	18	27	37	47	57	1·09	1·20	1·34	1·48	2·04	2·22
	10	10	19	0·29	0·39	0·50	1·01	1·13	1·25	1·39	1·54	2·11	2·29
	8	10	20	31	42	53	1·04	1·17	1·30	1·45	2·01	2·18	2·37
	6	11	21	32	44	56	1·08	1·21	1·35	1·50	2·07	2·25	2·45
	4	11	23	34	46	58	1·11	1·25	1·40	1·56	2·13	2·32	2·52
+	2	12	24	36	48	1·01	1·15	1·29	1·44	2·01	2·19	2·39	3·00
	0	12	25	0·37	0·51	1·04	1·18	1·33	1·49	2·06	2·25	2·45	3·07
−	2	13	26	39	53	1·07	1·22	1·37	1·54	2·12	2·31	2·52	3·15
	4	13	27	41	55	1·10	1·25	1·41	1·58	2·17	2·37	2·59	3·22
	6	14	28	42	57	1·13	1·29	1·45	2·03	2·23	2·43	3·06	3·30
	8	15	29	44	1·00	1·15	1·32	1·50	2·08	2·28	2·50	3·13	3·38
	10	15	30	0·46	1·02	1·18	1·36	1·54	2·13	2·34	2·56	3·20	3·45
Unlike Latitude	12	16	32	48	1·04	1·21	1·39	1·58	2·18	2·39	3·02	3·27	3·53
	14	16	33	49	1·07	1·24	1·43	2·02	2·23	2·45	3·09	3·34	4·01
	16	17	34	51	1·09	1·27	1·47	2·07	2·28	2·51	3·15	3·41	4·09
	18	17	35	53	1·11	1·30	1·50	2·11	2·33	2·57	3·22	3·49	4·18
	20	18	36	0·55	1·14	1·34	1·54	2·16	2·38	3·03	3·29	3·57	4·27
	22	19	38	57	1·16	1·37	1·58	2·21	2·44	3·09	3·36	4·05	4·36
	24	19	39	59	1·19	1·40	2·02	2·25	2·50	3·16	3·44	4·14	4·46
	26	20	40	1·01	1·22	1·44	2·07	2·31	2·56	3·23	3·52	4·23	4·56
	28	21	42	1·03	1·25	1·47	2·11	2·36	3·02	3·30	4·00	4·32	5·06
−	30	21	43	1·05	1·28	1·51	2·16	2·41	3·08	3·38	4·09	4·42	5·18

AZIMUT au pôle déprimé *continué*   125°   120°

Quand Lat. et Dec. sont du même nom, les termes au dessous de la ligne noire

AZIMUTH AND HOUR ANGLE FOR LATITUDE AND DECLINATION.

DECLINATION.	LATITUDE 38° — AZIMUTH.									DECLINATION.	A L'HORIZON VRAI.	
	63°	66°	69°	72°	75°	78°	81°	84°	87°	90°		Amp.	Diff. Asc.
°	h. m.	h. m.	h. m.	h. m.	h. m.	h. m.	h. m.	h. m.	h. m.	h. m.	°	° ′	h. m.
+30	1·03	1·09	1·17	1·25	1·35	1·47	2·00	2·14	2·32	2·49	0	0·00	0· 0·0
28	1·15	1·23	1·31	1·40	1·51	2·04	2·17	2·33	2·50	3·08	1	1·16	3·1
26	1·27	1·35	1·44	1·54	2·06	2·19	2·33	2·49	3·07	3·25	2	2·32	6·3
24	1·37	1·47	1·57	2·07	2·20	2·33	2·48	3·05	3·22	3·41	3	3·48	9·4
22	1·48	1·57	2·08	2·19	2·33	2·47	3·02	3·19	3·36	3·55	4	5·05	12·5
20	1·57	2·08	2·19	2·31	2·45	2·59	3·15	3·32	3·50	4·09	5	6·21	0·15·7
18	2·07	2·18	2·30	2·42	2·56	3·11	3·27	3·44	4·02	4·22	6	7·37	18·8
16	2·16	2·27	2·40	2·52	3·07	3·23	3·39	3·56	4·15	4·34	7	8·54	22·0
14	2·25	2·37	2·49	3·03	3·18	3·34	3·50	4·08	4·26	4·46	8	10·10	25·2
12	2·33	2·46	2·59	3·13	3·28	3·44	4·01	4·19	4·38	4·57	9	11·27	28·4
10	2·42	2·54	3·08	3·22	3·38	3·55	4·12	4·30	4·49	5·08	10	12·44	0·31·7
8	2·50	3·03	3·17	3·32	3·48	4·05	4·22	4·40	4·59	5·19	11	14·01	34·9
6	2·58	3·11	3·26	3·41	3·58	4·15	4·32	4·51	5·10	5·29	12	15·18	38·2
4	3·06	3·20	3·35	3·50	4·07	4·24	4·42	5·01	5·20	5·39	13	16·35	41·6
+2	3·14	3·28	3·44	3·59	4·17	4·34	4·52	5·11	5·30	5·50	14	17·53	44·9
0	3·22	3·37	3·52	4·08	4·26	4·44	5·02	5·21	5·41	6·00	15	19·10	0·48·3
−2	3·29	3·45	4·01	4·17	4·35	4·53	5·12	5·31	5·51	6·10	16	20·28	51·8
4	3·37	3·53	4·10	4·26	4·45	5·03	5·22	5·41	6·01	6·21	17	21·47	55·3
6	3·45	4·02	4·18	4·36	4·54	5·13	5·32	5·52	6·11	6·31	18	23·05	58·8
8	3·53	4·10	4·27	4·45	5·04	5·23	5·42	6·02	6·22	6·41	19	24·24	1·02·4
10	4·02	4·19	4·36	4·54	5·14	5·33	5·53	6·13	6·33	6·52	20	25·43	1·06·1
12	4·10	4·27	4·46	5·04	5·24	5·43	6·03	6·23	6·43	7·03	21	27·03	09·8
14	4·18	4·36	4·55	5·14	5·34	5·54	6·14	6·35	6·55	7·14	22	28·23	13·6
16	4·27	4·46	5·05	5·24	5·45	6·05	6·26	6·46	7·06	7·26	23	29·44	17·5
18	4·36	4·55	5·15	5·35	5·56	6·16	6·37	6·58	7·19	7·38	24	31·04	21·4
20	4·46	5·05	5·25	5·46	6·07	6·28	6·50	7·11	7·31	7·51	25	32·26	1·25·5
22	4·55	5·16	5·36	5·57	6·19	6·41	7·03	7·24	7·45	8·05	26	33·48	29·6
24	5·07	5·27	5·48	6·09	6·32	6·54	7·16	7·38	7·59	8·19	27	35·11	33·8
26	5·16	5·38	6·00	6·22	6·46	7·08	7·31	7·53	8·14	8·35	28	36·34	38·2
28	5·28	5·50	6·13	6·36	7·00	7·24	7·47	8·10	8·31	8·52	29	37·58	42·7
−30	5·40	6·04	6·28	6·51	7·17	7·41	8·05	8·28	8·50	9·11	30	39·22	1·47·3
	117°	114°	111°	108°	105°	102°	99°	96°	93°	90°			

donnent l'heure vraie, matin, pour l'Azimut vers le côté polaire du Premier Vertical.

AZIMUTH AND HOUR ANGLE FOR LATITUDE AND DECLINATION.

LATITUDE 39°.

DECLINATION		AZIMUTH										
		5°	10°	15°	20°	25°	30°	35°	40°	45°	50°	55°	60°
		m.	m.	h. m.	h. m.	h. m.	h. m.	h. m.	h. m.	h. m.	h. m.	h. m.	h. m.
+	30	4	7	0·11	0·15	0·19	0·24	0·28	0·33	0·39	0·46	0·54	1·03
Like Latitude	28	4	9	13	18	23	28	34	40	47	55	1·04	1·14
	26	5	10	15	21	26	32	39	46	54	1·03	1·13	1·24
	24	6	11	17	23	30	37	44	52	1·01	1·10	1·22	1·34
	22	6	13	19	26	33	41	49	57	1·07	1·18	1·30	1·44
	20	7	14	0·21	0·29	0·36	0·45	0·53	1·03	1·13	1·25	1·38	1·52
	18	8	15	23	31	39	48	58	1·08	1·19	1·32	1·46	2·01
	16	8	16	25	33	43	52	1·02	1·13	1·25	1·38	1·53	2·09
	14	9	18	26	36	46	56	1·07	1·18	1·31	1·45	2·00	2·17
	12	9	19	28	38	48	59	1·11	1·23	1·37	1·52	2·07	2·25
	10	10	20	0·30	0·40	0·51	1·03	1·15	1·28	1·42	1·57	2·14	2·33
	8	10	21	32	43	54	1·06	1·19	1·33	1·48	2·04	2·21	2·40
	6	11	22	33	45	57	1·10	1·23	1·37	1·53	2·10	2·28	2·48
	4	12	23	35	47	1·00	1·13	1·27	1·42	1·58	2·16	2·35	2·55
+	2	12	24	37	49	1·03	1·16	1·31	1·47	2·03	2·22	2·41	3·03
	0	13	25	0·38	0·52	1·05	1·20	1·35	1·51	2·09	2·27	2·48	3·10
−	2	13	26	40	54	1·08	1·23	1·39	1·56	2·14	2·33	2·54	3·17
	4	14	27	42	56	1·11	1·27	1·43	2·00	2·19	2·39	3·01	3·24
	6	14	29	43	58	1·14	1·30	1·47	2·05	2·25	2·45	3·08	3·32
	8	15	30	45	1·00	1·17	1·33	1·51	2·10	2·30	2·51	3·14	3·39
	10	15	31	0·47	1·03	1·19	1·37	1·55	2·14	2·35	2·58	3·21	3·47
Unlike Latitude	12	16	32	48	1·05	1·22	1·40	1·59	2·19	2·41	3·03	3·28	3·54
	14	16	33	50	1·07	1·25	1·44	2·04	2·24	2·46	3·10	3·35	4·02
	16	17	34	52	1·10	1·28	1·48	2·08	2·29	2·52	3·17	3·43	4·10
	18	18	35	54	1·12	1·31	1·51	2·12	2·34	2·58	3·23	3·50	4·19
	20	18	37	0·55	1·15	1·35	1·55	2·17	2·40	3·04	3·30	3·58	4·27
	22	19	38	57	1·17	1·38	1·59	2·22	2·45	3·10	3·37	4·06	4·36
	24	20	39	59	1·20	1·41	2·03	2·26	2·51	3·17	3·45	4·14	4·45
	26	20	41	1·01	1·23	1·44	2·07	2·31	2·56	3·24	3·52	4·23	4·55
	28	21	42	1·03	1·25	1·48	2·12	2·37	3·03	3·31	4·00	4·32	5·06
−	30	22	43	1·06	1·28	1·52	2·16	2·42	3·09	3·38	4·09	4·42	5·17

AZIMUTH from depressed pole *continued*   125° 120°

When Lat. and Dec. are of the same name, the terms below the black line

AZIMUTH AND HOUR ANGLE FOR LATITUDE AND DECLINATION.

LATITUDE 39°.

DECLINATION.	AZIMUTH.									DECLINATION.	AT TRUE HORIZON.	
	63°	66°	69°	72°	75°	78°	81°	84°	87°	90°		Amp.	Dasc.
	h. m.	h. m.	h. m.	h. m.	h. m.	h. m.	h. m.	h. m.	h. m.	h. m.		° ′	h. m.
+30	1·09	1·17	1·25	1·34	1·44	1·55	2·09	2·23	2·40	2·58	0	0·00	0· 0·0
28	1·21	1·29	1·38	1·48	1·59	2·11	2·25	2·41	2·57	3·16	1	1·17	3·2
26	1·32	1·41	1·51	2·01	2·13	2·26	2·41	2·56	3·13	3·32	2	2·34	6·5
24	1·43	1·52	2·02	2·14	2·26	2·40	2·55	3·11	3·28	3·47	3	3·52	9·7
22	1·53	2·03	2·14	2·26	2·39	2·53	3·08	3·24	3·42	4·00	4	5·09	13·0
20	2·02	2·13	2·24	2·37	2·50	3·05	3·20	3·37	3·54	4·13	5	6·26	0·16·3
18	2·11	2·22	2·34	2·47	3·01	3·16	3·32	3·49	4·07	4·25	6	7·44	19·5
16	2·20	2·32	2·44	2·57	3·12	3·27	3·43	4·00	4·18	4·37	7	9·01	22·8
14	2·29	2·41	2·54	3·07	3·22	3·38	3·54	4·11	4·29	4·48	8	10·19	26·1
12	2·37	2·49	3·03	3·17	3·32	3·48	4·05	4·22	4·40	4·59	9	11·37	29·5
10	2·45	2·58	3·12	3·26	3·42	3·58	4·15	4·32	4·51	5·10	10	12·55	0·32·8
8	2·53	3·06	3·20	3·35	3·51	4·07	4·25	4·43	5·01	5·20	11	14·13	36·2
6	3·01	3·15	3·29	3·44	4·00	4·17	4·35	4·53	5·11	5·30	12	15·31	39·6
4	3·09	3·23	3·38	3·53	4·10	4·27	4·44	5·03	5·21	5·40	13	16·50	43·1
+2	3·16	3·31	3·46	4·02	4·19	4·36	4·54	5·12	5·31	5·50	14	18·08	46·6
0	3·24	3·39	3·54	4·11	4·28	4·45	5·03	5·22	5·41	6·00	15	19·27	0·50·1
−2	3·32	3·47	4·03	4·20	4·37	4·55	5·13	5·32	5·51	6·10	16	20·46	53·7
4	3·39	3·55	4·11	4·28	4·46	5·04	5·23	5·42	6·01	6·20	17	22·06	57·3
6	3·47	4·03	4·20	4·37	4·55	5·14	5·32	5·51	6·11	6·30	18	23·26	1·01·0
8	3·55	4·11	4·29	4·46	5·05	5·23	5·42	6·02	6·21	6·40	19	24·46	04·8
10	4·03	4·20	4·37	4·55	5·14	5·33	5·52	6·12	6·31	6·50	20	26·07	1·08·6
12	4·11	4·28	4·46	5·05	5·24	5·43	6·02	6·22	6·42	7·01	21	27·28	12·4
14	4·19	4·37	4·55	5·14	5·34	5·53	6·13	6·33	6·52	7·12	22	28·49	16·4
16	4·28	4·46	5·05	5·24	5·44	6·04	6·24	6·44	7·04	7·23	23	30·11	20·4
18	4·37	4·55	5·15	5·34	5·54	6·15	6·35	6·55	7·15	7·35	24	31·34	24·5
20	4·46	5·04	5·25	5·45	6·05	6·26	6·47	7·07	7·27	7·47	25	32·57	1·28·7
22	4·55	5·15	5·35	5·56	6·17	6·38	6·59	7·20	7·40	8·00	26	34·20	33·1
24	5·05	5·26	5·46	6·08	6·29	6·51	7·12	7·33	7·54	8·13	27	35·45	37·5
26	5·16	5·37	5·58	6·20	6·42	7·05	7·26	7·48	8·09	8·28	28	37·10	42·0
28	5·27	5·49	6·11	6·34	6·56	7·19	7·42	8·04	8·24	8·44	29	38·36	46·7
−30	5·39	6·01	6·24	6·48	7·12	7·35	7·58	8·21	8·42	9·02	30	40·03	1·51·5
	117°	114°	111°	108°	105°	102°	99°	96°	93°	90°			

give App. Time A.M. for Azimuth on polar side of Prime Vertical.

AZIMUTH AND HOUR ANGLE FOR LATITUDE AND DECLINATION.

Latitude 40°.

DECLINATION.		AZIMUTH.										
		5°	10°	15°	20°	25°	30°	35°	40°	45°	50°	55°	60°
		m.	m.	h. m.	h. m.	h. m.	h. m.	h. m.	h. m.	h. m.	h. m.	h. m.	h. m.
+	30	4	8	0·12	0·17	0·21	0·26	0·31	0·37	0·44	0·51	0·59	1·09
Like Latitude.	28	5	10	14	19	25	30	37	43	51	59	1·09	1·20
	26	5	11	16	22	28	35	42	49	58	1·07	1·18	1·30
	24	6	12	18	25	32	39	47	55	1·04	1·15	1·26	1·39
	22	7	13	20	27	35	43	51	1·01	1·11	1·22	1·34	1·48
	20	7	14	0·22	0·30	0·38	0·47	0·56	1·06	1·17	1·29	1·42	1·57
	18	8	16	24	32	41	50	1·00	1·11	1·23	1·35	1·49	2·05
	16	8	17	26	35	44	54	1·05	1·16	1·28	1·42	1·57	2·13
	14	9	18	28	37	47	58	1·09	1·21	1·34	1·48	2·04	2·21
	12	10	19	29	39	50	1·01	1·13	1·26	1·39	1·54	2·11	2·29
	10	10	20	0·31	0·42	0·53	1·05	1·17	1·30	1·45	2·00	2·18	2·36
	8	11	22	33	44	56	1·08	1·21	1·35	1·50	2·06	2·24	2·44
	6	11	23	34	46	58	1·12	1·25	1·40	1·55	2·12	2·31	2·51
	4	12	24	36	48	1·01	1·15	1·29	1·44	2·01	2·18	2·37	2·58
+	2	12	25	37	50	1·04	1·18	1·33	1·49	2·06	2·24	2·44	3·05
	0	13	26	0·39	0·53	1·07	1·21	1·37	1·53	2·11	2·30	2·50	3·12
–	2	13	27	41	55	1·09	1·25	1·41	1·58	2·16	2·36	2·57	3·19
	4	14	28	42	57	1·12	1·28	1·45	2·02	2·21	2·41	3·03	3·26
	6	14	29	44	59	1·15	1·31	1·49	2·07	2·26	2·47	3·10	3·34
	8	15	30	46	1·01	1·18	1·35	1·53	2·12	2·32	2·53	3·16	3·41
Unlike Latitude.	10	16	31	0·47	1·04	1·21	1·38	1·57	2·16	2·37	2·59	3·23	3·48
	12	16	32	49	1·06	1·23	1·42	2·01	2·21	2·42	3·05	3·30	3·56
	14	17	34	51	1·08	1·26	1·45	2·05	2·26	2·48	3·11	3·37	4·03
	16	17	35	52	1·11	1·29	1·49	2·09	2·31	2·54	3·18	3·44	4·11
	18	18	36	54	1·13	1·32	1·52	2·14	2·36	2·59	3·24	3·51	4·19
	20	18	37	0·56	1·15	1·35	1·56	2·18	2·41	3·05	3·31	3·58	4·28
	22	19	38	58	1·18	1·39	2·00	2·23	2·46	3·11	3·38	4·06	4·36
	24	20	40	1·00	1·20	1·42	2·04	2·27	2·52	3·18	3·45	4·14	4·45
	26	20	41	1·02	1·23	1·45	2·08	2·32	2·57	3·24	3·53	4·23	4·55
	28	21	42	1·04	1·26	1·49	2·12	2·37	3·03	3·31	4·00	4·32	5·05
–	30	22	44	1·06	1·29	1·52	2·17	2·43	3·10	3·38	4·09	4·41	5·15
				AZIMUT au pôle deprimé *continué*							130°	125°	120°

Quand Lat. et Déc. sont du même nom, les termes au dessous de la ligne noire

AZIMUTH AND HOUR ANGLE FOR LATITUDE AND DECLINATION.

DECLINATION.	LATITUDE 40°. AZIMUTH.									DECLINATION.	A L'HORIZON VRAI.	
	63°	66°	69°	72°	75°	78°	81°	84°	87°	90°		Amp.	Diff. Asc.
°	h. m.	h. m.	h. m.	h. m.	h. m.	h. m.	h. m.	h. m.	h. m.	h. m.	°	° ′	h. m.
+30	1·16	1·23	1·32	1·41	1·52	2·04	2·17	2·31	2·48	3·06	0	0·00	0· 0·0
28	1·27	1·36	1·45	1·55	2·06	2·19	2·33	2·48	3·05	3·23	1	1·18	3·4
26	1·38	1·47	1·57	2·08	2·20	2·33	2·47	3·02	3·19	3·38	2	2·37	6·7
24	1·48	1·58	2·08	2·20	2·32	2·47	3·01	3·16	3·34	3·52	3	3·55	10·1
22	1·58	2·08	2·19	2·31	2·44	2·58	3·13	3·29	3·47	4·05	4	5·13	13·5
20	2·07	2·18	2·29	2·42	2·55	3·10	3·25	3·41	3·59	4·17	5	6·32	0·16·8
18	2·16	2·27	2·39	2·52	3·06	3·21	3·36	3·53	4·11	4·29	6	7·51	20·2
16	2·24	2·36	2·48	3·02	3·16	3·31	3·47	4·04	4·22	4·40	7	9·09	23·7
14	2·33	2·45	2·57	3·11	3·26	3·41	3·58	4·14	4·32	4·51	8	10·28	27·1
12	2·41	2·53	3·06	3·20	3·35	3·51	4·08	4·25	4·43	5·01	9	11·47	30·5
10	2·48	3·01	3·15	3·29	3·45	4·01	4·18	4·35	4·53	5·11	10	13·06	0·34·0
8	2·56	3·10	3·24	3·38	3·54	4·10	4·27	4·44	5·03	5·21	11	14·25	37·5
6	3·04	3·17	3·32	3·47	4·03	4·19	4·37	4·54	5·13	5·31	12	15·45	41·1
4	3·11	3·25	3·40	3·56	4·12	4·29	4·46	5·04	5·22	5·41	13	17·05	44·7
+2	3·19	3·33	3·48	4·04	4·21	4·38	4·55	5·13	5·32	5·50	14	18·25	48·3
0	3·26	3·41	3·57	4·13	4·29	4·47	5·05	5·22	5·41	6·00	15	19·45	0·52·0
−2	3·34	3·49	4·05	4·21	4·38	4·56	5·14	5·32	5·51	6·10	16	21·05	55·7
4	3·41	3·57	4·13	4·30	4·47	5·05	5·23	5·41	6·00	6·19	17	22·26	59·5
6	3·49	4·05	4·21	4·38	4·56	5·14	5·33	5·51	6·10	6·29	18	23·47	1·03·3
8	3·57	4·13	4·30	4·47	5·05	5·23	5·42	6·00	6·20	6·39	19	25·09	07·2
10	4·04	4·21	4·38	4·56	5·14	5·33	5·52	6·10	6·30	6·49	20	26·31	1·11·1
12	4·12	4·29	4·47	5·05	5·24	5·42	6·02	6·20	6·40	6·59	21	27·54	15·1
14	4·20	4·38	4·56	5·14	5·33	5·52	6·12	6·31	6·50	7·09	22	29·17	19·3
16	4·29	4·46	5·05	5·24	5·43	6·03	6·22	6·41	7·01	7·20	23	30·40	23·5
18	4·37	4·55	5·14	5·34	5·53	6·13	6·33	6·52	7·12	7·31	24	32·04	27·7
20	4·46	5·05	5·24	5·44	6·04	6·24	6·44	7·04	7·24	7·43	25	33·29	1·32·1
22	4·55	5·15	5·34	5·54	6·15	6·36	6·56	7·16	7·36	7·55	26	34·54	36·6
24	5·05	5·25	5·45	6·06	6·27	6·48	7·09	7·29	7·49	8·08	27	36·21	41·2
26	5·15	5·35	5·56	6·18	6·39	7·01	7·22	7·42	8·03	8·22	28	37·48	46·0
28	5·25	5·47	6·08	6·30	6·53	7·15	7·36	7·57	8·18	8·37	29	39·16	51·7
−30	5·37	5·59	6·21	6·44	7·07	7·30	7·52	8·14	8·35	8·54	30	40·45	1·55·9
	117°	114°	111°	108°	105°	102°	99°	96°	93°	90°			

donnent l'heure vraie, matin, pour l'Azimut vers le côté polaire du Premier Vertical.

AZIMUTH AND HOUR ANGLE FOR LATITUDE AND DECLINATION.

LATITUDE 41°.

	DECLINATION.	\multicolumn{12}{c}{AZIMUTH.}
		5°	10°	15°	20°	25°	30°	35°	40°	45°	50°	55°	60°
		m.	m.	h. m.	h. m.	h. m.	h. m.	h. m.	h. m.	h. m.	h. m.	h. m.	h. m.
	+ 30	4	9	0·13	0·18	0·23	0·29	0·34	0·41	0·48	0·55	1·05	1·15
	28	5	10	16	21	27	33	40	47	55	1·04	1·14	1·25
	26	6	12	18	24	30	37	45	53	1·01	1·11	1·22	1·35
	24	6	13	20	26	34	41	49	58	1·08	1·19	1·31	1·44
	22	7	14	21	29	37	45	54	1·04	1·14	1·26	1·38	1·53
Like Latitude.	20	8	15	0·23	0·31	0·40	0·49	0·58	1·09	1·20	1·32	1·46	2·01
	18	8	17	25	34	43	53	1·03	1·14	1·26	1·39	1·53	2·09
	16	9	18	27	36	46	56	1·07	1·19	1·31	1·45	2·00	2·17
	14	9	19	28	38	49	1·00	1·11	1·24	1·37	1·51	2·07	2·25
	12	10	20	30	41	52	1·03	1·15	1·28	1·42	1·57	2·14	2·32
	10	10	21	0·32	0·43	0·54	1·07	1·19	1·33	1·48	2·03	2·21	2·40
	8	11	22	33	45	57	1·10	1·23	1·37	1·54	2·09	2·27	2·47
	6	12	23	35	47	1·00	1·13	1·27	1·42	1·58	2·15	2·34	2·54
	4	12	24	37	49	1·03	1·16	1·31	1·46	2·03	2·21	2·40	3·01
	+ 2	13	25	39	52	1·05	1·20	1·35	1·51	2·08	2·26	2·46	3·08
	0	13	26	0·40	0·54	1·08	1·23	1·39	1·55	2·13	2·32	2·53	3·15
	− 2	14	27	41	56	1·11	1·26	1·43	2·00	2·18	2·38	2·59	3·22
	4	14	29	43	58	1·13	1·30	1·46	2·04	2·23	2·43	3·05	3·28
	6	15	30	45	1·00	1·16	1·33	1·50	2·09	2·28	2·49	3·12	3·35
	8	15	31	46	1·02	1·19	1·36	1·54	2·13	2·33	2·55	3·18	3·42
	10	16	32	0·48	1·04	1·22	1·39	1·58	2·18	2·39	3·01	3·24	3·50
Unlike Latitude.	12	16	33	50	1·07	1·24	1·43	2·02	2·22	2·44	3·07	3·31	3·57
	14	17	34	51	1·09	1·27	1·46	2·06	2·27	2·49	3·13	3·38	4·04
	16	17	35	53	1·11	1·30	1·50	2·10	2·32	2·55	3·19	3·45	4·12
	18	18	36	55	1·14	1·33	1·53	2·15	2·37	3·00	3·25	3·52	4·20
	20	19	38	0·57	1·16	1·36	1·57	2·19	2·42	3·06	3·32	3·59	4·28
	22	19	39	58	1·19	1·39	2·01	2·23	2·47	3·12	3·39	4·07	4·36
	24	20	40	1·00	1·21	1·43	2·05	2·28	2·53	3·18	3·46	4·15	4·45
	26	21	41	1·02	1·24	1·46	2·09	2·33	2·58	3·25	3·53	4·23	4·54
	28	21	43	1·04	1·26	1·49	2·13	2·38	3·04	3·31	4·01	4·31	5·04
	− 30	22	44	1·06	1·29	1·53	2·17	2·43	3·10	3·39	4·09	4·41	5·14

AZIMUTH from depressed pole *continued* | 130° | 125° | 120°

When Lat. and Dec. are of the same name, the terms below the black line

AZIMUTH AND HOUR ANGLE FOR LATITUDE AND DECLINATION.

Declination	Latitude 41°. Azimuth.									Declination	At True Horizon.	
	63°	66°	69°	72°	75°	78°	81°	84°	87°	90°		Amp.	Dasc.
°	h. m.	h. m.	h. m.	h. m.	h. m.	h. m.	h. m.	h. m.	h. m.	h. m.	°	° ′	h. m.
+30	1·22	1·30	1·39	1·49	1·59	2·11	2·25	2·40	2·56	3·14	0	0·00	0· 0·0
28	1·33	1·42	1·51	2·02	2·13	2·26	2·40	2·55	3·11	3·29	1	1·20	3·5
26	1·43	1·53	2·03	2·14	2·26	2·39	2·53	3·09	3·26	3·43	2	2·39	7·0
24	1·53	2·03	2·14	2·25	2·38	2·52	3·06	3·22	3·39	3·57	3	3·59	10·4
22	2·03	2·13	2·24	2·36	2·49	3·03	3·18	3·34	3·51	4·09	4	5·18	13·9
20	2·11	2·22	2·34	2·46	3·00	3·14	3·30	3·46	4·03	4·21	5	6·38	17·4
18	2·20	2·31	2·43	2·56	3·10	3·25	3·40	3·57	4·14	4·32	6	7·58	21·0
16	2·28	2·40	2·53	3·06	3·20	3·35	3·51	4·08	4·25	4·43	7	9·18	24·5
14	2·36	2·48	3·01	3·15	3·30	3·45	4·01	4·18	4·35	4·53	8	10·38	28·1
12	2·44	2·57	3·10	3·24	3·39	3·54	4·11	4·28	4·45	5·03	9	11·58	31·7
10	2·52	3·05	3·18	3·33	3·48	4·04	4·20	4·37	4·55	5·13	10	13·18	35·2
8	2·59	3·13	3·27	3·41	3·57	4·13	4·30	4·47	5·05	5·23	11	14·39	38·9
6	3·07	3·20	3·34	3·50	4·05	4·22	4·39	4·56	5·14	5·32	12	15·59	42·6
4	3·14	3·28	3·43	3·58	4·14	4·31	4·48	5·05	5·23	5·42	13	17·20	46·3
+2	3·21	3·36	3·51	4·06	4·23	4·39	4·57	5·15	5·33	5·51	14	18·42	50·1
0	3·29	3·43	3·59	4·15	4·33	4·48	5·06	5·24	5·42	6·00	15	20·03	53·9
−2	3·36	3·51	4·07	4·23	4·40	4·57	5·15	5·33	5·51	6·09	16	21·25	57·7
4	3·43	3·59	4·15	4·31	4·48	5·06	5·24	5·42	6·00	6·18	17	22·48	1·01·7
6	3·51	4·06	4·23	4·39	4·57	5·15	5·33	5·51	6·09	6·28	18	24·10	05·6
8	3·58	4·14	4·31	4·48	5·06	5·24	5·42	6·00	6·19	6·37	19	25·33	09·7
10	4·06	4·22	4·39	4·57	5·14	5·33	5·51	6·10	6·28	6·47	20	26·57	1·13·8
12	4·13	4·30	4·47	5·05	5·23	5·42	6·01	6·19	6·38	6·57	21	28·21	18·0
14	4·21	4·38	4·56	5·14	5·33	5·52	6·10	6·29	6·48	7·07	22	29·46	22·2
16	4·29	4·47	5·05	5·23	5·42	6·01	6·21	6·40	6·59	7·17	23	31·11	26·6
18	4·37	4·55	5·14	5·33	5·52	6·12	6·31	6·50	7·09	7·28	24	33·37	31·1
20	4·46	5·04	5·23	5·43	6·02	6·22	6·42	7·01	7·20	7·39	25	34·03	1·57·7
22	4·55	5·14	5·33	5·53	6·13	6·33	6·53	7·13	7·32	7·51	26	35·31	40·3
24	5·04	5·24	5·44	6·04	6·24	6·45	7·05	7·25	7·45	8·03	27	36·59	45·2
26	5·14	5·34	5·55	6·15	6·36	6·57	7·18	7·38	7·58	8·17	28	38·28	50·1
28	5·24	5·45	6·06	6·28	6·49	7·11	7·32	7·52	8·12	8·31	29	39·58	55·2
−30	5·35	5·57	6·19	6·41	7·03	7·25	7·47	8·08	8·28	8·46	30	41·29	2·00·5
	117°	114°	111°	108°	105°	102°	99°	96°	93°	90°			

give App. Time A M. for Azimuth on polar side of Prime Vertical.

AZIMUTH AND HOUR ANGLE FOR LATITUDE AND DECLINATION.

LATITUDE 42°.

AZIMUTH.

	DECLINATION	5°	10°	15°	20°	25°	30°	35°	40°	45°	50°	55°	60°
	°	m.	m.	h. m.	h. m.	h. m.	h. m.	h. m.	h. m.	h. m.	h. m.	h. m.	h. m.
+	30	5	10	0·15	0·20	0·25	0·31	0·37	0·44	0·52	1·00	1·10	1·21
	28	5	11	17	23	29	35	42	50	58	1·08	1·18	1·31
	26	6	12	19	25	32	39	47	56	1·05	1·15	1·27	1·40
	24	7	14	21	28	35	43	52	1·01	1·11	1·22	1·35	1·49
	22	7	15	22	30	39	47	57	1·06	1·17	1·29	1·43	1·57
Like Latitude.	20	8	16	0·24	0·33	0·42	0·51	1·01	1·12	1·23	1·36	1·50	2·06
	18	9	17	26	35	45	55	1·05	1·17	1·29	1·42	1·57	2·13
	16	9	18	28	37	48	58	1·09	1·21	1·34	1·48	2·04	2·21
	14	10	19	29	40	50	1·02	1·13	1·26	1·40	1·55	2·11	2·28
	12	10	21	31	42	53	1·05	1·17	1·31	1·45	2·00	2·17	2·36
	10	11	22	0·33	0·44	0·56	1·08	1·21	1·35	1·50	2·06	2·24	2·43
	8	11	23	34	46	59	1·12	1·25	1·40	1·55	2·12	2·30	2·50
	6	12	24	36	48	1·01	1·15	1·29	1·44	2·00	2·18	2·36	2·57
	4	12	25	38	51	1·04	1·18	1·33	1·49	2·05	2·23	2·42	3·03
+	2	13	26	39	53	1·07	1·21	1·37	1·53	2·10	2·29	2·49	3·10
	0	13	27	0·41	0·55	1·09	1·24	1·40	1·57	2·15	2·34	2·55	3·17
−	2	14	28	42	57	1·12	1·28	1·44	2·02	2·20	2·40	3·01	3·24
	4	14	29	44	59	1·15	1·31	1·48	2·06	2·25	2·45	3·07	3·30
	6	15	30	45	1·01	1·17	1·34	1·52	2·10	2·30	2·51	3·13	3·37
	8	15	31	47	1·03	1·20	1·37	1·56	2·15	2·35	2·57	3·19	3·44
	10	16	32	0·49	1·05	1·23	1·41	1·59	2·19	2·40	3·02	3·26	3·51
Unlike Latitude.	12	17	33	50	1·08	1·25	1·44	2·03	2·24	2·45	3·08	3·32	3·58
	14	17	34	52	1·10	1·28	1·47	2·07	2·28	2·51	3·14	3·39	4·05
	16	18	35	54	1·12	1·31	1·51	2·11	2·33	2·56	3·20	3·46	4·13
	18	18	37	55	1·14	1·34	1·54	2·16	2·38	3·01	3·26	3·53	4·20
	20	19	38	0·57	1·17	1·37	1·58	2·20	2·43	3·07	3·33	4·00	4·28
	22	19	39	59	1·19	1·40	2·02	2·24	2·48	3·13	3·39	4·07	4·36
	24	20	40	1·01	1·22	1·43	2·06	2·29	2·53	3·19	3·46	4·15	4·45
	26	21	41	1·03	1·24	1·46	2·10	2·34	2·59	3·25	3·53	4·23	4·54
	28	21	43	1·05	1·27	1·50	2·14	2·39	3·04	3·32	4·01	4·31	5·03
−	30	22	44	1·07	1·30	1·53	2·18	2·44	3·10	3·39	4·09	4·40	5·13

AZIMUT au pôle deprimé *continué*   130° 125° 120°

Quand Lat. et Dec. sont du même nom, les termes au dessous de la ligne noire

AZIMUTH AND HOUR ANGLE FOR LATITUDE AND DECLINATION.

DECLINATION.	LATITUDE 42°. AZIMUTH.										DECLINATION.	A L'HORIZON VRAI.	
	63°	66°	69°	72°	75°	78°	81°	84°	87°	90°		Amp.	Diff. Asc.
	h. m.	h. m.	h. m.	h. m.	h. m.	h. m.	h. m.	h. m.	h. m.	h. m.	°	° '	h. m.
+30	1·28	1·36	1·45	1·55	2·07	2·19	2·32	2·47	3·03	3·20	0	0·00	0· 0·0
28	1·39	1·48	1·57	2·08	2·20	2·33	2·46	3·02	3·18	3·35	1	1·21	3·6
26	1·49	1·58	2·09	2·20	2·32	2·45	2·59	3·15	3·32	3·49	2	2·42	7·2
24	1·58	2·08	2·19	2·31	2·42	2·57	3·12	3·27	3·44	4·01	3	4·02	10·8
22	2·07	2·18	2·29	2·41	2·54	3·08	3·23	3·39	3·56	4·13	4	5·23	14·4
20	2·16	2·27	2·39	2·51	3·05	3·19	3·34	3·50	4·07	4·25	5	6·44	18·1
18	2·24	2·36	2·48	3·01	3·14	3·29	3·44	4·01	4·18	4·35	6	8·05	21·7
16	2·32	2·44	2·56	3·10	3·24	3·39	3·55	4·11	4·28	4·46	7	9·26	25·4
14	2·40	2·52	3·05	3·19	3·33	3·48	4·04	4·21	4·38	4·56	8	10·48	29·1
12	2·47	3·00	3·13	3·27	3·42	3·57	4·14	4·30	4·48	5·05	9	12·09	32·8
10	2·55	3·08	3·22	3·36	3·51	4·06	4·23	4·40	4·57	5·15	10	13·31	0·36·5
8	3·02	3·16	3·30	3·44	3·59	4·15	4·32	4·49	5·06	5·24	11	14·53	40·3
6	3·10	3·23	3·37	3·52	4·08	4·24	4·41	4·58	5·15	5·33	12	16·15	44·1
4	3·17	3·31	3·45	4·00	4·16	4·33	4·49	5·07	5·24	5·42	13	17·37	48·0
+2	3·24	3·38	3·53	4·08	4·24	4·41	4·58	5·16	5·33	5·51	14	19·00	51·9
0	3·31	3·45	4·01	4·16	4·33	4·50	5·07	5·24	5·42	6·00	15	20·23	0·55·8
−2	3·38	3·53	4·08	4·24	4·41	4·58	5·15	5·33	5·51	6·09	16	21·46	59·9
4	3·45	4·00	4·16	4·32	4·49	5·06	5·24	5·42	6·00	6·18	17	23·10	1·03·9
6	3·52	4·08	4·24	4·41	4·58	5·15	5·33	5·51	6·09	6·27	18	24·34	08·0
8	3·59	4·15	4·32	4·49	5·06	5·24	5·42	6·00	6·18	6·36	19	25·59	12·2
10	4·07	4·23	4·40	4·57	5·15	5·33	5·51	6·09	6·27	6·45	20	27·24	1·16·5
12	4·14	4·31	4·48	5·05	5·23	5·42	6·00	6·18	6·37	6·55	21	28·50	20·9
14	4·22	4·39	4·56	5·14	5·32	5·51	6·09	6·28	6·46	7·04	22	30·16	25·3
16	4·30	4·47	5·05	5·23	5·41	6·00	6·19	6·38	6·56	7·14	23	31·43	29·9
18	4·38	4·55	5·14	5·32	5·51	6·10	6·29	6·48	7·06	7·25	24	33·11	34·5
20	4·46	5·04	5·23	5·42	6·01	6·20	6·39	6·58	7·17	7·35	25	34·40	1·39·3
22	4·55	5·13	5·32	5·52	6·11	6·31	6·50	7·10	7·28	7·47	26	36·09	44·2
24	5·04	5·23	5·42	6·02	6·23	6·42	7·02	7·21	7·40	7·59	27	37·39	49·2
26	5·13	5·33	5·53	6·13	6·33	6·54	7·14	7·34	7·52	8·11	28	39·11	54·4
28	5·23	5·43	6·04	6·25	6·45	7·07	7·27	7·47	8·06	8·25	29	40·43	59·8
−30	5·34	5·55	6·16	6·37	6·59	7·20	7·41	8·02	8·21	8·40	30	42·17	2·05·3
	117°	114°	111°	108°	105°	102°	99°	96°	93°	90°			

donnent l'heure vraie, matin, pour l'Azimut vers le côté polaire du Premier Vertical.

AZIMUTH AND HOUR ANGLE FOR LATITUDE AND DECLINATION.

LATITUDE 43°.

	Declination	\multicolumn{12}{c}{Azimuth}
		5°	10°	15°	20°	25°	30°	35°	40°	45°	50°	55°	60°
		m.	m.	h. m.	h. m.	h. m.	h. m.	h. m.	h. m.	h. m.	h. m.	h. m.	h. m.
+	30	5	10	0·16	0·21	0·27	0·34	0·40	0·47	0·56	1·04	1·15	1·26
	28	6	12	18	24	31	38	45	53	1·02	1·12	1·23	1·36
	26	7	13	20	27	34	42	50	59	1·09	1·19	1·31	1·45
	24	7	14	22	29	37	46	55	1·04	1·15	1·26	1·39	1·54
	22	8	16	24	32	40	49	59	1·09	1·21	1·33	1·47	2·02
Like Latitude.	20	8	17	0·25	0·34	0·43	0·53	1·03	1·14	1·26	1·39	1·54	2·10
	18	9	18	27	37	46	57	1·08	1·19	1·32	1·46	2·01	2·17
	16	9	19	29	39	49	1·00	1·12	1·24	1·37	1·52	2·07	2·25
	14	10	20	30	41	52	1·03	1·16	1·29	1·43	1·58	2·14	2·32
	12	11	21	32	43	55	1·07	1·20	1·33	1·48	2·03	2·20	2·39
	10	11	22	0·34	0·45	0·57	1·10	1·23	1·38	1·53	2·09	2·27	2·46
	8	12	23	35	47	1·00	1·13	1·27	1·42	1·58	2·15	2·33	2·52
	6	12	24	37	50	1·03	1·17	1·31	1·46	2·03	2·20	2·39	2·59
	4	13	25	38	52	1·05	1·20	1·35	1·51	2·07	2·26	2·45	3·06
+	2	13	26	40	54	1·08	1·23	1·38	1·55	2·12	2·31	2·51	3·12
	0	14	27	0·41	0·56	1·11	1·26	1·42	1·59	2·17	2·36	2·57	3·19
−	2	14	28	43	58	1·13	1·29	1·46	2·03	2·22	2·42	3·03	3·26
	4	15	29	45	1·00	1·16	1·32	1·50	2·08	2·27	2·47	3·09	3·32
	6	15	31	46	1·02	1·18	1·35	1·53	2·12	2·32	2·53	3·15	3·39
	8	16	32	48	1·04	1·21	1·39	1·57	2·16	2·37	2·58	3·21	3·46
	10	16	33	0·49	1·06	1·24	1·42	2·01	2·21	2·42	3·04	3·27	3·52
Unlike Latitude.	12	17	34	51	1·08	1·26	1·45	2·05	2·25	2·46	3·09	3·34	3·59
	14	17	35	52	1·11	1·29	1·48	2·09	2·30	2·52	3·15	3·40	4·06
	16	18	36	54	1·13	1·32	1·52	2·13	2·34	2·57	3·21	3·47	4·13
	18	18	37	56	1·15	1·35	1·55	2·17	2·39	3·03	3·27	3·53	4·21
	20	19	38	0·58	1·17	1·38	1·59	2·21	2·44	3·08	3·33	4·00	4·28
	22	20	39	59	1·20	1·41	2·03	2·25	2·49	3·14	3·40	4·07	4·36
	24	20	40	1·01	1·22	1·44	2·06	2·30	2·54	3·20	3·47	4·15	4·44
	26	21	42	1·03	1·25	1·47	2·10	2·34	2·59	3·26	3·53	4·23	4·53
	28	21	43	1·05	1·27	1·50	2·14	2·39	3·05	3·32	4·01	4·31	5·02
−	30	22	44	1·07	1·30	1·54	2·18	2·44	3·11	3·39	4·08	4·39	5·12

Azimuth from depressed pole *continued*   130° 125° 120°

When Lat. and Dec. are of the same name, the terms below the black line

AZIMUTH AND HOUR ANGLE FOR LATITUDE AND DECLINATION.

DECLINATION.	LATITUDE 43°. AZIMUTH.									DECLINATION.	AT TRUE HORIZON.	
	63°	66°	69°	72°	75°	78°	81°	84°	87°	90°		Amp.	Dasc.
°	h. m.	h. m.	h. m.	h. m.	h. m.	h. m.	h. m.	h. m.	h. m.	h. m.	°	° ′	h. m.
+30	1·34	1·43	1·52	2·02	2·13	2·26	2·39	2·54	3·10	3·27	0	0·00	0· 0·0
28	1·44	1·53	2·03	2·14	2·26	2·39	2·53	3·08	3·24	3·41	1	1·22	3·7
26	1·54	2·04	2·14	2·25	2·38	2·51	3·05	3·20	3·37	3·54	2	2·44	7·5
24	2·03	2·13	2·24	2·36	2·49	3·02	3·17	3·32	3·49	4·06	3	4·06	11·2
22	2·12	2·22	2·34	2·46	2·59	3·13	3·28	3·44	4·00	4·17	4	5·28	15·0
20	2·20	2·31	2·43	2·56	3·09	3·23	3·38	3·54	4·11	4·28	5	6·51	0·18·7
18	2·28	2·40	2·52	3·05	3·19	3·33	3·48	4·04	4·21	4·38	6	8·13	22·5
16	2·36	2·48	3·00	3·14	3·28	3·43	3·58	4·14	4·31	4·48	7	9·36	26·3
14	2·43	2·56	3·09	3·22	3·37	3·52	4·07	4·24	4·41	4·58	8	10·58	30·1
12	2·51	3·03	3·17	3·31	3·45	4·00	4·16	4·33	4·50	5·07	9	12·21	34·0
10	2·58	3·11	3·25	3·39	3·54	4·09	4·25	4·42	4·59	5·16	10	13·44	0·37·9
8	3·05	3·18	3·32	3·47	4·02	4·18	4·34	4·51	5·08	5·25	11	15·07	41·8
6	3·12	3·26	3·40	3·55	4·10	4·26	4·42	4·59	5·17	5·34	12	16·31	45·7
4	3·19	3·33	3·48	4·03	4·18	4·34	4·51	5·08	5·25	5·43	13	17·55	49·7
+2	3·26	3·40	3·55	4·10	4·26	4·43	4·59	5·16	5·34	5·51	14	19·19	53·8
0	3·33	3·47	4·03	4·18	4·34	4·51	5·08	5·25	5·42	6·00	15	20·44	0·57·9
−2	3·40	3·55	4·10	4·26	4·42	4·59	5·16	5·33	5·51	6·09	16	22·08	1·02·0
4	3·47	4·02	4·17	4·34	4·50	5·07	5·24	5·42	6·00	6·17	17	23·34	06·3
6	3·54	4·09	4·25	4·41	4·58	5·15	5·33	5·51	6·08	6·26	18	25·00	10·6
8	4·01	4·16	4·33	4·49	5·06	5·24	5·41	5·59	6·17	6·35	19	26·26	14·9
10	4·08	4·24	4·40	4·57	5·15	5·32	5·50	6·08	6·26	6·44	20	27·53	1·19·4
12	4·15	4·31	4·48	5·06	5·23	5·41	5·59	6·17	6·35	6·53	21	29·20	23·9
14	4·22	4·39	4·56	5·14	5·32	5·50	6·08	6·26	6·44	7·02	22	30·49	28·5
16	4·30	4·47	5·05	5·23	5·41	5·59	6·17	6·36	6·54	7·12	23	32·18	33·3
18	4·38	4·55	5·13	5·31	5·50	6·08	6·27	6·46	7·04	7·22	24	33·47	38·1
20	4·46	5·04	5·22	5·41	5·59	6·18	6·37	6·56	7·14	7·32	25	35·18	1·43·1
22	4·54	5·13	5·31	5·50	6·09	6·28	6·48	7·06	7·25	7·43	26	36·50	48·2
24	5·03	5·22	5·41	6·00	6·20	6·39	6·59	7·18	7·36	7·54	27	38·22	53·5
26	5·12	5·31	5·51	6·11	6·31	6·51	7·10	7·29	7·48	8·06	28	39·56	58·9
28	5·22	5·42	6·02	6·22	6·42	7·03	7·23	7·42	8·01	8·19	29	41·31	2·04·5
−30	5·32	5·52	6·13	6·34	6·55	7·16	7·36	7·56	8·15	8·33	30	43·08	10·3
	117°	114°	111°	108°	105°	102°	99°	96°	93°	90°			

give App. Time A.M. for Azimuth on polar side of Prime Vertical.

AZIMUTH AND HOUR ANGLE FOR LATITUDE AND DECLINATION.

LATITUDE 44°.

DECLINATION.	AZIMUTH.											
		5°	10°	15°	20°	25°	30°	35°	40°	45°	50°	55°	60°
		m.	m.	h. m.	h. m.	h. m.	h. m.	h. m.	h. m.	h. m.	h. m.	h. m.	h. m.
+	30	6	11	0·17	0·23	0·29	0·36	0·43	0·51	0·59	1·09	1·19	1·32
Like Latitude.	28	6	13	19	26	33	40	48	57	1·06	1·16	1·28	1·41
	26	7	14	21	28	36	44	53	1·02	1·12	1·23	1·36	1·50
	24	7	15	23	31	39	48	57	1·07	1·18	1·30	1·43	1·58
	22	8	16	24	33	42	52	1·02	1·12	1·24	1·36	1·51	2·06
	20	9	17	0·26	0·36	0·45	0·55	1·06	1·17	1·29	1·43	1·58	2·14
	18	9	19	28	38	48	59	1·10	1·22	1·35	1·49	2·04	2·21
	16	10	20	30	40	51	1·02	1·14	1·27	1·40	1·55	2·11	2·28
	14	10	21	31	42	54	1·05	1·18	1·31	1·45	2·00	2·17	2·35
	12	11	22	33	44	56	1·08	1·22	1·35	1·50	2·06	2·23	2·42
	10	11	23	0·35	0·46	0·59	1·12	1·25	1·40	1·55	2·12	2·30	2·49
	8	12	24	36	49	1·02	1·15	1·29	1·44	2·00	2·17	2·36	2·55
	6	12	25	38	51	1·04	1·18	1·33	1·48	2·05	2·22	2·42	3·02
	4	13	26	39	53	1·07	1·21	1·36	1·53	2·10	2·28	2·47	3·08
+	2	13	27	41	55	1·09	1·24	1·40	1·57	2·14	2·33	2·53	3·15
	0	14	28	0·42	0·57	1·12	1·27	1·44	2·01	2·19	2·38	2·59	3·21
−	2	14	29	44	59	1·14	1·31	1·47	2·05	2·24	2·44	3·05	3·27
	4	15	30	45	1·01	1·17	1·34	1·51	2·09	2·29	2·49	3·11	3·34
	6	15	31	47	1·03	1·19	1·37	1·55	2·14	2·33	2·54	3·17	3·40
	8	16	32	48	1·05	1·22	1·40	1·58	2·18	2·38	3·00	3·23	3·47
Unlike Latitude.	10	16	33	0·50	1·07	1·25	1·43	2·02	2·22	2·43	3·05	3·29	3·53
	12	17	34	51	1·09	1·27	1·46	2·06	2·26	2·48	3·11	3·35	4·00
	14	17	35	53	1·11	1·30	1·49	2·10	2·31	2·53	3·16	3·41	4·07
	16	18	36	55	1·13	1·33	1·53	2·14	2·35	2·58	3·22	3·47	4·14
	18	19	37	56	1·16	1·36	1·56	2·18	2·40	3·03	3·28	3·54	4·21
	20	19	38	0·58	1·18	1·38	2·00	2·22	2·45	3·09	3·34	4·01	4·28
	22	20	40	1·00	1·20	1·41	2·03	2·26	2·50	3·14	3·40	4·08	4·36
	24	20	41	1·02	1·23	1·44	2·07	2·30	2·55	3·20	3·47	4·15	4·44
	26	21	42	1·03	1·25	1·48	2·11	2·35	3·00	3·26	3·53	4·22	4·53
	28	22	43	1·05	1·28	1·51	2·15	2·39	3·05	3·32	4·01	4·30	5·01
−	30	22	45	1·07	1·30	1·54	2·19	2·44	3·11	3·39	4·08	4·39	5·11
				AZIMUT au pôle deprimé *continué*						130°	125°	120°

Quand Lat. et Dec. sont du même nom, les termes au dessous de la ligne noire

AZIMUTH AND HOUR ANGLE FOR LATITUDE AND DECLINATION.

DECLINATION.	LATITUDE 44°. AZIMUTH.									DECLINATION.	A L'HORIZON VRAI.	
	63°	66°	69°	72°	75°	78°	81°	84°	87°	90°		Amp.	Diff. Asc.
°	h. m.	h. m.	h. m.	h. m.	h. m.	h. m.	h. m.	h. m.	h. m.	h. m.	°	° ′	h. m.
+30	1·40	1·48	1·58	2·09	2·20	2·32	2·46	3·01	3·16	3·33	0	0·00	0· 0·0
28	1·50	1·59	2·09	2·20	2·32	2·45	2·59	3·14	3·30	3·46	1	1·23	3·9
26	1·59	2·09	2·19	2·31	2·43	2·56	3·11	3·26	3·42	3·59	2	2·47	7·7
24	2·08	2·18	2·29	2·41	2·54	3·07	3·22	3·37	3·53	4·10	3	4·10	11·6
22	2·16	2·27	2·38	2·51	3·04	3·18	3·32	3·48	4·04	4·21	4	5·34	15·5
20	2·24	2·35	2·47	3·00	3·13	3·27	3·42	3·58	4·14	4·31	5	6·58	0·19·4
18	2·32	2·44	2·56	3·09	3·22	3·37	3·52	4·08	4·24	4·41	6	8·21	23·3
16	2·40	2·51	3·04	3·17	3·31	3·46	4·01	4·17	4·34	4·51	7	9·45	27·2
14	2·47	2·59	3·12	3·26	3·40	3·55	4·10	4·26	4·43	5·00	8	11·09	31·2
12	2·54	3·07	3·20	3·34	3·48	4·03	4·19	4·35	4·52	5·09	9	12·34	35·2
10	3·01	3·14	3·28	3·42	3·56	4·12	4·28	4·44	5·01	5·18	10	13·58	0·39·2
8	3·08	3·21	3·35	3·49	4·04	4·20	4·36	4·52	5·09	5·26	11	15·23	43·3
6	3·15	3·28	3·42	3·57	4·12	4·28	4·44	5·01	5·18	5·35	12	16·48	47·4
4	3·22	3·35	3·50	4·05	4·20	4·36	4·52	5·09	5·26	5·43	13	18·13	51·5
+2	3·28	3·42	3·57	4·12	4·28	4·44	5·01	5·17	5·34	5·52	14	19·39	55·7
0	3·35	3·49	4·04	4·20	4·36	4·52	5·09	5·26	5·43	6·00	15	21·05	1·00·0
−2	3·42	3·56	4·12	4·27	4·43	5·00	5·17	5·34	5·51	6·08	16	22·32	04·3
4	3·48	4·03	4·19	4·35	4·51	5·08	5·25	5·42	5·59	6·17	17	23·59	08·7
6	3·55	4·10	4·26	4·42	4·59	5·16	5·33	5·50	6·08	6·25	18	25·26	13·1
8	4·02	4·18	4·34	4·50	5·07	5·24	5·41	5·59	6·16	6·34	19	26·55	17·7
10	4·09	4·25	4·41	4·58	5·15	5·32	5·50	6·07	6·25	6·42	20	28·23	1·22·3
12	4·16	4·32	4·49	5·06	5·23	5·41	5·58	6·16	6·33	6·51	21	29·53	27·0
14	4·23	4·40	4·57	5·14	5·31	5·49	6·07	6·25	6·42	7·00	22	31·23	31·9
16	4·30	4·47	5·05	5·22	5·40	5·58	6·16	6·34	6·52	7·09	23	32·54	36·8
18	4·38	4·55	5·13	5·31	5·49	6·07	6·25	6·43	7·01	7·19	24	34·26	41·9
20	4·46	5·03	5·21	5·40	5·58	6·16	6·35	6·53	7·11	7·29	25	35·59	1·47·1
22	4·54	5·12	5·30	5·49	6·08	6·26	6·45	7·03	7·21	7·39	26	37·33	52·4
24	5·02	5·21	5·40	5·58	6·18	6·37	6·55	7·14	7·32	7·50	27	39·08	57·9
26	5·11	5·30	5·49	6·09	6·28	6·48	7·07	7·25	7·44	8·01	28	40·44	2·03·6
28	5·20	5·40	6·00	6·19	6·39	6·59	7·18	7·38	7·56	8·14	29	42·22	09·5
−30	5·30	5·50	6·11	6·31	6·51	7·12	7·31	7·51	8·09	8·27	30	44·02	2·15·5
	117°	114°	111°	108°	105°	102°	99°	96°	93°	90°			

donnent l'heure vraie, matin, pour l'Azimut vers le côté polaire du Premier Vertical.

AZIMUTH AND HOUR ANGLE FOR LATITUDE AND DECLINATION.

LATITUDE 45°.

	DECLINATION.	AZIMUTH.										
		5°	10°	15°	20°	25°	30°	35°	40°	45°	50°	55°	60°
		m.	m.	h. m.	h. m	h. m.	h. m.	h. m.	h. m.	h. m.	h. m.	h. m.	h. m.
+	30	6	12	0·18	0·25	0·31	0·38	0·46	0·54	1·03	1·13	1·24	1·37
	28	7	13	20	27	35	42	51	1·00	1·10	1·20	1·32	1·46
	26	7	15	22	30	38	46	56	1·05	1·16	1·27	1·40	1·54
	24	8	16	24	32	41	50	1·00	1·10	1·21	1·34	1·47	2·02
	22	8	17	26	35	44	54	1·04	1·15	1·27	1·40	1·54	2·10
Like Latitude.	20	9	18	0·27	0·37	0·47	0·57	1·08	1·20	1·33	1·46	2·01	2·18
	18	10	19	29	39	50	1·01	1·12	1·25	1·38	1·52	2·08	2·25
	16	10	20	31	41	52	1·04	1·16	1·29	1·43	1·58	2·14	2·32
	14	11	21	32	43	55	1·07	1·20	1·33	1·48	2·03	2·20	2·39
	12	11	22	34	46	58	1·10	1·24	1·38	1·53	2·09	2·26	2·45
	10	12	23	0·35	0·48	1·00	1·14	1·27	1·42	1·58	2·14	2·32	2·52
	8	12	24	37	50	1·03	1·17	1·31	1·46	2·02	2·20	2·38	2·58
	6	13	25	38	52	1·05	1·20	1·35	1·50	2·07	2·25	2·44	3·04
	4	13	26	40	54	1·08	1·23	1·38	1·55	2·12	2·30	2·50	3·11
+	2	14	27	41	56	1·10	1·26	1·42	1·59	2·16	2·35	2·55	3·17
	0	14	28	0·43	0·58	1·13	1·29	1·45	2·03	2·21	2·40	3·01	3·23
−	2	15	29	44	1·00	1·16	1·32	1·49	2·07	2·26	2·46	3·07	3·29
	4	15	30	46	1·02	1·18	1·35	1·52	2·11	2·30	2·51	3·13	3·35
	6	16	31	47	1·04	1·21	1·38	1·56	2·15	2·35	2·56	3·18	3·42
	8	16	32	49	1·06	1·23	1·41	2·00	2·19	2·40	3·01	3·24	3·48
	10	17	33	0·50	1·08	1·26	1·44	2·03	2·23	2·44	3·07	3·30	3·54
Unlike Latitude.	12	17	34	52	1·10	1·28	1·47	2·07	2·28	2·49	3·12	3·36	4·01
	14	18	35	54	1·12	1·31	1·50	2·11	2·32	2·54	3·17	3·42	4·08
	16	18	37	55	1·14	1·34	1·54	2·15	2·36	2·59	3·23	3·48	4·14
	18	19	38	57	1·16	1·36	1·57	2·19	2·41	3·04	3·29	3·55	4·21
	20	19	39	0·58	1·19	1·39	2·00	2·23	2·46	3·10	3·35	4·01	4·29
	22	20	40	1·00	1·21	1·42	2·04	2·27	2·50	3·15	3·41	4·08	4·36
	24	20	41	1·02	1·23	1·45	2·08	2·31	2·55	3·21	3·47	4·15	4·44
	26	21	42	1·04	1·26	1·48	2·11	2·35	3·00	3·26	3·54	4·22	4·52
	28	22	44	1·06	1·28	1·51	2·15	2·40	3·06	3·33	4·01	4·30	5·00
−	30	22	45	1·08	1·31	1·55	2·19	2·45	3·11	3·39	4·08	4·38	5·09

AZIMUTH from depressed pole *continued* | 135° | 130° | 125° | 120°

When Lat. and Dec. are of the same name, the terms below the black line

AZIMUTH AND HOUR ANGLE FOR LATITUDE AND DECLINATION.

DECLINATION	LATITUDE 45°. AZIMUTH.									DECLINATION	AT TRUE HORIZON.	
°	63°	66°	69°	72°	75°	78°	81°	84°	87°	90°	°	Amp.	Dasc.
	h. m.	h. m.	h. m.	h. m.	h. m.	h. m.	h. m.	h. m.	h. m.	h. m.		° ′	h. m.
+30	1·45	1·55	2·04	2·15	2·26	2·39	2·52	3·07	3·22	3·39	0	0·00	0· 0·0
28	1·55	2·04	2·15	2·26	2·38	2·51	3·04	3·19	3·35	3·52	1	1·25	4·0
26	2·04	2·14	2·24	2·36	2·48	3·02	3·16	3·31	3·47	4·03	2	2·50	8·0
24	2·12	2·23	2·34	2·46	2·59	3·12	3·26	3·42	3·58	4·14	3	4·15	12·0
22	2·20	2·31	2·43	2·55	3·08	3·22	3·37	3·52	4·08	4·25	4	5·40	16·0
20	2·28	2·39	2·51	3·04	3·17	3·31	3·46	4·02	4·18	4·35	5	7·05	0·20·1
18	2·36	2·47	3·00	3·13	3·26	3·41	3·56	4·11	4·27	4·44	6	8·30	24·1
16	2·43	2·55	3·08	3·21	3·35	3·49	4·05	4·20	4·37	4·53	7	9·55	28·2
14	2·50	3·02	3·15	3·29	3·43	3·58	4·13	4·29	4·45	5·02	8	11·21	32·3
12	2·57	3·10	3·23	3·37	3·51	4·06	4·22	4·38	4·54	5·11	9	12·47	36·4
10	3·04	3·17	3·30	3·44	3·59	4·14	4·30	4·46	5·03	5·19	10	14·13	0·40·6
8	3·11	3·24	3·38	3·52	4·07	4·22	4·38	4·54	5·11	5·28	11	15·39	44·8
6	3·17	3·31	3·45	3·59	4·14	4·30	4·46	5·02	5·19	5·36	12	17·06	49·1
4	3·24	3·38	3·52	4·07	4·22	4·38	4·54	5·10	5·27	5·44	13	18·33	53·4
+2	3·30	3·44	3·59	4·14	4·30	4·45	5·02	5·18	5·35	5·52	14	20·00	57·8
0	3·37	3·51	4·06	4·21	4·37	4·53	5·09	5·26	5·43	6·00	15	21·28	1·02·2
−2	3·43	3·58	4·13	4·29	4·44	5·01	5·17	5·34	5·51	6·08	16	22·57	06·7
4	3·50	4·05	4·20	4·36	4·52	5·08	5·25	5·42	5·59	6·16	17	24·25	11·2
6	3·56	4·12	4·27	4·43	5·00	5·16	5·33	5·50	6·07	6·24	18	25·55	15·8
8	4·03	4·19	4·34	4·51	5·07	5·24	5·41	5·58	6·15	6·32	19	27·25	20·6
10	4·10	4·26	4·42	4·58	5·15	5·32	5·49	6·06	6·24	6·41	20	28·56	1·25·4
12	4·17	4·33	4·49	5·06	5·23	5·40	5·57	6·15	6·32	6·49	21	30·27	30·3
14	4·24	4·40	4·57	5·14	5·31	5·48	6·06	6·23	6·41	6·58	22	31·59	35·3
16	4·31	4·47	5·04	5·22	5·39	5·57	6·14	6·32	6·50	7·07	23	33·33	40·5
18	4·38	4·55	5·12	5·30	5·48	6·06	6·23	6·41	6·59	7·16	24	35·01	45·8
20	4·46	5·03	5·21	5·39	5·57	6·15	6·33	6·51	7·08	7·25	25	36·42	1·51·2
22	4·53	5·11	5·29	5·47	6·06	6·24	6·42	7·00	7·18	7·35	26	38·19	56·8
24	5·02	5·20	5·38	5·57	6·15	6·34	6·53	7·11	7·28	7·46	27	39·57	2·02·5
26	5·10	5·29	5·48	6·07	6·26	6·44	7·03	7·22	7·39	7·57	28	41·29	08·5
28	5·19	5·38	5·57	6·17	6·36	6·56	7·15	7·33	7·51	8·08	29	43·17	14·7
−30	5·29	5·48	6·08	6·28	6·48	7·07	7·27	7·45	8·04	8·21	30	45·00	2·21·1
	117°	114°	111°	108°	105°	102°	99°	96°	93°	90°			

give App. Time A.M. for Azimuth on polar side of Prime Vertical.

AZIMUTH AND HOUR ANGLE FOR LATITUDE AND DECLINATION.

LATITUDE 46°.

	DECLINATION.	AZIMUTH.										
		5°	10°	15°	20°	25°	30°	35°	40°	45°	50°	55°	60°
		m.	m.	h. m.	h. m.	h. m.	h. m.	h. m.	h. m.	h. m.	h. m.	h. m.	h. m.
	+ 30	6	13	0·19	0·26	0·33	0·41	0·49	0·57	1·07	1·18	1·29	1·42
	28	7	14	21	29	37	45	54	1·03	1·13	1·25	1·37	1·51
	26	8	15	23	31	40	49	58	1·08	1·19	1·31	1·44	1·59
	24	8	17	25	34	43	52	1·02	1·13	1·25	1·38	1·51	2·07
	22	9	18	27	36	46	56	1·07	1·18	1·30	1·44	1·58	2·14
Like Latitude.	20	9	19	0·28	0·38	0·49	0·59	1·11	1·23	1·36	1·50	2·05	2·21
	18	10	20	30	40	51	1·03	1·14	1·27	1·41	1·56	2·11	2·28
	16	10	21	32	43	54	1·06	1·18	1·32	1·46	2·01	2·17	2·35
	14	11	22	33	45	57	1·09	1·22	1·36	1·51	2·07	2·23	2·42
	12	11	23	35	47	59	1·12	1·26	1·40	1·55	2·12	2·29	2·48
	10	12	24	0·36	0·49	1·02	1·15	1·29	1·44	2·00	2·17	2·35	2·54
	8	12	25	38	51	1·04	1·18	1·33	1·48	2·05	2·22	2·41	3·01
	6	13	26	39	53	1·07	1·21	1·36	1·52	2·09	2·28	2·46	3·08
	4	13	27	41	55	1·09	1·24	1·40	1·56	2·14	2·33	2·52	3·13
	+ 2	14	28	42	57	1·12	1·27	1·43	2·00	2·18	2·38	2·58	3·19
	0	14	29	0·44	0·59	1·14	1·30	1·47	2·04	2·23	2·43	3·03	3·25
	− 2	15	30	45	1·01	1·17	1·33	1·50	2·08	2·27	2·48	3·09	3·31
	4	15	31	47	1·03	1·19	1·36	1·54	2·12	2·32	2·53	3·14	3·37
	6	16	32	48	1·05	1·22	1·39	1·57	2·16	2·37	2·58	3·20	3·42
	8	16	33	50	1·07	1·24	1·42	2·01	2·21	2·41	3·03	3·25	3·49
	10	17	34	0·51	1·09	1·27	1·45	2·05	2·25	2·46	3·08	3·31	3·56
Unlike Latitude.	12	17	35	53	1·11	1·29	1·48	2·08	2·29	2·50	3·13	3·37	4·02
	14	18	36	54	1·13	1·32	1·51	2·12	2·33	2·55	3·19	3·43	4·08
	16	18	37	56	1·15	1·34	1·55	2·16	2·37	3·00	3·24	3·49	4·15
	18	19	38	57	1·17	1·37	1·58	2·19	2·42	3·05	3·30	3·55	4·22
	20	19	39	0·59	1·19	1·40	2·01	2·23	2·46	3·10	3·36	4·01	4·29
	22	20	40	1·01	1·21	1·43	2·04	2·27	2·51	3·16	3·42	4·08	4·36
	24	21	41	1·02	1·24	1·46	2·08	2·32	2·56	3·21	3·48	4·15	4·43
	26	21	43	1·04	1·26	1·49	2·12	2·36	3·01	3·27	3·54	4·22	4·51
	28	22	44	1·06	1·29	1·52	2·16	2·40	3·06	3·33	4·01	4·29	4·59
	− 30	23	45	1·08	1·31	1·55	2·20	2·45	3·11	3·39	4·08	4·37	5·08
		AZIMUT au pôle deprimé *continué*								135°	130°	125°	120°

Quand Lat. et Dec. sont du même nom, les termes au dessous de la ligne noire

AZIMUTH AND HOUR ANGLE FOR LATITUDE AND DECLINATION.

DECLINATION.	LATITUDE 46°. AZIMUTH.									DECLINATION.	A L'HORIZON VRAI.	
	63°	66°	69°	72°	75°	78°	81°	84°	87°	90°		Amp.	Diff. Asc.
	h. m.	h. m.	h. m.	h. m.	h. m.	h. m.	h. m.	h. m.	h. m.	h. m.	°	° ′	h. m.
+30	1·51	2·00	2·10	2·21	2·32	2·45	2·58	3·13	3·28	3·44	0	0·00	0· 0·0
28	2·00	2·09	2·20	2·31	2·43	2·56	3·10	3·25	3·40	3·56	1	1·26	4·1
26	2·08	2·19	2·29	2·41	2·54	3·07	3·21	3·36	3·51	4·08	2	2·53	8·3
24	2·16	2·27	2·38	2·50	3·03	3·17	3·31	3·46	4·02	4·18	3	4·19	12·4
22	2·25	2·35	2·47	3·00	3·12	3·27	3·41	3·56	4·12	4·28	4	5·46	16·6
20	2·32	2·43	2·55	3·08	3·21	3·36	3·50	4·05	4·21	4·38	5	7·12	0·20·8
18	2·39	2·51	3·03	3·16	3·30	3·44	3·59	4·14	4·30	4·47	6	8·39	25·0
16	2·47	2·58	3·11	3·24	3·38	3·53	4·08	4·23	4·39	4·56	7	10·06	29·2
14	2·53	3·06	3·19	3·32	3·46	4·01	4·16	4·32	4·48	5·04	8	11·33	33·5
12	3·00	3·13	3·26	3·40	3·54	4·09	4·24	4·40	4·56	5·13	9	13·01	37·8
10	3·07	3·20	3·33	3·47	4·02	4·17	4·32	4·48	5·04	5·21	10	14·29	0·42·1
8	3·13	3·26	3·40	3·54	4·09	4·25	4·40	4·56	5·12	5·29	11	15·57	46·4
6	3·20	3·33	3·47	4·02	4·16	4·32	4·48	5·04	5·20	5·37	12	17·25	50·9
4	3·26	3·40	3·54	4·09	4·24	4·40	4·55	5·11	5·28	5·45	13	18·54	55·3
+2	3·32	3·46	4·01	4·16	4·31	4·47	5·03	5·19	5·36	5·52	14	20·23	59·9
0	3·39	3·53	4·08	4·23	4·38	4·55	5·10	5·27	5·43	6·00	15	21·53	1·04·4
−2	3·45	4·00	4·14	4·30	4·46	5·02	5·18	5·34	5·51	6·08	16	23·23	09·1
4	3·51	4·06	4·21	4·37	4·53	5·09	5·25	5·42	5·59	6·15	17	24·53	13·8
6	3·58	4·13	4·28	4·44	5·00	5·17	5·33	5·50	6·07	6·23	18	26·25	18·6
8	4·04	4·19	4·35	4·51	5·08	5·24	5·41	5·58	6·14	6·31	19	27·57	23·6
10	4·11	4·26	4·42	4·58	5·15	5·32	5·49	6·06	6·22	6·39	20	29·30	1·28·6
12	4·17	4·33	4·49	5·06	5·23	5·40	5·57	6·14	6·30	6·47	21	31·03	33·7
14	4·24	4·40	4·57	5·13	5·30	5·48	6·05	6·22	6·39	6·56	22	32·38	38·9
16	4·31	4·47	5·04	5·21	5·38	5·56	6·13	6·30	6·47	7·04	23	34·14	44·3
18	4·38	4·55	5·12	5·29	5·47	6·05	6·22	6·39	6·56	7·13	24	35·50	49·8
20	4·45	5·03	5·20	5·37	5·55	6·13	6·31	6·48	7·05	7·22	25	37·28	1·55·5
22	4·53	5·10	5·28	5·46	6·04	6·22	6·40	6·58	7·15	7·32	26	39·08	2·01·3
24	5·01	5·19	5·37	5·55	6·13	6·32	6·50	7·07	7·25	7·42	27	40·49	07·3
26	5·09	5·27	5·45	6·04	6·23	6·42	7·00	7·18	7·35	7·52	28	42·31	13·6
28	5·18	5·37	5·55	6·14	6·33	6·52	7·11	7·29	7·47	8·04	29	44·16	20·1
−30	5·27	5·46	6·06	6·25	6·44	7·04	7·22	7·41	7·58	8·16	30	46·02	2·26·9
	117°	114°	111°	108°	105°	102°	99°	96°	93°	90°			

donnent l'heure vraie, matin, pour l'Azimut vers le côté polaire du Premier Vertical.

AZIMUTH AND HOUR ANGLE FOR LATITUDE AND DECLINATION.

LATITUDE 47°.

DECLINATION.		AZIMUTH.										
		5°	10°	15°	20°	25°	30°	35°	40°	45°	50°	55°	60°
		m.	m.	h. m.	h. m.	h. m.	h. m.	h. m.	h. m.	h. m.	h. m.	h. m.	h. m.
+	30	7	14	0·21	0·28	0·35	0·43	0·52	1·01	1·11	1·21	1·33	1·47
Like Latitude.	28	7	15	22	30	38	47	56	1·06	1·17	1·28	1·41	1·55
	26	8	16	24	33	42	51	1·01	1·11	1·22	1·35	1·48	2·03
	24	9	17	26	35	45	54	1·05	1·16	1·28	1·41	1·55	2·11
	22	9	18	28	37	47	58	1·09	1·21	1·33	1·47	2·02	2·18
	20	10	19	0·29	0·40	0·50	1·01	1·13	1·25	1·38	1·53	2·08	2·25
	18	10	21	31	42	53	1·04	1·17	1·30	1·44	1·58	2·14	2·32
	16	11	22	33	44	56	1·08	1·20	1·34	1·48	2·04	2·20	2·38
	14	11	23	34	46	58	1·11	1·24	1·38	1·53	2·09	2·26	2·45
	12	12	24	36	48	1·01	1·14	1·28	1·42	1·58	2·14	2·32	2·51
	10	12	25	0·37	0·50	1·03	1·17	1·31	1·46	2·02	2·19	2·38	2·57
	8	13	26	38	52	1·06	1·20	1·35	1·50	2·07	2·25	2·43	3·03
	6	13	27	40	54	1·08	1·23	1·38	1·54	2·11	2·30	2·49	3·09
	4	14	27	41	56	1·11	1·26	1·42	1·58	2·16	2·34	2·54	3·15
+	2	14	28	43	58	1·13	1·29	1·45	2·02	2·20	2·39	3·00	3·21
	0	15	29	0·44	1·00	1·15	1·32	1·48	2·06	2·25	2·44	3·05	3·27
−	2	15	30	46	1·02	1·18	1·34	1·52	2·10	2·29	2·49	3·10	3·33
	4	16	31	47	1·03	1·20	1·37	1·55	2·14	2·34	2·54	3·16	3·39
	6	16	32	49	1·06	1·23	1·40	1·59	2·18	2·38	2·59	3·21	3·44
	8	17	33	50	1·07	1·25	1·43	2·02	2·22	2·42	3·04	3·27	3·50
	10	17	34	0·52	1·09	1·27	1·46	2·06	2·26	2·47	3·09	3·32	3·57
Unlike Latitude.	12	18	35	53	1·11	1·30	1·49	2·09	2·30	2·52	3·14	3·38	4·03
	14	18	36	55	1·13	1·33	1·52	2·13	2·34	2·56	3·19	3·44	4·09
	16	19	37	56	1·15	1·35	1·55	2·16	2·38	3·01	3·25	3·50	4·15
	18	19	38	58	1·18	1·38	1·59	2·20	2·43	3·06	3·30	3·56	4·22
	20	20	39	0·59	1·20	1·40	2·02	2·24	2·47	3·11	3·36	4·02	4·29
	22	20	40	1·01	1·22	1·43	2·05	2·28	2·52	3·16	3·42	4·08	4·36
	24	21	42	1·03	1·24	1·46	2·09	2·32	2·56	3·21	3·48	4·15	4·43
	26	21	43	1·04	1·26	1·49	2·12	2·36	3·01	3·27	3·54	4·22	4·51
	28	22	44	1·06	1·29	1·52	2·16	2·41	3·06	3·33	4·00	4·29	4·58
−	30	23	45	1·08	1·31	1·55	2·20	2·45	3·12	3·39	4·07	4·37	5·07

AZIMUTH from depressed pole *continued* | 135° | 130° | 125° | 120°

When Lat. and Dec. are of the same name, the terms below the black line

AZIMUTH AND HOUR ANGLE FOR LATITUDE AND DECLINATION.

DECLINATION.	LATITUDE 47°. AZIMUTH.									DECLINATION.	AT TRUE HORIZON.	
	63°	66°	69°	72°	75°	78°	81°	84°	87°	90°		Amp.	Dasc.
°	h. m.	h. m.	h. m.	h. m.	h. m.	h. m.	h. m.	h. m.	h. m.	h. m.	°	° ′	h. m.
+30	1·56	2·05	2·15	2·26	2·38	2·51	3·04	3·18	3·34	3·50	0	0·00	0· 0·0
28	2·05	2·14	2·25	2·36	2·49	3·01	3·15	3·30	3·45	4·01	1	1·28	4·3
26	2·13	2·23	2·34	2·46	2·58	3·12	3·26	3·40	3·56	4·12	2	2·56	8·6
24	2·21	2·32	2·43	2·55	3·08	3·21	3·35	3·50	4·06	4·22	3	4·24	12·9
22	2·29	2·40	2·51	3·04	3·17	3·30	3·45	4·00	4·15	4·31	4	5·52	17·2
20	2·36	2·47	2·59	3·12	3·25	3·39	3·54	4·09	4·24	4·41	5	7·21	0·21·5
18	2·43	2·55	3·07	3·20	3·33	3·48	4·02	4·17	4·33	4·49	6	8·49	25·9
16	2·50	3·02	3·14	3·28	3·41	3·56	4·10	4·26	4·42	4·58	7	10·18	30·3
14	2·57	3·09	3·22	3·35	3·49	4·04	4·18	4·34	4·50	5·06	8	11·46	34·7
12	3·03	3·16	3·29	3·42	3·57	4·11	4·26	4·42	4·58	5·14	9	13·16	39·1
10	3·10	3·22	3·36	3·49	4·04	4·19	4·34	4·50	5·06	5·22	10	14·45	0·43·6
8	3·16	3·29	3·43	3·57	4·11	4·26	4·42	4·57	5·14	5·30	11	16·15	48·1
6	3·22	3·35	3·49	4·04	4·18	4·34	4·49	5·05	5·21	5·37	12	17·45	52·7
4	3·28	3·42	3·56	4·11	4·25	4·41	4·56	5·12	5·29	5·45	13	19·16	57·3
+2	3·34	3·48	4·03	4·17	4·33	4·48	5·04	5·20	5·36	5·53	14	20·47	1·02·0
0	3·41	3·55	4·09	4·24	4·40	4·55	5·11	5·27	5·44	6·00	15	22·18	1·06·8
−2	3·47	4·01	4·16	4·31	4·47	5·02	5·18	5·35	5·51	6·07	16	23·47	11·6
4	3·53	4·07	4·22	4·38	4·54	5·10	5·26	5·42	5·59	6·15	17	25·23	16·6
6	3·59	4·14	4·29	4·45	5·01	5·17	5·33	5·50	6·06	6·23	18	26·57	21·6
8	4·05	4·20	4·36	4·52	5·08	5·24	5·40	5·57	6·14	6·30	19	28·31	26·7
10	4·12	4·27	4·43	4·59	5·15	5·32	5·48	6·05	6·21	6·38	20	30·06	1·31·9
12	4·18	4·34	4·50	5·06	5·22	5·39	5·56	6·13	6·29	6·46	21	31·42	37·2
14	4·25	4·40	4·57	5·13	5·30	5·47	6·04	6·21	6·37	6·54	22	33·19	42·7
16	4·31	4·47	5·04	5·21	5·38	5·55	6·12	6·29	6·45	7·02	23	34·57	48·3
18	4·38	4·55	5·11	5·28	5·46	6·03	6·20	6·37	6·54	7·11	24	36·37	54·1
20	4·45	5·02	5·19	5·36	5·54	6·11	6·29	6·46	7·03	7·19	25	38·18	2·00·0
22	4·53	5·10	5·27	5·45	6·02	6·20	6·37	6·55	7·12	7·29	26	40·00	06·1
24	5·00	5·18	5·36	5·53	6·11	6·29	6·47	7·04	7·21	7·38	27	41·44	12·5
26	5·08	5·26	5·44	6·02	6·21	6·39	6·57	7·14	7·32	7·48	28	43·30	19·1
28	5·17	5·35	5·53	6·12	6·30	6·49	7·07	7·25	7·42	7·59	29	45·18	25·9
−30	5·25	5·44	6·03	6·22	6·41	7·00	7·18	7·36	7·54	8·10	30	47·09	2·33·0
	117°	114°	111°	108°	105°	102°	99°	96°	93°	90°			

give App. Time A.M. for Azimuth on polar side of Prime Vertical.

AZIMUTH AND HOUR ANGLE FOR LATITUDE AND DECLINATION.

	DECLINATION	\multicolumn{11}{c}{LATITUDE 48°. AZIMUTH.}

	DECLINATION	5°	10°	15°	20°	25°	30°	35°	40°	45°	50°	55°	60°
		m.	m.	h. m.	h. m.	h. m.	h. m.	h. m.	h. m.	h. m.	h. m.	h. m.	h. m.
+	30	7	14	0·22	0·29	0·37	0·46	0·54	1·04	1·14	1·25	1·38	1·52
	28	8	16	24	32	40	49	59	1·09	1·20	1·32	1·45	2·00
	26	8	17	25	34	43	53	1·03	1·14	1·26	1·38	1·52	2·07
	24	9	18	27	37	46	57	1·07	1·19	1·31	1·44	1·59	2·15
	22	9	19	29	39	49	1·00	1·11	1·24	1·35	1·50	2·05	2·22
Like Latitude.	20	10	20	0·30	0·41	0·52	1·03	1·15	1·28	1·41	1·56	2·12	2·29
	18	11	21	32	43	54	1·06	1·19	1·32	1·46	2·01	2·18	2·35
	16	11	22	33	45	57	1·10	1·23	1·37	1·51	2·07	2·23	2·42
	14	12	23	35	47	1·00	1·13	1·26	1·41	1·56	2·12	2·29	2·48
	12	12	24	37	49	1·02	1·16	1·30	1·45	2·00	2·17	2·35	2·54
	10	13	25	0·38	0·51	1·05	1·19	1·33	1·48	2·05	2·22	2·40	3·00
	8	13	26	39	53	1·07	1·21	1·37	1·52	2·09	2·27	2·46	3·06
	6	13	27	41	55	1·09	1·24	1·40	1·56	2·14	2·32	2·51	3·11
	4	14	28	42	57	1·12	1·27	1·43	2·00	2·18	2·37	2·56	3·17
+	2	14	29	44	59	1·14	1·30	1·47	2·04	2·22	2·41	3·02	3·23
	0	15	30	0·45	1·01	1·16	1·33	1·50	2·08	2·26	2·46	3·07	3·29
−	2	15	31	46	1·02	1·19	1·36	1·53	2·12	2·31	2·51	3·12	3·34
	4	16	32	48	1·04	1·21	1·39	1·57	2·15	2·35	2·56	3·17	3·40
	6	16	33	49	1·06	1·24	1·41	2·00	2·19	2·39	3·01	3·23	3·46
	8	17	34	51	1·08	1·26	1·44	2·03	2·23	2·44	3·05	3·28	3·52
	10	17	35	0·52	1·10	1·28	1·47	2·07	2·27	2·48	3·10	3·33	3·57
Unlike Latitude.	12	18	36	53	1·12	1·31	1·50	2·10	2·31	2·53	3·15	3·39	4·03
	14	18	37	55	1·14	1·33	1·53	2·14	2·35	2·57	3·20	3·44	4·09
	16	19	37	57	1·16	1·36	1·56	2·17	2·39	3·02	3·26	3·50	4·16
	18	19	39	58	1·18	1·38	1·59	2·21	2·43	3·07	3·31	3·56	4·22
	20	20	40	1·00	1·20	1·41	2·03	2·25	2·48	3·12	3·36	4·02	4·29
	22	20	41	1·01	1·22	1·44	2·06	2·29	2·52	3·18	3·42	4·08	4·35
	24	21	42	1·03	1·25	1·47	2·09	2·33	2·56	3·22	3·48	4·15	4·42
	26	21	43	1·05	1·27	1·50	2·13	2·37	3·01	3·27	3·54	4·21	4·50
	28	22	44	1·07	1·29	1·53	2·16	2·41	3·06	3·33	4·00	4·28	4·57
−	30	23	45	1·08	1·32	1·56	2·20	2·45	3·11	3·39	4·07	4·36	5·06

AZIMUT au pôle deprimé *continué*   135° 130° 125° 120°

Quand Lat. et Dec. sont du même nom, les termes au dessous de la ligne noire

AZIMUTH AND HOUR ANGLE FOR LATITUDE AND DECLINATION.

DECLINATION.	LATITUDE 48°. AZIMUTH.									DECLINATION.	A L'HORIZON VRAI.	
	63°	66°	69°	72°	75°	78°	81°	84°	87°	90°		Amp.	Diff. Asc.
°	h. m.	h. m.	h. m.	h. m.	h. m.	h. m.	h. m.	h. m.	h. m.	h. m.	°	° '	h. m.
+30	2·01	2·10	2·21	2·32	2·43	2·56	3·10	3·24	3·39	3·55	0	0·00	0· 0·0
28	2·09	2·19	2·30	2·41	2·53	3·07	3·20	3·35	3·50	4·06	1	1·30	4·4
26	2·17	2·28	2·39	2·51	3·03	3·16	3·30	3·45	4·00	4·16	2	2·59	8·9
24	2·25	2·36	2·47	2·59	3·12	3·25	3·40	3·54	4·10	4·25	3	4·29	13·3
22	2·32	2·44	2·55	3·08	3·20	3·34	3·48	4·03	4·19	4·35	4	5·59	17·8
20	2·40	2·51	3·03	3·16	3·28	3·43	3·57	4·12	4·28	4·43	5	7·29	0·22·3
18	2·46	2·58	3·10	3·23	3·36	3·51	4·05	4·20	4·36	4·52	6	8·59	26·7
16	2·53	3·05	3·18	3·31	3·44	3·59	4·13	4·29	4·44	5·00	7	10·30	31·4
14	3·00	3·12	3·25	3·38	3·51	4·06	4·21	4·36	4·52	5·08	8	12·00	35·9
12	3·06	3·18	3·32	3·45	3·59	4·14	4·29	4·44	5·00	5·16	9	13·31	40·5
10	3·12	3·25	3·38	3·52	4·06	4·21	4·36	4·52	5·07	5·23	10	15·02	0·45·2
8	3·18	3·31	3·45	3·59	4·13	4·28	4·43	4·59	5·15	5·31	11	16·34	49·9
6	3·24	3·38	3·51	4·06	4·20	4·35	4·51	5·06	5·22	5·38	12	18·06	54·6
4	3·30	3·44	3·58	4·12	4·27	4·42	4·58	5·14	5·29	5·46	13	19·39	59·4
+2	3·36	3·50	4·04	4·19	4·33	4·49	5·05	5·21	5·37	5·53	14	21·12	1·04·3
0	3·42	3·56	4·11	4·26	4·40	4·56	5·12	5·28	5·44	6·00	15	22·45	0·09·3
-2	3·48	4·02	4·17	4·32	4·47	5·03	5·19	5·35	5·51	6·07	16	24·20	14·3
4	3·54	4·09	4·24	4·39	4·54	5·10	5·26	5·42	5·58	6·14	17	25·55	19·4
6	4·00	4·15	4·30	4·45	5·01	5·17	5·33	5·49	6·06	6·22	18	27·30	24·6
8	4·06	4·21	4·37	4·52	5·08	5·24	5·40	5·57	6·13	6·29	19	29·07	29·9
10	4·12	4·28	4·43	4·59	5·15	5·31	5·48	6·04	6·20	6·37	20	30·44	1·35·4
12	4·19	4·34	4·50	5·06	5·22	5·39	5·55	6·11	6·28	6·44	21	32·23	40·9
14	4·25	4·41	4·57	5·13	5·29	5·46	6·03	6·19	6·36	6·52	22	34·03	46·6
16	4·31	4·47	5·04	5·20	5·36	5·54	6·10	6·27	6·44	7·00	23	35·44	52·5
18	4·38	4·54	5·11	5·28	5·44	6·01	6·18	6·35	6·52	7·08	24	37·26	58·5
20	4·45	5·02	5·18	5·35	5·52	6·10	6·27	6·44	7·00	7·17	25	39·10	2·04·8
22	4·52	5·09	5·26	5·43	6·00	6·18	6·35	6·52	7·09	7·25	26	40·56	11·2
24	4·59	5·17	5·34	5·52	6·09	6·27	6·44	7·01	7·18	7·35	27	42·43	17·9
26	5·07	5·25	5·43	6·00	6·18	6·36	6·54	7·11	7·28	7·44	28	44·33	24·8
28	5·15	5·33	5·51	6·10	6·27	6·46	7·04	7·21	7·38	7·54	29	46·26	32·0
-30	5·24	5·42	6·01	6·19	6·37	6·56	7·14	7·32	7·49	8·05	30	48·21	2·39·5
	117°	114°	111°	108°	105°	102°	99°	96°	93°	90°			

donnent l'heure vraie, matin, pour l'Azimut vers le côté polaire du Premier Vertical.

AZIMUTH AND HOUR ANGLE FOR LATITUDE AND DECLINATION.

	DECLINATION	\multicolumn{11}{c}{LATITUDE 49°.}

| | DECLINATION | \multicolumn{11}{c}{AZIMUTH.} |

		5°	10°	15°	20°	25°	30°	35°	40°	45°	50°	55°	60°
		m.	m.	h. m.	h. m.	h. m.	h. m.	h. m.	h. m.	h. m.	h. m.	h. m.	h. m.
+	30	8	15	0·23	0·31	0·39	0·48	0·57	1·07	1·18	1·29	1·42	1·56
Like Latitude.	28	8	16	25	33	42	52	1·02	1·12	1·24	1·36	1·49	2·04
	26	9	17	26	36	45	55	1·06	1·17	1·29	1·42	1·56	2·12
	24	9	19	28	38	48	59	1·10	1·22	1·34	1·48	2·03	2·19
	22	10	20	30	40	51	1·02	1·14	1·26	1·39	1·54	2·09	2·26
	20	10	21	0·31	0·42	0·53	1·05	1·17	1·30	1·44	1·59	2·15	2·32
	18	11	22	33	44	56	1·08	1·21	1·35	1·49	2·04	2·21	2·39
	16	11	23	34	46	59	1·11	1·25	1·39	1·54	2·09	2·26	2·45
	14	12	24	36	48	1·01	1·14	1·28	1·43	1·58	2·15	2·32	2·51
	12	12	25	37	50	1·03	1·17	1·32	1·47	2·03	2·19	2·37	2·57
	10	13	26	0·39	0·52	1·06	1·20	1·35	1·51	2·07	2·24	2·43	3·02
	8	13	27	40	54	1·08	1·23	1·38	1·54	2·11	2·29	2·48	3·08
	6	14	28	42	56	1·11	1·26	1·42	1·58	2·16	2·34	2·53	3·14
	4	14	28	43	58	1·13	1·29	1·45	2·02	2·20	2·39	2·58	3·19
+	2	15	29	44	1·00	1·15	1·31	1·48	2·06	2·24	2·43	3·03	3·25
	0	15	30	0·46	1·01	1·18	1·34	1·51	2·09	2·28	2·48	3·09	3·30
−	2	16	31	47	1·03	1·20	1·37	1·55	2·13	2·32	2·53	3·14	3·36
	4	16	32	48	1·05	1·22	1·40	1·58	2·17	2·37	2·57	3·19	3·41
	6	16	33	50	1·07	1·25	1·43	2·01	2·21	2·41	3·02	3·24	3·47
	8	17	34	51	1·09	1·27	1·45	2·05	2·24	2·45	3·07	3·29	3·53
	10	17	35	0·53	1·11	1·29	1·48	2·08	2·28	2·49	3·11	3·34	3·58
Unlike Latitude.	12	18	36	54	1·13	1·32	1·51	2·11	2·32	2·54	3·16	3·40	4·04
	14	18	37	56	1·15	1·34	1·54	2·15	2·36	2·58	3·21	3·45	4·10
	16	19	38	57	1·17	1·37	1·57	2·18	2·40	3·03	3·26	3·51	4·16
	18	19	39	59	1·19	1·39	2·00	2·22	2·44	3·07	3·31	3·56	4·22
	20	20	40	1·00	1·21	1·42	2·03	2·25	2·48	3·12	3·37	4·02	4·29
	22	20	41	1·02	1·23	1·44	2·06	2·29	2·53	3·17	3·42	4·08	4·35
	24	21	42	1·03	1·25	1·47	2·10	2·33	2·57	3·22	3·48	4·15	4·42
	26	22	43	1·05	1·27	1·50	2·13	2·37	3·02	3·27	3·54	4·21	4·49
	28	22	44	1·07	1·30	1·53	2·17	2·41	3·07	3·33	4·00	4·28	4·56
−	30	23	46	1·09	1·32	1·56	2·20	2·46	3·12	3·39	4·06	4·35	5·04

AZIMUTH from depressed pole *continued*   140° 135° 130° 125° 120°

When Lat. and Dec. are of the same name, the terms below the black line

AZIMUTH AND HOUR ANGLE FOR LATITUDE AND DECLINATION.

DECLINATION.	LATITUDE 49°. AZIMUTH.									DECLINATION.	AT TRUE HORIZON.	
	63°	66°	69°	72°	75°	78°	81°	84°	87°	90°		Amp.	Dasc.
°	h. m.	h. m.	h. m.	h. m.	h. m.	h. m.	h. m.	h. m.	h. m.	h. m.	°	° '	h. m.
+30	2·06	2·15	2·26	2·37	2·49	3·02	3·15	3·29	3·44	4·00	0	0·00	0· 0·0
28	2·14	2·24	2·35	2·46	2·59	3·11	3·25	3·39	3·54	4·10	1	1·31	4·6
26	2·22	2·32	2·43	2·55	3·08	3·21	3·35	3·49	4·04	4·20	2	3·03	9·2
24	2·29	2·40	2·51	3·04	3·16	3·30	3·44	3·58	4·13	4·29	3	4·35	13·8
22	2·36	2·47	2·59	3·12	3·25	3·38	3·52	4·07	4·22	4·38	4	6·06	18·5
20	2·43	2·55	3·07	3·19	3·32	3·46	4·00	4·15	4·31	4·46	5	7·38	0·23·1
18	2·50	3·02	3·14	3·27	3·40	3·54	4·08	4·23	4·39	4·54	6	9·10	27·7
16	2·56	3·08	3·21	3·34	3·47	4·02	4·16	4·31	4·47	5·02	7	10·42	32·5
14	3·03	3·15	3·28	3·41	3·55	4·09	4·24	4·39	4·54	5·10	8	12·15	37·2
12	3·09	3·21	3·34	3·48	4·02	4·16	4·31	4·46	5·02	5·17	9	13·48	42·0
10	3·15	3·28	3·41	3·54	4·09	4·23	4·38	4·53	5·09	5·25	10	15·21	0·46·8
8	3·21	3·34	3·47	4·01	4·15	4·30	4·45	5·00	5·16	5·32	11	16·55	51·7
6	3·27	3·40	3·53	4·08	4·22	4·37	4·52	5·08	5·23	5·39	12	18·29	56·6
4	3·32	3·46	4·00	4·14	4·29	4·44	4·59	5·14	5·30	5·46	13	19·03	1·01·6
+2	3·38	3·52	4·06	4·20	4·35	4·50	5·06	5·21	5·37	5·53	14	21·38	06·7
0	3·44	3·58	4·12	4·27	4·42	4·57	5·13	5·28	5·44	6·00	15	23·14	1·11·8
−2	3·50	4·04	4·18	4·33	4·48	5·04	5·19	5·35	5·51	6·07	16	24·51	17·0
4	3·55	4·10	4·25	4·40	4·55	5·11	5·26	5·42	5·58	6·14	17	26·28	22·4
6	4·01	4·16	4·31	4·46	5·02	5·17	5·33	5·49	6·05	6·21	18	28·06	27·8
8	4·07	4·22	4·37	4·53	5·08	5·24	5·40	5·56	6·12	6·28	19	29·45	33·3
10	4·13	4·28	4·44	4·59	5·15	5·31	5·47	6·03	6·19	6·35	20	31·25	1·39·0
12	4·19	4·34	4·50	5·06	5·22	5·38	5·54	6·10	6·27	6·43	21	33·07	44·8
14	4·25	4·41	4·57	5·13	5·29	5·45	6·02	6·18	6·34	6·50	22	34·49	50·8
16	4·32	4·47	5·04	5·20	5·36	5·53	6·09	6·25	6·42	6·58	23	36·33	56·9
18	4·38	4·54	5·10	5·27	5·44	6·00	6·17	6·33	6·50	7·06	24	38·19	2·03·2
20	4·45	5·01	5·18	5·34	5·51	6·08	6·25	6·41	6·58	7·14	25	40·06	2·09·8
22	4·52	5·08	5·25	5·42	5·59	6·16	6·33	6·50	7·06	7·22	26	41·56	16·5
24	4·59	5·16	5·33	5·50	6·07	6·25	6·42	6·58	7·15	7·31	27	43·47	23·5
26	5·06	5·24	5·41	5·59	6·16	6·33	6·51	7·08	7·24	7·40	28	45·42	30·8
28	5·14	5·32	5·49	6·08	6·25	6·43	7·00	7·17	7·34	7·50	29	47·39	38·5
−30	5·22	5·40	5·58	6·17	6·35	6·53	7·10	7·28	7·44	8·00	30	49·39	2·46·5
	117°	114°	111°	108°	105°	102°	99°	96°	93°	90°			

give App. Time A.M. for Azimuth on polar side of Prime Vertical.

AZIMUTH AND HOUR ANGLE FOR LATITUDE AND DECLINATION.

DECLINATION.		LATITUDE 50°.										
		AZIMUTH.										
		5°	10°	15°	20°	25°	30°	35°	40°	45°	50°	55°	60°
	°	m.	m.	h. m.	h. m.	h. m.	h. m.	h. m.	h. m.	h. m.	h. m.	h. m.	h. m.
+	30	8	16	0·24	0·32	0·41	0·50	1·00	1·10	1·21	1·33	1·46	2·01
	28	8	17	26	35	44	54	1·04	1·15	1·27	1·40	1·53	2·08
	26	9	18	28	37	47	57	1·08	1·20	1·32	1·46	2·00	2·16
	24	10	19	29	39	50	1·01	1·12	1·24	1·37	1·51	2·06	2·23
	22	10	20	31	41	52	1·04	1·16	1·29	1·42	1·57	2·12	2·29
Like Latitude.	20	11	21	0·32	0·43	0·55	1·07	1·20	1·33	1·47	2·02	2·18	2·36
	18	11	22	34	45	58	1·10	1·23	1·37	1·52	2·07	2·24	2·42
	16	12	23	35	47	1·00	1·13	1·27	1·41	1·56	2·12	2·29	2·48
	14	12	24	37	49	1·03	1·16	1·30	1·45	2·01	2·17	2·35	2·54
	12	13	25	38	51	1·05	1·19	1·33	1·49	2·05	2·22	2·40	2·59
	10	13	26	0·40	0·53	1·07	1·22	1·37	1·53	2·09	2·27	2·45	3·05
	8	14	27	41	55	1·09	1·24	1·40	1·56	2·13	2·31	2·50	3·10
	6	14	28	42	57	1·12	1·27	1·43	2·00	2·18	2·36	2·55	3·16
	4	14	29	44	59	1·14	1·30	1·46	2·04	2·22	2·41	3·00	3·21
+	2	15	30	45	1·01	1·16	1·33	1·50	2·07	2·26	2·45	3·05	3·27
	0	15	31	0·46	1·02	1·19	1·35	1·53	2·11	2·30	2·50	3·10	3·32
−	2	16	32	48	1·04	1·21	1·38	1·56	2·15	2·34	2·54	3·15	3·37
	4	16	33	49	1·06	1·23	1·41	1·59	2·18	2·38	2·59	3·20	3·43
	6	17	33	50	1·08	1·25	1·44	2·02	2·22	2·42	3·03	3·25	3·48
	8	17	34	52	1·10	1·28	1·46	2·06	2·26	2·46	3·08	3·30	3·54
	10	18	35	0·53	1·11	1·30	1·49	2·09	2·29	2·50	3·12	3·35	3·59
Unlike Latitude.	12	18	36	54	1·13	1·32	1·52	2·12	2·33	2·55	3·17	3·41	4·05
	14	19	37	56	1·15	1·34	1·55	2·16	2·37	2·59	3·22	3·46	4·10
	16	19	38	57	1·17	1·37	1·58	2·19	2·41	3·03	3·27	3·51	4·16
	18	20	39	59	1·19	1·40	2·01	2·22	2·45	3·08	3·32	3·57	4·22
	20	20	40	1·00	1·21	1·42	2·04	2·26	2·49	3·13	3·37	4·02	4·28
	22	21	41	1·02	1·23	1·45	2·07	2·30	2·53	3·17	3·42	4·08	4·35
	24	21	42	1·04	1·25	1·48	2·10	2·34	2·58	3·22	3·48	4·14	4·41
	26	22	43	1·05	1·28	1·50	2·14	2·37	3·02	3·27	3·54	4·21	4·48
	28	22	44	1·07	1·30	1·53	2·17	2·42	3·07	3·33	4·00	4·27	4·55
−	30	23	46	1·09	1·32	1·56	2·21	2·46	3·12	3·38	4·06	4·34	5·03
		AZIMUT au pôle deprimé *continué*							140°	135°	130°	125°	120°

Quand Lat. et Dec. sont du même nom, les termes au dessous de la ligne noire

AZIMUTH AND HOUR ANGLE FOR LATITUDE AND DECLINATION.

DECLINATION.	LATITUDE 50°. AZIMUTH.										DECLINATION.	A L'HORIZON VRAI.	
	63°	66°	69°	72°	75°	78°	81°	84°	87°	90°		Amp.	Diff. Asc.
°	h. m.	h. m.	h. m.	h. m.	h. m.	h. m.	h. m.	h. m.	h. m.	h. m.	°	° ′	h. m.
+30	2·10	2·20	2·31	2·42	2·54	3·07	3·20	3·34	3·49	4·04	0	0·00	0· 0·0
28	2·18	2·29	2·40	2·51	3·03	3·16	3·30	3·44	3·59	4·14	1	1·33	4·8
26	2·26	2·36	2·48	3·00	3·12	3·25	3·39	3·53	4·08	4·23	2	3·07	9·5
24	2·33	2·44	2·55	3·08	3·20	3·34	3·47	4·02	4·17	4·32	3	4·40	14·3
22	2·40	2·51	3·03	3·15	3·28	3·42	3·56	4·10	4·25	4·41	4	6·14	19·1
20	2·47	2·58	3·10	3·23	3·36	3·50	4·04	4·18	4·33	4·49	5	7·48	0·23·9
18	2·53	3·05	3·17	3·30	3·43	3·57	4·11	4·26	4·41	4·57	6	9·22	28·8
16	2·59	3·11	3·24	3·37	3·50	4·04	4·18	4·34	4·49	5·04	7	10·56	33·7
14	3·05	3·18	3·30	3·44	3·57	4·11	4·26	4·41	4·56	5·12	8	12·30	38·6
12	3·11	3·24	3·37	3·50	4·04	4·18	4·33	4·48	5·03	5·19	9	14·05	43·5
10	3·17	3·30	3·43	3·57	4·11	4·25	4·40	4·55	5·10	5·26	10	15·40	0·48·5
8	3·23	3·36	3·49	4·03	4·17	4·32	4·47	5·02	5·17	5·33	11	17·16	53·6
6	3·29	3·42	3·55	4·09	4·24	4·38	4·53	5·09	5·24	5·40	12	18·52	58·8
4	3·34	3·48	4·02	4·16	4·30	4·45	5·00	5·15	5·31	5·47	13	20·29	1·03·9
+2	3·40	3·54	4·08	4·22	4·37	4·51	5·07	5·22	5·38	5·53	14	22·07	09·1
0	3·45	3·59	4·14	4·28	4·43	4·58	5·13	5·29	5·44	6·00	15	23·45	1·14·5
−2	3·51	4·05	4·20	4·34	4·49	5·04	5·20	5·35	5·51	6·07	16	25·24	19·9
4	3·57	4·11	4·26	4·40	4·56	5·11	5·26	5·42	5·58	6·13	17	27·03	25·5
6	4·02	4·17	4·32	4·47	5·02	5·17	5·33	5·49	6·05	6·20	18	28·44	31·1
8	4·08	4·23	4·38	4·53	5·08	5·24	5·40	5·56	6·11	6·27	19	30·26	36·9
10	4·14	4·29	4·44	4·59	5·15	5·31	5·47	6·02	6·18	6·34	20	32·09	1·42·8
12	4·20	4·35	4·50	5·06	5·22	5·38	5·54	6·09	6·25	6·41	21	33·53	48·9
14	4·26	4·41	4·57	5·12	5·28	5·44	6·01	6·17	6·33	6·48	22	35·39	55·1
16	4·32	4·47	5·03	5·19	5·35	5·52	6·08	6·24	6·40	6·56	23	37·26	2·01·6
18	4·38	4·54	5·10	5·26	5·43	5·59	6·15	6·31	6·47	7·03	24	39·15	08·2
20	4·44	5·01	5·17	5·33	5·50	6·06	6·23	6·39	6·55	7·11	25	41·06	2·15·0
22	4·51	5·08	5·24	5·41	5·58	6·14	6·31	6·47	7·03	7·19	26	43·00	22·2
24	4·58	5·15	5·32	5·49	6·05	6·22	6·39	6·56	7·12	7·28	27	44·56	29·6
26	5·05	5·22	5·39	5·57	6·14	6·31	6·48	7·04	7·21	7·37	28	46·55	37·3
28	5·13	5·30	5·48	6·05	6·22	6·40	6·58	7·14	7·30	7·46	29	48·57	45·4
−30	5·21	5·38	5·56	6·14	6·32	6·49	7·07	7·23	7·40	7·56	30	51·04	2·53·9
	117°	114°	111°	108°	105°	102°	99°	96°	93°	90°			

donnent l'heure vraie, matin, pour l'Azimut vers le côté polaire du Premier Vertical.

AZIMUTH AND HOUR ANGLE FOR LATITUDE AND DECLINATION.

	DECLINATION	LATITUDE 51°. AZIMUTH.										
		5°	10°	15°	20°	25°	30°	35°	40°	45°	50°	55°	60°
		m.	m.	h. m.	h. m.	h. m.	h. m.	h. m.	h. m.	h. m.	h. m.	h. m.	h. m.
	+ 30°	8	17	0·25	0·34	0·43	0·53	1·03	1·13	1·25	1·37	1·51	2·08
	28	9	18	27	36	46	56	1·07	1·18	1·30	1·43	1·57	2·13
	26	9	19	29	38	49	59	1·11	1·23	1·35	1·49	2·04	2·20
	24	10	20	30	41	51	1·03	1·15	1·27	1·40	1·54	2·10	2·26
	22	10	21	32	43	54	1·06	1·18	1·31	1·45	2·00	2·16	2·33
Like Latitude.	20	11	22	0·33	0·45	0·57	1·09	1·22	1·35	1·50	2·05	2·21	2·39
	18	11	23	35	47	59	1·12	1·25	1·39	1·54	2·10	2·27	2·45
	16	12	24	36	49	1·02	1·15	1·29	1·43	1·59	2·15	2·32	2·51
	14	12	25	38	51	1·04	1·18	1·32	1·47	2·03	2·20	2·37	2·56
	12	13	26	39	52	1·06	1·20	1·35	1·51	2·07	2·24	2·43	3·02
	10	13	27	0·40	0·54	1·09	1·23	1·39	1·55	2·11	2·29	2·48	3·07
	8	14	28	42	56	1·11	1·26	1·42	1·58	2·15	2·33	2·53	3·13
	6	14	29	43	58	1·13	1·29	1·45	2·02	2·19	2·38	2·57	3·18
	4	15	29	44	1·00	1·15	1·31	1·48	2·05	2·23	2·42	3·02	3·23
	+ 2	15	30	46	1·01	1·17	1·34	1·51	2·09	2·27	2·47	3·07	3·28
	0	16	31	0·47	1·03	1·20	1·37	1·54	2·12	2·31	2·51	3·12	3·34
	− 2	16	32	48	1·05	1·22	1·39	1·57	2·16	2·35	2·56	3·17	3·39
	4	16	33	50	1·07	1·24	1·42	2·00	2·20	2·39	3·00	3·22	3·44
	6	17	34	51	1·08	1·26	1·45	2·04	2·23	2·43	3·04	3·26	3·49
	8	17	35	52	1·10	1·29	1·47	2·07	2·27	2·47	3·09	3·31	3·55
	10	18	36	0·54	1·12	1·31	1·50	2·10	2·30	2·52	3·13	3·36	4·00
Unlike Latitude.	12	18	37	55	1·14	1·33	1·53	2·13	2·34	2·56	3·18	3·41	4·05
	14	19	37	56	1·16	1·35	1·56	2·16	2·38	3·00	3·23	3·46	4·11
	16	19	38	58	1·18	1·38	1·58	2·20	2·42	3·04	3·28	3·52	4·17
	18	20	39	59	1·20	1·40	2·01	2·23	2·46	3·09	3·32	3·57	4·22
	20	20	40	1·01	1·22	1·43	2·04	2·27	2·50	3·13	3·37	4·03	4·28
	22	21	41	1·02	1·24	1·45	2·07	2·30	2·54	3·18	3·43	4·08	4·34
	24	21	42	1·04	1·26	1·48	2·11	2·34	2·58	3·23	3·48	4·14	4·41
	26	22	44	1·06	1·28	1·51	2·14	2·38	3·02	3·28	3·53	4·20	4·47
	28	22	45	1·07	1·30	1·53	2·17	2·42	3·07	3·33	3·59	4·27	4·54
	− 30	23	46	1·09	1·32	1·56	2·21	2·46	3·12	3·38	4·05	4·33	5·00
	AZIMUTH from depressed pole *continued*						140°	135°	130°	125°	120°

When Lat. and Dec. are of the same name, the terms below the black line

AZIMUTH AND HOUR ANGLE FOR LATITUDE AND DECLINATION.

DECLINATION.	LATITUDE 51°. AZIMUTH.									DECLINATION.	AT TRUE HORIZON.	
	63°	66°	69°	72°	75°	78°	81°	84°	87°	90°		Amp.	Desc.
°	h. m.	h. m.	h. m.	h. m.	h. m.	h. m.	h. m.	h. m.	h. m.	h. m.	°	° ′	h. m.
+30	2·15	2·25	2·36	2·47	2·59	3·12	3·25	3·39	3·54	4·09	0	0·00	0· 0·0
28	2·23	2·33	2·44	2·56	3·08	3·21	3·34	3·49	4·03	4·18	1	1·35	4·9
26	2·30	2·41	2·52	3·04	3·16	3·29	3·43	3·58	4·12	4·27	2	3·11	9·9
24	2·37	2·48	2·59	3·12	3·24	3·37	3·51	4·06	4·21	4·35	3	4·46	14·8
22	2·43	2·55	3·07	3·19	3·32	3·45	3·59	4·14	4·29	4·44	4	6·22	19·8
20	2·50	3·01	3·14	3·26	3·39	3·53	4·07	4·22	4·36	4·51	5	7·58	0·24·8
18	2·56	3·08	3·20	3·33	3·46	4·00	4·14	4·29	4·44	4·59	6	9·34	29·8
16	3·02	3·14	3·27	3·40	3·53	4·07	4·21	4·37	4·51	5·06	7	11·10	34·9
14	3·08	3·20	3·33	3·46	4·00	4·14	4·28	4·44	4·58	5·13	8	12·47	40·0
12	3·14	3·26	3·39	3·53	4·06	4·21	4·35	4·50	5·05	5·20	9	14·24	45·1
10	3·20	3·32	3·45	3·59	4·13	4·27	4·42	4·57	5·12	5·27	10	16·01	0·50·3
8	3·25	3·38	3·51	4·05	4·19	4·34	4·48	5·04	5·19	5·34	11	17·39	55·6
6	3·31	3·44	3·57	4·11	4·25	4·40	4·55	5·10	5·25	5·41	12	19·17	1·00·9
4	3·36	3·49	4·03	4·17	4·32	4·46	5·01	5·17	5·32	5·47	13	20·57	06·3
+2	3·42	3·55	4·09	4·23	4·38	4·53	5·08	5·23	5·38	5·54	14	22·36	11·7
0	3·47	4·01	4·15	4·29	4·44	4·59	5·14	5·30	5·45	6·00	15	24·17	1·17·3
-2	3·52	4·06	4·21	4·35	4·50	5·05	5·20	5·36	5·51	6·06	16	25·59	23·0
4	3·58	4·12	4·26	4·41	4·56	5·11	5·27	5·43	5·58	6·13	17	27·41	28·7
6	4·03	4·18	4·32	4·47	5·02	5·18	5·33	5·49	6·04	6·19	18	29·25	34·6
8	4·09	4·23	4·38	4·53	5·09	5·24	5·40	5·56	6·11	6·26	19	31·09	40·7
10	4·14	4·29	4·44	5·00	5·15	5·30	5·46	6·02	6·18	6·33	20	32·55	1·46·8
12	4·20	4·35	4·50	5·06	5·21	5·37	5·53	6·09	6·24	6·40	21	34·43	53·2
14	4·26	4·41	4·57	5·12	5·28	5·44	6·00	6·16	6·31	6·47	22	36·32	59·7
16	4·32	4·47	5·03	5·19	5·35	5·51	6·07	6·23	6·38	6·54	23	38·23	2·06·5
18	4·38	4·54	5·09	5·25	5·42	5·58	6·14	6·30	6·46	7·01	24	40·16	13·4
20	4·44	5·00	5·16	5·32	5·49	6·05	6·21	6·38	6·53	7·09	25	42·11	2·20·6
22	4·51	5·07	5·23	5·40	5·56	6·12	6·29	6·45	7·01	7·16	26	44·09	28·1
24	4·57	5·14	5·30	5·47	6·04	6·20	6·37	6·54	7·09	7·25	27	46·10	36·0
26	5·04	5·21	5·38	5·55	6·12	6·28	6·45	7·02	7·18	7·33	28	48·15	44·2
28	5·11	5·29	5·46	6·03	6·20	6·37	6·54	7·11	7·27	7·42	29	50·23	52·8
-30	5·19	5·36	5·54	6·12	6·29	6·46	7·03	7·20	7·36	7·51	30	52·37	3·01·9
	117°	114°	111°	108°	105°	102°	99°	96°	93°	90°			

give App. Time A.M. for Azimuth on polar side of Prime Vertical.

AZIMUTH AND HOUR ANGLE FOR LATITUDE AND DECLINATION.

	DECLINATION	\multicolumn{11}{c}{LATITUDE 52°.}

| | DECLINATION | \multicolumn{11}{c}{AZIMUTH.} |

	DECLINATION	5°	10°	15°	20°	25°	30°	35°	40°	45°	50°	55°	60°
	°	m.	m.	h. m.	h. m.	h. m.	h. m.	h. m.	h. m.	h. m.	h. m.	h. m.	h. m.
+	30	9	17	0·26	0·35	0·45	0·55	1·05	1·16	1·28	1·41	1·55	2·10
	28	9	19	28	38	48	58	1·09	1·21	1·33	1·47	2·01	2·17
	26	10	20	30	40	50	1·02	1·13	1·25	1·38	1·52	2·07	2·23
	24	10	21	31	42	53	1·05	1·17	1·30	1·43	1·58	2·13	2·30
	22	11	22	33	44	56	1·08	1·20	1·34	1·48	2·03	2·19	2·36
Like Latitude.	20	11	23	0·34	0·46	0·58	1·11	1·24	1·38	1·52	2·08	2·24	2·42
	18	12	24	36	48	1·01	1·14	1·27	1·42	1·57	2·13	2·30	2·48
	16	12	25	37	50	1·03	1·17	1·31	1·46	2·01	2·18	2·35	2·53
	14	13	25	38	52	1·05	1·19	1·34	1·49	2·05	2·22	2·40	2·59
	12	13	26	40	54	1·08	1·22	1·37	1·53	2·09	2·27	2·45	3·04
	10	14	27	0·41	0·55	1·10	1·25	1·40	1·56	2·13	2·31	2·50	3·10
	8	14	28	42	57	1·12	1·27	1·43	2·00	2·17	2·36	2·55	3·15
	6	14	29	44	59	1·14	1·30	1·46	2·04	2·21	2·40	2·59	3·20
	4	15	30	45	1·01	1·16	1·33	1·50	2·07	2·25	2·44	3·04	3·25
+	2	15	31	46	1·02	1·19	1·35	1·53	2·10	2·29	2·49	3·09	3·30
	0	16	32	0·48	1·04	1·21	1·38	1·56	2·14	2·33	2·53	3·14	3·35
−	2	16	33	49	1·06	1·23	1·40	1·59	2·17	2·37	2·57	3·18	3·40
	4	17	33	50	1·07	1·25	1·43	2·02	2·21	2·41	3·01	3·23	3·45
	6	17	34	52	1·09	1·27	1·46	2·05	2·24	2·45	3·06	3·28	3·50
	8	18	35	53	1·11	1·29	1·48	2·08	2·28	2·49	3·10	3·32	3·55
	10	18	36	0·54	1·13	1·32	1·51	2·11	2·31	2·53	3·14	3·37	4·01
Unlike Latitude.	12	18	37	56	1·15	1·34	1·54	2·14	2·35	2·57	3·19	3·42	4·06
	14	19	38	57	1·16	1·36	1·56	2·17	2·39	3·01	3·23	3·47	4·11
	16	19	39	58	1·18	1·38	1·59	2·20	2·42	3·05	3·28	3·52	4·17
	18	20	40	1·00	1·20	1·41	2·02	2·24	2·46	3·09	3·33	3·57	4·22
	20	20	41	1·01	1·22	1·43	2·05	2·27	2·50	3·14	3·38	4·03	4·28
	22	21	42	1·03	1·24	1·46	2·08	2·31	2·54	3·18	3·43	4·08	4·34
	24	21	43	1·04	1·26	1·48	2·11	2·34	2·58	3·23	3·48	4·14	4·40
	26	22	44	1·06	1·28	1·51	2·14	2·38	3·02	3·28	3·53	4·20	4·47
	28	22	45	1·07	1·30	1·54	2·17	2·42	3·07	3·33	3·59	4·26	4·53
−	30	23	46	1·09	1·33	1·57	2·21	2·46	3·12	3·38	4·05	4·32	5·00
		\multicolumn{7}{r}{AZIMUT au pôle deprimé *continué*}	140°	135°	130°	125°	120°

Quand Lat. et Dec. sont du même nom, les termes au dessous de la ligne noire

AZIMUTH AND HOUR ANGLE FOR LATITUDE AND DECLINATION.

DECLINATION.	LATITUDE 52° AZIMUTH.									DECLINATION.	A L'HORIZON VRAI.	
	63°	66°	69°	72°	75°	78°	81°	84°	87°	90°		Amp.	Diff. Asc.
°	h. m.	h. m.	h. m.	h. m.	h. m.	h. m.	h. m.	h. m.	h. m.	h. m.	°	° ′	h. m.
+30	2·19	2·30	2·40	2·52	3·04	3·16	3·30	3·43	3·58	4·13	0	0·00	0· 0·0
28	2·27	2·37	2·48	3·00	3·12	3·25	3·38	3·52	4·07	4·22	1	1·37	5·1
26	2·34	2·45	2·56	3·08	3·20	3·33	3·47	4·01	4·15	4·30	2	3·15	10·2
24	2·41	2·52	3·03	3·15	3·28	3·41	3·55	4·09	4·24	4·39	3	4·53	15·4
22	2·47	2·58	3·10	3·22	3·35	3·49	4·02	4·17	4·31	4·46	4	6·30	20·5
20	2·53	3·05	3·17	3·29	3·42	3·56	4·10	4·24	4·39	4·54	5	8·08	0·25·7
18	2·59	3·11	3·23	3·36	3·49	4·03	4·17	4·31	4·46	5·01	6	9·47	30·9
16	3·05	3·17	3·30	3·43	3·56	4·10	4·24	4·38	4·53	5·08	7	11·25	36·2
14	3·11	3·23	3·36	3·49	4·02	4·16	4·31	4·45	5·00	5·15	8	13·04	41·5
12	3·16	3·29	3·42	3·55	4·09	4·23	4·37	4·52	5·07	5·22	9	14·43	46·8
10	3·22	3·35	3·48	4·01	4·15	4·29	4·43	4·58	5·13	5·28	10	16·23	0·52·2
8	3·27	3·40	3·53	4·07	4·21	4·35	4·50	5·05	5·20	5·35	11	18·03	57·6
6	3·33	3·46	3·59	4·13	4·27	4·41	4·56	5·11	5·26	5·41	12	19·44	1·03·1
4	3·38	3·51	4·05	4·19	4·33	4·48	5·02	5·17	5·32	5·47	13	21·26	08·8
+2	3·43	3·57	4·10	4·25	4·39	4·54	5·08	5·23	5·39	5·54	14	23·08	14·4
0	3·48	4·02	4·16	4·30	4·45	5·00	5·15	5·30	5·45	6·00	15	24·52	1·20·2
-2	3·54	4·08	4·22	4·36	4·51	5·06	5·21	5·36	5·51	6·06	16	26·36	26·1
4	3·59	4·13	4·27	4·42	4·57	5·12	5·27	5·42	5·57	6·13	17	28·21	32·1
6	4·04	4·19	4·33	4·48	5·03	5·18	5·33	5·48	6·04	6·19	18	30·08	38·3
8	4·10	4·24	4·39	4·54	5·09	5·24	5·39	5·55	6·10	6·25	19	31·56	44·6
10	4·15	4·30	4·45	5·00	5·15	5·30	5·46	6·01	6·16	6·32	20	33·45	1·51·1
12	4·21	4·35	4·50	5·06	5·21	5·37	5·52	6·08	6·23	6·38	21	35·36	57·7
14	4·26	4·41	4·56	5·12	5·27	5·43	5·59	6·14	6·30	6·45	22	37·29	2·04·6
16	4·32	4·47	5·03	5·18	5·34	5·50	6·05	6·21	6·36	6·52	23	39·24	11·6
18	4·38	4·53	5·09	5·25	5·41	5·56	6·12	6·28	6·43	6·59	24	41·21	19·0
20	4·44	4·59	5·15	5·31	5·47	6·03	6·19	6·35	6·51	7·06	25	43·21	2·26·6
22	4·50	5·06	5·22	5·38	5·54	6·11	6·27	6·43	6·58	7·14	26	45·24	34·5
24	4·56	5·13	5·29	5·45	6·02	6·18	6·34	6·50	7·06	7·21	27	47·31	42·8
26	5·03	5·20	5·36	5·53	6·09	6·26	6·42	6·58	7·14	7·30	28	49·41	51·5
28	5·10	5·27	5·44	6·01	6·18	6·34	6·51	7·07	7·23	7·38	29	50·57	3·00·8
-30	5·17	5·35	5·52	6·09	6·26	6·43	7·00	7·16	7·32	7·47	30	54·18	3·10·6
	117°	114°	111°	108°	105°	102°	99°	96°	93°	90°			

donnent l'heure vraie, matin, pour l'Azimut vers le côté polaire du Premier Vertical.

AZIMUTH AND HOUR ANGLE FOR LATITUDE AND DECLINATION.

Latitude 53°.

DECLINATION		Azimuth.										
		5°	10°	15°	20°	25°	30°	35°	40°	45°	50°	55°	60°
	°	m.	m.	h. m.	h. m.	h. m.	h. m.	h. m.	h. m.	h. m.	h. m.	h. m.	h. m.
+	30	9	18	0·27	0·37	0·47	0·57	1·09	1·19	1·31	1·45	1·59	2·14
	28	10	19	29	39	50	1·00	1·13	1·24	1·36	1·50	2·05	2·21
	26	10	20	31	41	52	1·04	1·16	1·28	1·41	1·56	2·11	2·27
	24	11	21	32	43	55	1·07	1·19	1·32	1·46	2·01	2·17	2·33
	22	11	22	34	45	57	1·10	1·23	1·36	1·51	2·06	2·22	2·39
Like Latitude.	20	12	23	0·35	0·47	1·00	1·13	1·26	1·40	1·55	2·11	2·27	2·45
	18	12	24	37	49	1·02	1·15	1·30	1·44	1·59	2·15	2·33	2·51
	16	13	25	38	51	1·04	1·18	1·33	1·48	2·03	2·20	2·38	2·56
	14	13	26	39	53	1·07	1·21	1·36	1·51	2·07	2·25	2·43	3·02
	12	13	27	41	55	1·09	1·24	1·39	1·55	2·11	2·29	2·47	3·07
	10	14	28	0·42	0·56	1·11	1·26	1·42	1·58	2·15	2·33	2·52	3·12
	8	14	29	43	58	1·13	1·29	1·45	2·02	2·19	2·38	2·57	3·17
	6	15	30	45	1·00	1·15	1·31	1·48	2·05	2·23	2·42	3·01	3·22
	4	15	30	46	1·01	1·17	1·34	1·51	2·09	2·27	2·46	3·06	3·27
+	2	16	31	47	1·03	1·20	1·36	1·54	2·12	2·31	2·50	3·10	3·32
	0	16	32	0·48	1·05	1·22	1·39	1·57	2·15	2·34	2·54	3·15	3·37
−	2	16	33	50	1·07	1·24	1·42	2·00	2·19	2·38	2·58	3·20	3·41
	4	17	34	51	1·08	1·26	1·44	2·03	2·22	2·42	3·03	3·24	3·46
	6	17	35	52	1·10	1·28	1·47	2·06	2·25	2·46	3·07	3·29	3·51
	8	18	35	53	1·12	1·30	1·49	2·09	2·29	2·50	3·11	3·33	3·56
	10	18	36	0·55	1·13	1·32	1·52	2·12	2·32	2·53	3·15	3·38	4·01
Unlike Latitude.	12	19	37	56	1·15	1·35	1·54	2·15	2·36	2·57	3·20	3·43	4·06
	14	19	38	57	1·17	1·37	1·57	2·18	2·39	3·01	3·24	3·47	4·12
	16	19	39	59	1·19	1·39	2·00	2·21	2·43	3·05	3·29	3·52	4·17
	18	20	40	1·00	1·21	1·41	2·03	2·24	2·47	3·10	3·33	3·57	4·22
	20	20	41	1·01	1·22	1·44	2·05	2·28	2·50	3·14	3·38	4·03	4·28
	22	21	42	1·03	1·24	1·46	2·08	2·31	2·54	3·18	3·43	4·08	4·34
	24	21	43	1·04	1·26	1·49	2·11	2·35	2·58	3·23	3·48	4·13	4·40
	26	22	44	1·06	1·28	1·51	2·14	2·38	3·03	3·28	3·53	4·19	4·46
	28	22	45	1·08	1·31	1·54	2·18	2·41	3·07	3·32	3·58	4·25	4·52
−	30	23	46	1·09	1·33	1·57	2·21	2·45	3·11	3·38	4·04	4·31	4·59
	Azimuth from depressed pole *continued*							145°	140°	135°	130°	125°	120°

When Lat. and Dec. are of the same name, the terms below the black line

AZIMUTH AND HOUR ANGLE FOR LATITUDE AND DECLINATION.

DECLINATION	LATITUDE 53°. AZIMUTH.									DECLINATION	AT TRUE HORIZON.	
	63°	66°	69°	72°	75°	78°	81°	84°	87°	90°		Amp.	Dasc.
°	h. m.	h. m.	h. m.	h. m.	h. m.	h. m.	h. m.	h. m.	h. m.	h. m.	°	° ′	h. m.
+30	2·24	2·34	2·45	2·56	3·08	3·21	3·34	3·48	4·02	4·17	0	0·00	0· 0·0
28	2·31	2·42	2·53	3·04	3·17	3·29	3·43	3·56	4·11	4·26	1	1·40	5·3
26	2·38	2·49	3·00	3·12	3·24	3·37	3·51	4·05	4·19	4·34	2	3·19	10·6
24	2·44	2·55	3·07	3·19	3·32	3·45	3·58	4·12	4·27	4·42	3	4·59	16·0
22	2·50	3·02	3·14	3·26	3·39	3·52	4·06	4·20	4·34	4·49	4	6·39	21·3
20	2·56	3·08	3·20	3·33	3·46	3·59	4·13	4·27	4·41	4·56	5	8·20	0·26·7
18	3·02	3·14	3·26	3·39	3·52	4·06	4·20	4·34	4·48	5·03	6	10·00	32·1
16	3·08	3·20	3·32	3·45	3·59	4·12	4·26	4·41	4·55	5·10	7	11·41	37·5
14	3·13	3·26	3·38	3·51	4·05	4·19	4·33	4·47	5·02	5·17	8	13·22	43·0
12	3·19	3·31	3·43	3·57	4·11	4·25	4·39	4·53	5·08	5·23	9	15·04	48·5
10	3·24	3·37	3·50	4·03	4·17	4·31	4·45	5·00	5·15	5·29	10	16·46	0·54·1
8	3·29	3·42	3·55	4·09	4·23	4·37	4·51	5·06	5·21	5·36	11	18·29	59·8
6	3·35	3·48	4·01	4·15	4·29	4·43	4·57	5·12	5·27	5·42	12	20·13	1·05·5
4	3·40	3·53	4·06	4·20	4·34	4·49	5·03	5·18	5·33	5·48	13	21·57	11·4
+ 2	3·45	3·58	4·12	4·26	4·40	4·55	5·09	5·24	5·39	5·54	14	23·42	17·3
0	3·50	4·03	4·17	4·31	4·46	5·00	5·15	5·30	5·45	6·00	15	25·28	1·23·3
− 2	3·55	4·09	4·23	4·37	4·52	5·06	5·21	5·36	5·51	6·06	16	27·16	29·5
4	4·00	4·14	4·28	4·43	4·57	5·12	5·27	5·42	5·57	6·12	17	29·04	35·7
6	4·05	4·19	4·34	4·48	5·03	5·18	5·33	5·48	6·03	6·18	18	30·54	42·2
8	4·10	4·25	4·39	4·54	5·09	5·24	5·39	5·54	6·09	6·24	19	32·45	48·8
10	4·16	4·30	4·45	5·00	5·15	5·30	5·45	6·00	6·15	6·31	20	34·38	1·55·5
12	4·21	4·36	4·51	5·06	5·21	5·36	5·51	6·07	6·22	6·37	21	36·33	2·02·5
14	4·26	4·41	4·56	5·12	5·27	5·42	5·58	6·13	6·28	6·43	22	38·30	09·7
16	4·32	4·47	5·02	5·18	5·33	5·49	6·04	6·19	6·35	6·50	23	40·29	17·1
18	4·37	4·53	5·08	5·24	5·40	5·55	6·11	6·26	6·42	6·57	24	42·31	24·9
20	4·43	4·59	5·15	5·30	5·46	6·02	6·18	6·33	6·49	7·04	25	44·36	2·32·9
22	4·49	5·05	5·21	5·37	5·53	6·09	6·25	6·40	6·56	7·11	26	46·45	41·3
24	4·56	5·12	5·28	5·44	6·00	6·16	6·32	6·48	7·03	7·18	27	48·58	50·2
26	5·02	5·18	5·35	5·51	6·07	6·24	6·40	6·55	7·11	7·26	28	51·16	59·5
28	5·09	5·25	5·42	5·59	6·15	6·32	6·48	7·04	7·19	7·34	29	53·29	3·09·4
−30	5·16	5·33	5·50	6·07	6·23	6·40	6·56	7·12	7·28	7·43	30	56·15	3·20·0
	117°	114°	111°	108°	105°	102°	99°	96°	93°	90°			

give App. Time A.M. for Azimuth on polar side of Prime Vertical.

AZIMUTH AND HOUR ANGLE FOR LATITUDE AND DECLINATION.

DECLINATION		LATITUDE 54°.										
		AZIMUTH.											
		5°	10°	15°	20°	25°	30°	35°	40°	45°	50°	55°	60°
		m.	m.	h. m.	h. m.	h. m.	h. m.	h. m.	h. m.	h. m.	h. m.	h. m.	h. m.
+	30	9	19	0·29	0·38	0·49	0·59	1·10	1·22	1·35	1·48	2·03	2·18
	28	10	20	30	41	51	1·03	1·14	1·26	1·40	1·54	2·09	2·25
	26	10	21	32	43	54	1·06	1·18	1·31	1·44	1·59	2·14	2·31
	24	11	22	33	45	56	1·09	1·21	1·35	1·49	2·04	2·20	2·37
	22	11	23	35	47	59	1·12	1·25	1·39	1·53	2·09	2·25	2·43
Like Latitude.	20	12	24	0·36	0·48	1·01	1·14	1·28	1·42	1·58	2·14	2·30	2·48
	18	12	25	37	50	1·04	1·17	1·31	1·46	2·02	2·18	2·35	2·54
	16	13	26	39	52	1·06	1·20	1·34	1·50	2·06	2·23	2·40	2·59
	14	13	27	40	54	1·08	1·23	1·38	1·53	2·10	2·27	2·45	3·04
	12	14	27	41	56	1·10	1·25	1·41	1·57	2·13	2·31	2·50	3·09
	10	14	28	0·43	0·57	1·12	1·28	1·44	2·00	2·17	2·35	2·54	3·14
	8	15	29	44	59	1·14	1·30	1·47	2·03	2·21	2·40	2·59	3·19
	6	15	30	45	1·01	1·16	1·33	1·49	2·07	2·25	2·44	3·03	3·24
	4	15	31	46	1·02	1·19	1·35	1·52	2·10	2·29	2·48	3·08	3·28
+	2	16	32	48	1·04	1·21	1·38	1·55	2·13	2·32	2·52	3·12	3·33
	0	16	32	0·49	1·06	1·23	1·40	1·58	2·17	2·36	2·56	3·16	3·38
−	2	17	33	50	1·07	1·25	1·43	2·01	2·20	2·40	3·00	3·21	3·43
	4	17	34	51	1·09	1·27	1·45	2·04	2·23	2·43	3·04	3·25	3·47
	6	17	35	53	1·11	1·29	1·48	2·07	2·27	2·47	3·08	3·30	3·52
	8	18	36	54	1·12	1·31	1·50	2·10	2·30	2·51	3·12	3·34	3·57
	10	18	37	0·55	1·14	1·33	1·53	2·13	2·33	2·54	3·16	3·39	4·02
Unlike Latitude.	12	19	37	56	1·16	1·35	1·55	2·16	2·37	2·58	3·20	3·43	4·07
	14	19	38	58	1·17	1·37	1·58	2·19	2·40	3·02	3·25	3·48	4·12
	16	20	39	59	1·19	1·40	2·00	2·22	2·44	3·06	3·29	3·53	4·17
	18	20	40	1·00	1·21	1·42	2·03	2·25	2·47	3·10	3·34	3·58	4·22
	20	20	41	1·02	1·23	1·44	2·06	2·28	2·51	3·14	3·38	4·03	4·28
	22	21	42	1·03	1·25	1·46	2·09	2·31	2·55	3·18	3·43	4·08	4·33
	24	21	43	1·05	1·27	1·49	2·12	2·35	2·59	3·23	3·48	4·13	4·39
	26	22	44	1·06	1·29	1·51	2·15	2·38	3·03	3·27	3·53	4·19	4·45
	28	22	45	1·08	1·31	1·54	2·18	2·42	3·07	3·32	3·58	4·24	4·51
−	30	23	46	1·09	1·33	1·57	2·21	2·46	3·11	3·37	4·04	4·30	4·58
	AZIMUT au pôle deprimé *continué*						145°	140°	135°	130°	125°	120°

Quand Lat. et Dec. sont du même nom, les termes au dessous de la ligne noire

AZIMUTH AND HOUR ANGLE FOR LATITUDE AND DECLINATION.

DECLINATION.	LATITUDE 54°. AZIMUTH.									DECLINATION.	A L'HORIZON VRAI.	
	63°	66°	69°	72°	75°	78°	81°	84°	87°	90°		Amp.	Diff. Asc.
	h. m.	h. m.	h. m.	h. m.	h. m.	h. m.	h. m.	h. m.	h. m.	h. m.	°	° ′	h. m.
+30	2·28	2·38	2·49	3·01	3·13	3·25	3·39	3·52	4·06	4·21	0	0·00	0· 0·0
28	2·35	2·46	2·57	3·08	3·21	3·33	3·47	4·00	4·14	4·29	1	1·42	5·5
26	2·41	2·52	3·04	3·16	3·28	3·41	3·54	4·08	4·22	4·37	2	3·24	11·0
24	2·48	2·59	3·10	3·23	3·35	3·48	4·02	4·16	4·30	4·45	3	5·07	16·5
22	2·54	3·05	3·17	3·29	3·42	3·55	4·09	4·23	4·37	4·52	4	6·49	22·1
20	2·59	3·11	3·23	3·36	3·49	4·02	4·16	4·30	4·44	4·59	5	8·32	0·27·7
18	3·05	3·17	3·29	3·42	3·55	4·08	4·22	4·36	4·51	5·05	6	10·15	33·3
16	3·11	3·23	3·35	3·48	4·01	4·15	4·29	4·43	4·57	5·12	7	11·58	38·9
14	3·16	3·28	3·41	3·54	4·07	4·21	4·35	4·49	5·04	5·18	8	13·42	44·6
12	3·21	3·34	3·46	4·00	4·13	4·27	4·41	4·55	5·10	5·24	9	15·26	50·4
10	3·26	3·39	3·52	4·05	4·19	4·33	4·47	5·01	5·16	5·31	10	17·11	0·56·2
8	3·31	3·44	3·57	4·11	4·24	4·38	4·53	5·07	5·22	5·37	11	18·57	1·02·1
6	3·36	3·49	4·03	4·16	4·30	4·44	4·59	5·13	5·28	5·42	12	20·43	08·0
4	3·41	3·54	4·08	4·22	4·36	4·50	5·04	5·19	5·34	5·48	13	22·30	14·1
+2	3·46	4·00	4·13	4·27	4·41	4·55	5·10	4·25	5·39	5·54	14	24·18	20·3
0	3·51	4·05	4·18	4·32	4·47	5·01	5·16	5·30	5·45	6·00	15	26·07	1·26·6
−2	3·56	4·10	4·24	4·38	4·52	5·07	5·21	5·36	5·51	6·06	16	27·58	33·0
4	4·01	4·15	4·29	4·43	4·58	5·12	5·27	5·42	5·57	6·12	17	29·50	39·5
6	4·06	4·20	4·34	4·49	5·03	5·18	5·33	5·48	6·03	6·18	18	31·43	46·3
8	4·11	4·25	4·40	4·54	5·09	5·24	5·39	5·54	6·09	6·23	19	33·38	53·2
10	4·16	4·31	4·45	5·00	5·15	5·30	5·45	6·00	6·15	6·29	20	35·35	2·00·3
12	4·21	4·36	4·51	5·05	5·20	5·35	5·51	6·06	6·21	6·36	21	37·34	07·6
14	4·26	4·41	4·56	5·11	5·26	5·41	5·57	6·12	6·27	6·42	22	39·36	15·1
16	4·32	4·47	5·02	5·17	5·32	5·48	6·03	6·18	6·33	6·48	23	41·40	23·0
18	4·37	4·52	5·08	5·23	5·38	5·54	6·09	6·25	6·40	6·55	24	43·47	31·2
20	4·43	4·58	5·14	5·29	5·45	6·00	6·16	6·31	6·46	7·01	25	45·50	2·39·7
22	4·49	5·04	5·20	5·36	5·51	6·07	6·23	6·38	6·53	7·08	26	48·14	48·7
24	4·55	5·11	5·27	5·42	5·58	6·14	6·30	6·45	7·01	7·15	27	50·34	58·1
26	5·01	5·17	5·33	5·49	6·05	6·21	6·37	6·53	7·08	7·23	28	53·00	3·08·2
28	5·07	5·24	5·40	5·57	6·13	6·29	6·45	7·00	7·16	7·31	29	55·23	18·9
−30	5·14	5·31	5·48	6·04	6·21	6·37	6·53	7·09	7·24	7·39	30	58·17	3·30·5
	117°	114°	111°	108°	105°	102°	99°	96°	93°	90°			

donnent l'heure vraie, matin, pour l'Azimut vers le côté polaire du Premier Vertical.

AZIMUTH AND HOUR ANGLE FOR LATITUDE AND DECLINATION.

LATITUDE 55°.

DECLINATION.		AZIMUTH.										
		5°	10°	15°	20°	25°	30°	35°	40°	45°	50°	55°	60°
	°	m.	m.	h. m.	h. m.	h. m.	h. m.	h. m.	h. m.	h. m.	h. m.	h. m.	h. m.
+	30	10	20	0·30	0·40	0·50	1·02	1·13	1·25	1·38	1·52	2·06	2·22
Like Latitude.	28	10	21	31	42	53	1·05	1·17	1·29	1·43	1·57	2·12	2·28
	26	11	22	33	44	56	1·08	1·20	1·33	1·47	2·02	2·18	2·34
	24	11	23	34	46	58	1·11	1·24	1·37	1·52	2·07	2·23	2·40
	22	12	24	36	48	1·00	1·14	1·27	1·41	1·56	2·12	2·28	2·46
	20	12	24	0·37	0·50	1·03	1·17	1·30	1·45	2·00	2·16	2·33	2·51
	18	13	25	38	52	1·05	1·19	1·33	1·48	2·04	2·21	2·38	2·56
	16	13	26	40	53	1·07	1·22	1·36	1·52	2·08	2·25	2·43	3·02
	14	14	27	41	55	1·09	1·24	1·39	1·55	2·12	2·29	2·47	3·06
	12	14	28	42	57	1·11	1·27	1·42	1·59	2·16	2·33	2·52	3·11
	10	14	29	0·43	0·58	1·14	1·29	1·45	2·02	2·19	2·37	2·56	3·16
	8	15	30	45	1·00	1·16	1·32	1·48	2·05	2·23	2·41	3·01	3·21
	6	15	30	46	1·02	1·18	1·34	1·51	2·08	2·27	2·45	3·05	3·25
	4	16	31	47	1·03	1·20	1·37	1·54	2·12	2·30	2·49	3·09	3·30
+	2	16	32	48	1·05	1·22	1·39	1·57	2·15	2·34	2·53	3·14	3·35
	0	16	33	0·50	1·06	1·24	1·41	1·59	2·18	2·37	2·57	3·18	3·39
−	2	17	34	51	1·08	1·26	1·44	2·02	2·21	2·41	3·01	3·22	3·44
	4	17	34	52	1·10	1·28	1·46	2·05	2·24	2·44	3·05	3·26	3·48
	6	18	35	53	1·11	1·30	1·48	2·08	2·28	2·48	3·09	3·31	3·53
	8	18	36	54	1·13	1·32	1·51	2·11	2·31	2·52	3·13	3·35	3·58
	10	18	37	0·56	1·14	1·34	1·53	2·13	2·34	2·55	3·17	3·39	4·02
Unlike Latitude.	12	19	38	57	1·16	1·36	1·56	2·16	2·37	2·59	3·21	3·44	4·07
	14	19	39	58	1·18	1·38	1·58	2·19	2·41	3·03	3·25	3·48	4·12
	16	20	39	59	1·20	1·40	2·01	2·22	2·44	3·07	3·29	3·53	4·17
	18	20	40	1·01	1·21	1·42	2·03	2·25	2·48	3·10	3·34	3·58	4·22
	20	21	41	1·02	1·23	1·44	2·06	2·28	2·51	3·14	3·38	4·03	4·27
	22	21	42	1·03	1·25	1·47	2·09	2·32	2·55	3·19	3·43	4·08	4·33
	24	22	43	1·05	1·27	1·49	2·11	2·35	2·59	3·23	3·48	4·13	4·38
	26	22	44	1·06	1·29	1·52	2·14	2·38	3·03	3·27	3·52	4·18	4·44
	28	23	45	1·08	1·31	1·54	2·17	2·42	3·07	3·32	3·58	4·24	4·50
−	30	23	46	1·09	1·33	1·57	2·20	2·46	3·11	3·37	4·03	4·29	4·56
	AZIMUTH *continued*					150°	145°	140°	135°	130°	125°	120°

When Lat. and Dec. are of the same name, the terms below the black line

AZIMUTH AND HOUR ANGLE FOR LATITUDE AND DECLINATION.

DECLINATION	LATITUDE 55° AZIMUTH										DECLINATION	AT TRUE HORIZON	
	63°	66°	69°	72°	75°	78°	81°	84°	87°	90°		Amp.	Desc.
°	h. m.	h. m.	h. m.	h. m.	h. m.	h. m.	h. m.	h. m.	h. m.	h. m.	°	° ′	h. m.
+30	2·32	2·43	2·54	3·05	3·17	3·30	3·43	3·56	4·10	4·25	0	0·00	0· 0·0
28	2·39	2·50	3·01	3·12	3·25	3·37	3·50	4·04	4·18	4·33	1	1·45	5·7
26	2·45	2·56	3·08	3·19	3·32	3·45	3·58	4·12	4·26	4·40	2	3·29	11·4
24	2·51	3·02	3·14	3·26	3·39	3·52	4·05	4·19	4·33	4·47	3	5·14	17·2
22	2·57	3·08	3·20	3·32	3·45	3·58	4·12	4·26	4·40	4·54	4	6·59	22·9
20	3·02	3·14	3·26	3·39	3·51	4·05	4·18	4·32	4·46	5·01	5	8·44	0·28·7
18	3·08	3·20	3·32	3·45	3·58	4·11	4·25	4·39	4·53	5·07	6	10·30	34·5
16	3·13	3·25	3·38	3·50	4·04	4·17	4·31	4·45	4·59	5·14	7	12·16	40·4
14	3·18	3·31	3·43	3·56	4·10	4·23	4·37	4·51	5·05	5·20	8	14·04	46·3
12	3·23	3·36	3·49	4·02	4·15	4·29	4·43	4·57	5·11	5·26	9	15·50	52·3
10	3·28	3·41	3·54	4·07	4·21	4·34	4·48	5·03	5·17	5·32	10	17·37	0·58·3
8	3·33	3·46	3·59	4·13	4·26	4·39	4·54	5·08	5·23	5·37	11	19·26	1·04·5
6	3·38	3·51	4·04	4·18	4·32	4·45	5·00	5·14	5·29	5·43	12	21·15	10·7
4	3·43	3·56	4·09	4·23	4·37	4·51	5·05	5·20	5·34	5·49	13	23·05	17·0
+2	3·48	4·01	4·14	4·28	4·42	4·56	5·11	5·25	5·40	5·54	14	24·57	23·4
0	3·52	4·06	4·20	4·33	4·48	5·02	5·16	5·31	5·45	6·00	15	26·49	1·30·0
−2	3·57	4·11	4·25	4·39	4·53	5·07	5·22	5·36	5·51	6·06	16	28·43	36·7
4	4·02	4·16	4·30	4·44	4·58	5·13	5·27	5·42	5·57	6·11	17	30·39	43·6
6	4·07	4·21	4·35	4·49	5·04	5·18	5·33	5·47	6·02	6·17	18	32·36	50·6
8	4·12	4·26	4·40	4·54	5·09	5·24	5·39	5·53	6·08	6·23	19	34·35	57·8
10	4·17	4·31	4·45	5·00	5·15	5·29	5·44	5·59	6·14	6·28	20	36·36	2·05·3
12	4·21	4·36	4·51	5·05	5·20	5·35	5·50	6·05	6·20	6·34	21	38·40	13·0
14	4·27	4·41	4·56	5·11	5·26	5·41	5·56	6·11	6·25	6·40	22	40·47	21·0
16	4·32	4·47	5·01	5·16	5·32	5·47	6·02	6·17	6·32	6·46	23	42·56	29·3
18	4·37	4·52	5·07	5·22	5·37	5·53	6·08	6·23	6·38	6·53	24	45·10	37·9
20	4·42	4·58	5·13	5·28	5·44	5·59	6·14	6·29	6·44	6·59	25	47·28	2·46·9
22	4·48	5·03	5·19	5·34	5·50	6·05	6·21	6·36	6·51	7·06	26	49·51	56·6
24	4·54	5·09	5·25	5·41	5·56	6·12	6·28	6·43	6·58	7·13	27	52·20	3·06·8
26	5·00	5·16	5·32	5·47	6·03	6·19	6·35	6·50	7·05	7·20	28	54·56	17·4
28	5·06	5·22	5·38	5·54	6·10	6·26	6·42	6·57	7·13	7·27	29	57·42	29·4
−30	5·13	5·29	5·45	6·02	6·18	6·34	6·50	7·05	7·21	7·35	30	60·40	3·42·2
	117°	114°	111°	108°	105°	102°	99°	96°	93°	90°			

give App. Time A.M. for Azimuth on polar side of Prime Vertical.

AZIMUTH AND HOUR ANGLE FOR LATITUDE AND DECLINATION.

LATITUDE 56°.

	DECLINATION.	AZIMUTH.										
		5°	10°	15°	20°	25°	30°	35°	40°	45°	50°	55°	60°
		m.	m.	h. m.	h. m.	h. m.	h. m.	h. m.	h. m.	h. m.	h. m.	h. m.	h. m.
	+ 30	10	21	0·31	0·41	0·52	1·04	1·15	1·28	1·41	1·55	2·10	2·26
	28	11	21	32	43	55	1·07	1·19	1·32	1·46	2·00	2·16	2·32
	26	11	22	34	45	57	1·10	1·22	1·36	1·50	2·05	2·21	2·38
	24	12	23	35	47	1·00	1·13	1·26	1·40	1·54	2·10	2·26	2·44
	22	12	24	37	49	1·02	1·15	1·29	1·43	1·59	2·14	2·31	2·49
Like Latitude.	20	13	25	0·38	51	1·04	1·18	1·32	1·47	2·03	2·19	2·36	2·54
	18	13	26	39	53	1·06	1·21	1·35	1·51	2·06	2·23	2·41	2·59
	16	13	27	40	54	1·09	1·23	1·38	1·54	2·10	2·27	2·45	3·04
	14	14	28	42	56	1·11	1·25	1·41	1·57	2·14	2·31	2·50	3·08
	12	14	29	43	58	1·13	1·28	1·44	2·00	2·17	2·35	2·54	3·14
	10	15	29	44	0·59	1·15	1·31	1·47	2·04	2·21	2·39	2·58	3·18
	8	15	30	45	1·01	1·17	1·33	1·50	2·07	2·25	2·43	3·03	3·23
	6	15	31	47	1·02	1·19	1·35	1·52	2·10	2·28	2·47	3·07	3·27
	4	16	32	48	1·04	1·21	1·38	1·55	2·13	2·32	2·51	3·11	3·32
	+ 2	16	32	49	1·06	1·23	1·40	1·58	2·16	2·35	2·55	3·15	3·36
	0	17	33	0·50	1·07	1·25	1·42	2·01	2·19	2·39	2·59	3·19	3·41
	− 2	17	34	51	1·09	1·26	1·45	2·03	2·22	2·42	3·02	3·23	3·45
	4	17	35	52	1·10	1·28	1·47	2·06	2·25	2·46	3·06	3·28	3·49
	6	18	36	54	1·12	1·30	1·49	2·09	2·29	2·49	3·10	3·32	3·54
	8	18	36	55	1·13	1·32	1·52	2·11	2·32	2·52	3·14	3·36	3·58
	10	19	37	0·56	1·15	1·34	1·54	2·14	2·35	2·56	3·18	3·40	4·03
Unlike Latitude.	12	19	38	57	1·17	1·36	1·57	2·17	2·38	3·00	3·22	3·44	4·08
	14	19	39	58	1·18	1·38	1·59	2·20	2·41	3·03	3·26	3·49	4·13
	16	20	40	1·00	1·20	1·41	2·01	2·23	2·45	3·07	3·30	3·53	4·17
	18	20	41	1·01	1·22	1·43	2·04	2·26	2·48	3·11	3·34	3·58	4·22
	20	21	41	1·02	1·23	1·45	2·07	2·29	2·52	3·15	3·38	4·03	4·27
	22	21	42	1·04	1·25	1·47	2·09	2·32	2·55	3·19	3·43	4·07	4·32
	24	22	43	1·05	1·27	1·49	2·12	2·35	2·59	3·23	3·47	4·12	4·38
	26	22	44	1·06	1·29	1·52	2·14	2·39	3·03	3·27	3·52	4·17	4·43
	28	23	45	1·08	1·31	1·54	2·18	2·42	3·07	3·32	3·57	4·23	4·49
	− 30	23	46	1·10	1·33	1·57	2·20	2·46	3·11	3·36	4·02	4·28	4·55
	AZIMUT continué				150°	145°	140°	135°	130°	125°	120°

Quand Lat. et Dec. sont du même nom, les termes au dessous de la ligne noire

AZIMUTH AND HOUR ANGLE FOR LATITUDE AND DECLINATION.

DECLINATION.	LATITUDE 56°. AZIMUTH.									DECLINATION.	A L'HORIZON VRAI.	
	63°	66°	69°	72°	75°	78°	81°	84°	87°	90°		Amp.	Diff. Asc.
°	h. m.	h. m.	h. m.	h. m.	h. m.	h. m.	h. m.	h. m.	h. m.	h. m.	°	° '	h. m.
+30	2·36	2·47	2·58	3·09	3·21	3·34	3·47	4·00	4·14	4·28	0	0·00	0· 0·0
28	2·43	2·53	3·05	3·16	3·29	3·41	3·54	4·08	4·21	4·36	1	1·47	5·9
26	2·49	3·00	3·11	3·23	3·35	3·48	4·01	4·15	4·29	4·43	2	3·35	11·8
24	2·54	3·06	3·17	3·29	3·42	3·55	4·08	4·22	4·36	4·50	3	5·22	17·8
22	3·00	3·11	3·23	3·36	3·48	4·01	4·14	4·28	4·42	4·57	4	7·10	23·8
20	3·06	3·17	3·29	3·42	3·54	4·07	4·21	4·35	4·49	5·03	5	8·58	0·29·8
18	3·11	3·23	3·35	3·47	4·00	4·13	4·27	4·41	4·55	5·09	6	10·46	35·8
16	3·16	3·28	3·40	3·53	4·06	4·19	4·33	4·47	5·01	5·15	7	12·35	42·0
14	3·21	3·33	3·46	3·58	4·12	4·25	4·39	4·53	5·07	5·21	8	14·25	48·1
12	3·26	3·38	3·51	4·04	4·17	4·31	4·44	4·58	5·12	5·27	9	16·15	54·3
10	3·30	3·43	3·56	4·09	4·22	4·36	4·50	5·04	5·18	5·33	10	18·05	1·00·6
8	3·35	3·48	4·01	4·14	4·28	4·41	4·55	5·10	5·24	5·38	11	19·57	07·0
6	3·40	3·53	4·06	4·19	4·33	4·47	5·01	5·15	5·29	5·44	12	21·50	13·5
4	3·44	3·58	4·11	4·24	4·38	4·52	5·06	5·20	5·35	5·49	13	23·43	20·1
+2	3·49	4·02	4·16	4·29	4·43	4·57	5·11	5·26	5·40	5·55	14	25·34	26·8
0	3·54	4·07	4·21	4·34	4·48	5·02	5·17	5·31	5·46	6·00	15	27·34	1·33·6
−2	3·58	4·12	4·26	4·39	4·53	5·08	5·22	5·36	5·51	6·05	16	29·32	40·6
4	4·03	4·17	4·30	4·44	4·59	5·13	5·27	5·42	5·56	6·11	17	31·31	47·8
6	4·08	4·21	4·35	4·50	5·04	5·18	5·33	5·47	6·02	6·16	18	33·33	55·2
8	4·12	4·26	4·40	4·55	5·09	5·24	5·38	5·53	6·07	6·22	19	35·36	2·02·8
10	4·17	4·31	4·45	5·00	5·14	5·29	5·44	5·58	6·13	6·27	20	37·42	2·10·6
12	4·22	4·36	4·51	5·05	5·20	5·34	5·49	6·04	6·19	6·33	21	39·51	18·8
14	4·27	4·41	4·56	5·10	5·25	5·40	5·55	6·10	6·24	6·39	22	42·04	27·2
16	4·32	4·46	5·01	5·16	5·31	5·46	6·01	6·15	6·30	6·45	23	44·20	36·0
18	4·37	4·52	5·07	5·21	5·37	5·52	6·06	6·21	6·36	6·51	24	46·40	45·2
20	4·42	4·57	5·12	5·27	5·42	5·58	6·13	6·27	6·42	6·57	25	49·05	2·54·9
22	4·47	5·03	5·18	5·32	5·48	6·04	6·19	6·34	6·49	7·03	26	51·37	3·04·2
24	4·53	5·08	5·24	5·39	5·55	6·10	6·25	6·40	6·55	7·10	27	54·17	16·2
26	4·59	5·14	5·30	5·46	6·01	6·17	6·32	6·47	7·02	7·17	28	57·06	28·1
28	5·05	5·21	5·37	5·52	6·08	6·24	6·39	6·54	7·10	7·24	29	60·07	41·1
−30	5·11	5·27	5·43	5·59	6·15	6·31	6·47	7·02	7·17	7·32	30	63·24	3·55·5
	117°	114°	111°	108°	105°	102°	99°	96°	93°	90°			

donnent l'heure vraie, matin, pour l'Azimut vers le côté polaire du Premier Vertical.

AZIMUTH AND HOUR ANGLE FOR LATITUDE AND DECLINATION.

LATITUDE 57°.

DECLINATION.		AZIMUTH.										
		5°	10°	15°	20°	25°	30°	35°	40°	45°	50°	55°	60°
		m.	m.	h. m.	h. m.	h. m.	h. m.	h. m.	h. m.	h. m.	h. m.	h. m.	h. m.
+	30	10	21	0·32	0·43	0·54	1·06	1·18	1·31	1·44	1·58	2·14	2·30
Like Latitude.	28	11	22	33	45	57	1·09	1·21	1·35	1·49	2·03	2·19	2·36
	26	11	23	35	47	59	1·12	1·25	1·39	1·53	2·08	2·24	2·41
	24	12	24	36	49	1·01	1·14	1·28	1·42	1·57	2·13	2·29	2·47
	22	12	25	37	50	1·04	1·17	1·31	1·46	2·01	2·17	2·34	2·52
	20	13	26	0·39	0·52	1·06	1·20	1·34	1·49	2·05	2·22	2·39	2·57
	18	13	27	40	54	1·08	1·22	1·37	1·53	2·09	2·26	2·43	3·02
	16	14	27	41	55	1·10	1·25	1·40	1·56	2·12	2·30	2·48	3·07
	14	14	28	43	57	1·12	1·27	1·43	1·59	2·16	2·34	2·52	3·11
	12	14	29	44	59	1·14	1·30	1·46	2·02	2·20	2·38	2·56	3·16
	10	15	30	0·45	1·00	1·16	1·32	1·48	2·05	2·23	2·41	3·00	3·20
	8	15	31	46	1·02	1·18	1·34	1·51	2·08	2·26	2·45	3·04	3·25
	6	16	31	47	1·03	1·20	1·37	1·54	2·12	2·30	2·49	3·09	3·29
	4	16	32	48	1·05	1·22	1·39	1·56	2·15	2·33	2·53	3·13	3·33
+	2	16	33	50	1·06	1·24	1·41	1·59	2·18	2·37	2·56	3·17	3·38
	0	17	34	0·51	1·08	1·25	1·43	2·02	2·21	2·40	3·00	3·21	3·42
—	2	17	34	52	1·09	1·27	1·46	2·04	2·24	2·43	3·04	3·25	3·46
	4	18	35	53	1·11	1·29	1·48	2·07	2·27	2·47	3·07	3·29	3·50
	6	18	36	54	1·12	1·31	1·50	2·10	2·30	2·50	3·11	3·33	3·55
	8	18	37	55	1·14	1·33	1·52	2·12	2·33	2·53	3·15	3·37	3·59
Unlike Latitude.	10	19	37	0·56	1·16	1·35	1·55	2·15	2·36	2·57	3·19	3·41	4·03
	12	19	38	58	1·17	1·37	1·57	2·18	2·39	3·00	3·22	3·45	4·08
	14	20	39	59	1·19	1·39	2·00	2·21	2·42	3·04	3·26	3·49	4·12
	16	20	40	1·00	1·20	1·41	2·02	2·23	2·45	3·07	3·30	3·53	4·17
	18	20	41	1·01	1·22	1·43	2·04	2·26	2·48	3·11	3·34	3·58	4·22
	20	21	42	1·03	1·24	1·45	2·07	2·29	2·52	3·15	3·38	4·02	4·27
	22	21	42	1·04	1·25	1·47	2·10	2·32	2·55	3·19	3·43	4·07	4·32
	24	22	43	1·05	1·27	1·50	2·12	2·35	2·59	3·23	3·47	4·12	4·37
	26	22	44	1·06	1·29	1·52	2·15	2·39	3·03	3·27	3·52	4·17	4·42
	28	23	45	1·08	1·31	1·54	2·18	2·42	3·06	3·31	3·56	4·22	4·48
—	30	23	46	1·09	1·33	1·57	2·21	2·45	3·10	3·36	4·01	4·27	4·54
	AZIMUTH *continued*					155°	150°	145°	140°	135°	130°	125°	120°

When Lat. and Dec. are of the same name, the terms below the black line

AZIMUTH AND HOUR ANGLE FOR LATITUDE AND DECLINATION.

DECLINATION	LATITUDE 57°. AZIMUTH.									DECLINATION	AT TRUE HORIZON.	
	63°	66°	69°	72°	75°	78°	81°	84°	87°	90°		Amp.	Dasc.
°	h. m.	h. m.	h. m.	h. m.	h. m.	h. m.	h. m.	h. m.	h. m.	h. m.	°	° '	h. m.
+30	2·40	2·51	3·02	3·13	3·26	3·38	3·51	4·04	4·18	4·32	0	0·00	0· 0·0
28	2·46	2·57	3·08	3·20	3·33	3·45	3·58	4·11	4·25	4·39	1	1·50	6·2
26	2·52	3·03	3·14	3·27	3·39	3·52	4·05	4·18	4·32	4·46	2	3·40	12·3
24	2·58	3·09	3·20	3·33	3·45	3·58	4·11	4·25	4·39	4·53	3	5·31	18·5
22	3·03	3·15	3·26	3·39	3·51	4·04	4·17	4·31	4·45	4·59	4	7·22	24·7
20	3·08	3·20	3·32	3·44	3·57	4·10	4·23	4·37	4·51	5·05	5	9·12	0·31·0
18	3·13	3·25	3·37	3·50	4·03	4·16	4·29	4·43	4·57	5·11	6	11·04	37·3
16	3·18	3·30	3·42	3·55	4·08	4·22	4·35	4·49	5·03	5·17	7	12·56	43·6
14	3·23	3·35	3·47	4·01	4·14	4·27	4·41	4·54	5·08	5·23	8	14·48	50·0
12	3·28	3·40	3·52	4·06	4·19	4·32	4·46	5·00	5·14	5·28	9	16·42	56·5
10	3·32	3·45	3·58	4·11	4·24	4·38	4·51	5·05	5·19	5·34	10	18·36	1·03·0
8	3·37	3·50	4·02	4·16	4·29	4·43	4·57	5·11	5·25	5·39	11	20·30	09·7
6	3·42	3·54	4·07	4·21	4·34	4·48	5·02	5·16	5·30	5·44	12	22·26	16·4
4	3·46	3·59	4·12	4·26	4·39	4·53	5·07	5·21	5·35	5·50	13	24·24	23·3
+2	3·50	4·04	4·17	4·30	4·44	4·58	5·12	5·26	5·41	5·55	14	26·22	30·3
0	3·55	4·08	4·21	4·35	4·49	5·03	5·17	5·31	5·46	6·00	15	28·22	1·37·5
−2	3·59	4·13	4·26	4·40	4·54	5·08	5·22	5·37	5·51	6·05	16	30·24	44·8
4	4·04	4·17	4·31	4·45	4·59	5·13	5·27	5·42	5·56	6·10	17	32·28	52·3
6	4·08	4·22	4·36	4·50	5·04	5·18	5·33	5·47	6·01	6·16	18	34·34	2·00·1
8	4·13	4·27	4·40	4·55	5·09	5·23	5·38	5·52	6·07	6·21	19	36·43	08·1
10	4·17	4·31	4·45	5·00	5·14	5·29	5·43	5·58	6·12	6·26	20	38·54	2·16·4
12	4·22	4·36	4·50	5·05	5·20	5·34	5·48	6·03	6·17	6·32	21	41·09	24·9
14	4·27	4·41	4·55	5·10	5·25	5·39	5·54	6·08	6·23	6·37	22	43·27	33·9
16	4·32	4·46	5·00	5·15	5·30	5·45	5·59	6·14	6·29	6·43	23	45·50	43·3
18	4·36	4·51	5·06	5·21	5·36	5·50	6·05	6·20	6·34	6·49	24	48·19	53·1
20	4·41	4·56	5·11	5·26	5·41	5·56	6·11	6·26	6·40	6·55	25	50·54	3·03·6
22	4·47	5·02	5·17	5·32	5·47	6·02	6·17	6·32	6·46	7·01	26	53·36	14·2
24	4·52	5·07	5·22	5·38	5·53	6·08	6·23	6·38	6·53	7·07	27	56·28	26·7
26	4·58	5·13	5·28	5·44	6·00	6·15	6·30	6·45	6·59	7·14	28	59·32	39·8
28	5·04	5·19	5·35	5·50	6·06	6·21	6·37	6·52	7·06	7·21	29	62·54	54·4
−30	5·10	5·26	5·41	5·57	6·13	6·28	6·44	6·59	7·14	7·28	30	66·38	4·11·0
	117°	114°	111°	108°	105°	102°	99°	96°	93°	90°			

give App. Time A.M. for Azimuth on polar side of Prime Vertical.

AZIMUTH AND HOUR ANGLE FOR LATITUDE AND DECLINATION.

LATITUDE 58°.

DECLINATION.		AZIMUTH.										
		5°	10°	15°	20°	25°	30°	35°	40°	45°	50°	55°	60°
		m.	m.	h. m.	h. m.	h. m.	h. m.	h. m.	h. m.	h. m.	h. m.	h. m.	h. m.
+	30	11	22	0·33	0·44	0·56	1·08	1·20	1·33	1·47	2·02	2·17	2·34
Like Latitude.	28	11	23	34	46	58	1·11	1·24	1·37	1·52	2·07	2·22	2·39
	26	12	24	36	48	1·01	1·14	1·27	1·41	1·56	2·11	2·27	2·45
	24	12	25	37	50	1·03	1·16	1·30	1·45	2·00	2·16	2·32	2·50
	22	13	25	38	52	1·05	1·19	1·33	1·48	2·04	2·20	2·37	2·55
	20	13	26	0·40	0·53	1·07	1·21	1·36	1·51	2·07	2·24	2·41	3·00
	18	14	27	41	55	1·09	1·24	1·39	1·55	2·11	2·28	2·46	3·04
	16	14	28	42	56	1·11	1·26	1·42	1·58	2·15	2·32	2·50	3·09
	14	14	29	43	58	1·13	1·29	1·45	2·01	2·18	2·36	2·54	3·13
	12	15	30	44	1·00	1·15	1·31	1·47	2·04	2·21	2·40	2·58	3·18
	10	15	30	0·46	1·01	1·17	1·33	1·50	2·07	2·25	2·43	3·02	3·22
	8	15	31	47	1·03	1·19	1·35	1·53	2·10	2·28	2·47	3·06	3·26
	6	16	32	48	1·04	1·21	1·38	1·55	2·13	2·31	2·51	3·10	3·31
	4	16	33	49	1·06	1·23	1·40	1·58	2·16	2·35	2·54	3·14	3·35
+	2	17	33	50	1·07	1·24	1·42	2·00	2·19	2·38	2·58	3·18	3·39
	0	17	34	0·51	1·09	1·26	1·44	2·03	2·22	2·41	3·01	3·22	3·43
−	2	17	35	52	1·10	1·28	1·47	2·05	2·25	2·44	3·05	3·26	3·47
	4	18	35	53	1·12	1·30	1·49	2·08	2·28	2·48	3·08	3·30	2·51
	6	18	36	55	1·13	1·32	1·51	2·10	2·31	2·51	3·12	3·33	3·55
	8	18	37	56	1·15	1·34	1·53	2·13	2·33	2·54	3·16	3·37	4·00
	10	19	38	0·57	1·16	1·36	1·55	2·16	2·36	2·58	3·19	3·41	4·04
Unlike Latitude.	12	19	39	58	1·17	1·38	1·58	2·18	2·39	3·01	3·23	3·45	4·08
	14	20	39	59	1·19	1·39	2·00	2·21	2·43	3·04	3·27	3·49	4·13
	16	20	40	1·00	1·21	1·41	2·02	2·24	2·46	3·08	3·30	3·54	4·17
	18	20	41	1·02	1·22	1·43	2·05	2·27	2·49	3·11	3·34	3·58	4·22
	20	21	42	1·03	1·24	1·45	2·07	2·29	2·52	3·15	3·38	4·02	4·26
	22	21	43	1·04	1·26	1·48	2·10	2·32	2·55	3·19	3·43	4·07	4·31
	24	22	43	1·05	1·27	1·50	2·12	2·35	2·59	3·23	3·47	4·11	4·36
	26	22	44	1·07	1·29	1·52	2·15	2·39	3·02	3·27	3·51	4·16	4·41
	28	23	45	1·08	1·31	1·54	2·18	2·42	3·06	3·31	3·56	4·21	4·47
−	30	23	46	1·10	1·33	1·57	2·21	2·45	3·10	3·35	4·01	4·26	4·52
AZIMUT continué				160°	155°	150°	145°	140°	135°	130°	125°	120°	

Quand Lat. et Dec. sont du même nom, les termes au dessous de la ligne noire

AZIMUTH AND HOUR ANGLE FOR LATITUDE AND DECLINATION.

LATITUDE 58°.

DECLINATION.	AZIMUTH.										DECLINATION.	A L'HORIZON VRAI.	
	63°	66°	69°	72°	75°	78°	81°	84°	87°	90°		Amp.	Diff. Asc.
°	h. m.	h. m.	h. m.	h. m.	h. m.	h. m.	h. m.	h. m.	h. m.	h. m.	°	° ′	h. m.
+30	2·44	2·55	3·06	3·17	3·29	3·42	3·55	4·08	4·21	4·35	0	0·00	0· 0·0
28	2·50	3·01	3·12	3·24	3·36	3·49	4·01	4·15	4·28	4·42	1	1·53	6·4
26	2·55	3·07	3·18	3·30	3·42	3·55	4·08	4·21	4·35	4·49	2	3·47	12·8
24	3·01	3·12	3·24	3·36	3·48	4·01	4·14	4·28	4·41	4·55	3	5·40	19·2
22	3·06	3·18	3·29	3·42	3·54	4·07	4·20	4·34	4·47	5·02	4	7·34	25·7
20	3·11	3·23	3·35	3·47	4·00	4·13	4·26	4·39	4·53	5·07	5	9·28	0·32·2
18	3·16	3·28	3·40	3·52	4·05	4·18	4·31	4·45	4·59	5·13	6	11·23	38·7
16	3·21	3·33	3·45	3·58	4·11	4·24	4·37	4·51	5·05	5·19	7	13·18	45·3
14	3·25	3·37	3·50	4·03	4·16	4·29	4·42	4·56	5·10	5·24	8	15·14	52·0
12	3·30	3·42	3·55	4·08	4·21	4·34	4·48	5·01	5·15	5·29	9	17·10	58·7
10	3·34	3·47	4·00	4·13	4·26	4·39	4·53	5·07	5·21	5·35	10	19·08	1·05·6
8	3·39	3·51	4·04	4·17	4·31	4·44	4·58	5·12	5·26	5·40	11	21·06	12·5
6	3·43	3·56	4·09	4·22	4·35	4·49	5·03	5·17	5·31	5·45	12	23·06	19·5
4	3·47	4·00	4·13	4·27	4·40	4·54	5·08	5·22	5·36	5·50	13	25·07	26·7
+2	3·52	4·05	4·18	4·31	4·45	4·59	5·13	5·27	5·41	5·55	14	27·10	34·0
0	3·56	4·09	4·23	4·36	4·50	5·04	5·18	5·32	5·46	6·00	15	29·14	1·41·6
−2	4·00	4·14	4·27	4·41	4·55	5·09	5·23	5·37	5·51	6·05	16	31·21	49·3
4	4·05	4·18	4·32	4·45	4·59	5·13	5·28	5·42	5·56	6·10	17	33·29	56·9
6	4·09	4·22	4·36	4·50	5·04	5·18	5·33	5·47	6·01	6·15	18	35·40	2·05·3
8	4·13	4·27	4·41	4·55	5·09	5·23	5·37	5·52	6·06	6·20	19	37·54	13·8
10	4·18	4·32	4·46	5·00	5·14	5·28	5·43	5·57	6·11	6·25	20	40·12	2·22·5
12	4·22	4·36	4·50	5·05	5·19	5·33	5·48	6·02	6·16	6·31	21	42·33	31·6
14	4·27	4·41	4·55	5·10	5·24	5·38	5·53	6·07	6·22	6·36	22	44·59	41·1
16	4·31	4·46	5·00	5·15	5·29	5·44	5·58	6·13	6·27	6·41	23	47·30	51·2
18	4·36	4·51	5·05	5·20	5·35	5·49	6·04	6·18	6·33	6·47	24	50·08	3·01·8
20	4·41	4·56	5·10	5·25	5·40	5·55	6·09	6·24	6·38	6·53	25	52·54	13·1
22	4·46	5·01	5·16	5·31	5·46	6·00	6·16	6·30	6·44	6·58	26	55·49	25·2
24	4·51	5·06	5·21	5·36	5·51	6·06	6·21	6·36	6·50	7·05	27	58·57	38·5
26	4·57	5·12	5·27	5·42	5·57	6·12	6·27	6·42	6·57	7·11	28	62·22	53·2
28	5·02	5·18	5·33	5·48	6·03	6·19	6·34	6·49	7·03	7·18	29	66·11	4·10·0
−30	5·08	5·23	5·39	5·55	6·10	6·26	6·41	6·56	7·10	7·25	30	70·35	4·30·0
	117°	114°	111°	108°	105°	102°	99°	96°	93°	90°			

donnent l'heure vraie, matin, pour l'Azimut vers le côté polaire du Premier Vertical.

AZIMUTH AND HOUR ANGLE FOR LATITUDE AND DECLINATION.

	DECLINATION	\multicolumn{11}{c	}{LATITUDE 59°.}

	DECLINATION	\multicolumn{11}{c	}{AZIMUTH.}
		5°	10°	15°	20°	25°	30°	35°	40°	45°	50°	55°	60°
		m.	m.	h. m.	h. m.	h. m.	h. m.	h. m.	h. m.	h. m.	h. m.	h. m.	h. m.
	+30	11	22	0·34	0·46	0·58	1·10	1·23	1·36	1·50	2·05	2·21	2·37
Like Latitude.	28	12	23	35	47	1·00	1·13	1·26	1·40	1·54	2·10	2·26	2·43
	26	12	24	37	49	1·02	1·15	1·29	1·43	1·58	2·14	2·31	2·48
	24	13	25	38	51	1·04	1·18	1·32	1·47	2·02	2·18	2·35	2·53
	22	13	26	39	53	1·06	1·21	1·35	1·50	2·06	2·22	2·40	2·58
	20	13	27	0·41	0·54	1·09	1·23	1·38	1·54	2·10	2·26	2·44	3·02
	18	14	28	42	56	1·11	1·25	1·41	1·57	2·13	2·30	2·48	3·07
	16	14	28	43	58	1·12	1·28	1·44	2·00	2·17	2·34	2·53	3·11
	14	15	29	44	59	1·14	1·30	1·46	2·03	2·20	2·38	2·57	3·16
	12	15	30	45	1·01	1·16	1·32	1·49	2·06	2·23	2·41	3·01	3·20
	10	15	31	0·46	1·02	1·18	1·35	1·51	2·09	2·27	2·45	3·04	3·24
	8	16	31	47	1·04	1·20	1·37	1·54	2·12	2·30	2·49	3·08	3·28
	6	16	32	49	1·05	1·22	1·39	1·56	2·14	2·33	2·52	3·12	3·32
	4	16	33	50	1·06	1·24	1·41	1·59	2·17	2·36	2·56	3·16	3·36
	+2	17	34	51	1·08	1·25	1·43	2·01	2·20	2·39	2·59	3·20	3·40
	0	17	34	0·52	1·09	1·27	1·45	2·04	2·23	2·42	3·02	3·23	3·44
	−2	18	35	53	1·11	1·29	1·47	2·06	2·26	2·46	3·06	3·27	3·48
	4	18	36	54	1·12	1·31	1·50	2·09	2·29	2·49	3·09	3·31	3·52
	6	18	37	55	1·14	1·33	1·52	2·11	2·31	2·52	3·13	3·34	3·56
	8	19	37	56	1·15	1·34	1·54	2·14	2·34	2·55	3·16	3·38	4·00
	10	19	38	0·57	1·17	1·36	1·56	2·16	2·37	2·58	3·20	3·42	4·04
Unlike Latitude.	12	19	39	58	1·18	1·38	1·58	2·19	2·40	3·02	3·23	3·46	4·08
	14	20	40	59	1·20	1·40	2·01	2·22	2·43	3·05	3·27	3·50	4·13
	16	20	40	1·01	1·21	1·42	2·03	2·24	2·46	3·08	3·31	3·54	4·17
	18	20	41	1·02	1·23	1·44	2·05	2·27	2·49	3·12	3·35	3·58	4·21
	20	21	42	1·03	1·24	1·46	2·08	2·30	2·52	3·15	3·38	4·02	4·26
	22	21	43	1·04	1·26	1·48	2·10	2·33	2·55	3·19	3·42	4·07	4·31
	24	22	44	1·05	1·28	1·50	2·13	2·36	2·59	3·23	3·47	4·11	4·35
	26	22	44	1·07	1·29	1·52	2·15	2·39	3·02	3·26	3·51	4·16	4·40
	28	23	45	1·08	1·31	1·54	2·18	2·42	3·06	3·30	3·55	4·21	4·46
	−30	23	46	1·10	1·33	1·57	2·21	2·45	3·10	3·35	4·00	4·26	4·51
AZIMUTH continued				165°	160°	155°	150°	145°	140°	135°	130°	125°	120°

When Lat. and Dec. are of the same name, the terms below the black line

AZIMUTH AND HOUR ANGLE FOR LATITUDE AND DECLINATION.

DECLINATION.	LATITUDE 59°. AZIMUTH.									DECLINATION.	AT TRUE HORIZON.	
	63°	66°	69°	72°	75°	78°	81°	84°	87°	90°		Amp.	Dasc.
°	h. m.	h. m.	h. m.	h. m.	h. m.	h. m.	h. m.	h. m.	h. m.	h. m.	°	° ′	h. m.
+30	2·48	2·58	3·10	3·21	3·33	3·46	3·58	4·11	4·25	4·39	0	0·00	0· 0·0
28	2·53	3·04	3·16	3·27	3·40	3·52	4·05	4·18	4·32	4·45	1	1·57	6·7
26	2·59	3·10	3·21	3·33	3·46	3·58	4·11	4·24	4·38	4·52	2	3·53	13·3
24	3·04	3·15	3·27	3·39	3·51	4·04	4·17	4·30	4·44	4·58	3	5·50	20·0
22	3·09	3·20	3·32	3·44	3·57	4·10	4·23	4·36	4·50	5·04	4	7·47	26·7
20	3·14	3·25	3·37	3·50	4·02	4·15	4·28	4·42	4·56	5·09	5	9·45	0·33·5
18	3·18	3·30	3·42	3·55	4·08	4·21	4·34	4·47	5·01	5·15	6	11·43	40·3
16	3·23	3·35	3·47	4·00	4·13	4·26	4·39	4·53	5·06	5·20	7	13·41	47·2
14	3·27	3·40	3·52	4·05	4·18	4·31	4·44	4·58	5·12	5·26	8	15·41	54·1
12	3·32	3·44	3·57	4·10	4·23	4·36	4·49	5·03	5·17	5·31	9	17·41	1·01·1
10	3·36	3·49	4·01	4·14	4·27	4·41	4·54	5·08	5·22	5·36	10	19·42	1·08·3
8	3·40	3·53	4·06	4·19	4·32	4·45	4·59	5·13	5·27	5·41	11	21·45	15·5
6	3·45	3·57	4·10	4·23	4·37	4·50	5·04	5·18	5·32	5·46	12	23·49	22·9
4	3·49	4·02	4·15	4·28	4·41	4·55	5·09	5·22	5·36	5·50	13	25·54	30·4
+ 2	3·53	4·06	4·19	4·32	4·46	5·00	5·13	5·27	5·41	5·55	14	28·01	38·1
0	3·57	4·10	4·24	4·37	4·51	5·04	5·18	5·32	5·46	6·00	15	30·10	1·45·9
− 2	4·01	4·14	4·28	4·41	4·55	5·09	5·23	5·37	5·51	6·05	16	32·21	54·0
4	4·05	4·19	4·32	4·46	5·00	5·14	5·28	5·42	5·56	6·10	17	34·35	2·02·3
6	4·10	4·23	4·37	4·51	5·04	5·18	5·32	5·46	6·00	6·14	18	36·52	10·9
8	4·14	4·27	4·41	4·55	5·09	5·23	5·37	5·51	6·05	6·19	19	39·12	19·9
10	4·18	4·32	4·46	5·00	5·14	5·28	5·42	5·56	6·10	6·24	20	41·37	2·29·1
12	4·22	4·36	4·50	5·04	5·19	5·33	5·47	6·01	6·15	6·29	21	44·06	38·8
14	4·27	4·41	4·55	5·09	5·23	5·38	5·52	6·06	6·20	6·34	22	46·40	49·0
16	4·31	4·45	5·00	5·14	5·28	5·43	5·57	6·11	6·26	6·40	23	49·21	59·8
18	4·36	4·50	5·05	5·19	5·34	5·48	6·02	6·17	6·31	6·45	24	52·10	3·11·3
20	4·40	4·55	5·10	5·24	5·39	5·53	6·08	6·22	6·36	6·51	25	55·08	3·23·6
22	4·45	5·00	5·15	5·29	5·44	5·59	6·13	6·28	6·42	6·56	26	58·20	37·1
24	4·50	5·05	5·20	5·35	5·50	6·04	6·19	6·34	6·48	7·02	27	61·49	52·0
26	4·55	5·11	5·26	5·41	5·56	6·10	6·25	6·40	6·54	7·08	28	65·08	4·08·9
28	5·01	5·16	5·31	5·46	6·02	6·17	6·31	6·46	7·00	7·15	29	70·16	29·2
−30	5·06	5·22	5·37	5·53	6·08	6·23	6·38	6·53	7·07	7·21	30	76·07	4·55·7
	117°	114°	111°	108°	105°	102°	99°	96°	93°	90°			

give App. Time A.M. for Azimuth on polar side of Prime Vertical.

AZIMUTH AND HOUR ANGLE FOR LATITUDE AND DECLINATION.

LATITUDE 60°.

DECLINATION.		AZIMUTH.										
		5°	10°	15°	20°	25°	30°	35°	40°	45°	50°	55°	60°
		m.	m.	h. m.	h. m.	h. m.	h. m.	h. m.	h. m.	h. m.	h. m.	h. m.	h. m.
+	30	12	23	0·35	0·47	0·59	1·12	1·25	1·39	1·53	2·08	2·24	2·41
Like Latitude.	28	12	24	36	49	1·02	1·15	1·28	1·42	1·57	2·13	2·29	2·46
	26	12	25	38	50	1·04	1·17	1·31	1·46	2·01	2·17	2·34	2·51
	24	13	26	39	52	1·06	1·20	1·34	1·49	2·05	2·21	2·38	2·56
	22	13	27	40	54	1·08	1·22	1·37	1·52	2·08	2·25	2·42	3·00
	20	14	27	0·41	0·55	1·10	1·25	1·40	1·56	2·12	2·29	2·47	3·05
	18	14	28	42	57	1·12	1·27	1·43	1·59	2·15	2·33	2·51	3·09
	16	14	29	44	58	1·14	1·29	1·45	2·02	2·19	2·36	2·55	3·14
	14	15	30	45	1·00	1·16	1·31	1·48	2·05	2·22	2·40	2·58	3·18
	12	15	30	46	1·01	1·17	1·34	1·50	2·08	2·25	2·43	3·02	3·22
	10	16	31	0·47	1·03	1·19	1·36	1·53	2·10	2·28	2·47	3·06	3·26
	8	16	32	48	1·04	1·21	1·38	1·55	2·13	2·31	2·50	3·10	3·30
	6	16	33	49	1·05	1·23	1·40	1·58	2·16	2·34	2·54	3·13	3·34
	4	17	33	50	1·07	1·24	1·42	2·00	2·19	2·38	2·57	3·17	3·38
+	2	17	34	51	1·08	1·26	1·44	2·03	2·21	2·41	3·00	3·21	3·41
	0	17	35	0·52	1·10	1·28	1·46	2·05	2·24	2·44	3·04	3·24	3·45
−	2	18	35	53	1·11	1·30	1·48	2·07	2·27	2·47	3·07	3·28	3·49
	4	18	36	54	1·12	1·31	1·50	2·10	2·29	2·50	3·10	3·31	3·53
	6	18	37	55	1·14	1·33	1·52	2·12	2·32	2·53	3·14	3·35	3·57
	8	19	38	56	1·15	1·35	1·55	2·15	2·35	2·56	3·17	3·39	4·01
Unlike Latitude.	10	19	38	0·57	1·17	1·37	1·57	2·17	2·38	2·59	3·20	3·42	4·05
	12	19	39	59	1·18	1·38	1·59	2·20	2·40	3·02	3·24	3·46	4·09
	14	20	40	1·00	1·19	1·40	2·01	2·22	2·43	3·05	3·27	3·50	4·13
	16	20	40	1·01	1·21	1·42	2·03	2·25	2·46	3·08	3·31	3·54	4·17
	18	21	41	1·02	1·22	1·44	2·06	2·27	2·49	3·12	3·35	3·58	4·21
	20	21	42	1·03	1·24	1·46	2·08	2·30	2·52	3·15	3·38	4·02	4·26
	22	21	43	1·04	1·26	1·48	2·10	2·33	2·56	3·19	3·42	4·06	4·30
	24	22	44	1·06	1·27	1·50	2·13	2·36	2·59	3·22	3·46	4·10	4·35
	26	22	44	1·07	1·29	1·52	2·15	2·39	3·02	3·26	3·50	4·15	4·39
	28	23	45	1·08	1·31	1·54	2·18	2·42	3·06	3·30	3·55	4·19	4·44
−	30	23	46	1·09	1·32	1·57	2·20	2·45	3·09	3·34	3·59	4·24	4·50
AZIMUT		175°	170°	165°	160°	155°	150°	145°	140°	135°	130°	125°	120°

Quand Lat. et Dec. sont du même nom, les termes au dessous de la ligne noire

AZIMUTH AND HOUR ANGLE FOR LATITUDE AND DECLINATION.

DECLINATION.	LATITUDE 60°. AZIMUTH.									DECLINATION.	A L'HORIZON VRAI.	
	63°	66°	69°	72°	75°	78°	81°	84°	87°	90°	Amp.	Diff. Asc.
	h. m.	h. m.	h. m.	h. m.	h. m.	h. m.	h. m.	h. m.	h. m.	h. m.		° ′	h. m.
+30	2·52	3·02	3·13	3·25	3·37	3·49	4·02	4·15	4·28	4·42	0	0·00	0· 0·0
28	2·57	3·08	3·19	3·31	3·43	3·55	4·08	4·21	4·35	4·48	1	2·00	6·9
26	3·02	3·13	3·25	3·37	3·49	4·01	4·14	4·27	4·41	4·55	2	4·00	13·9
24	3·07	3·18	3·30	3·42	3·54	4·07	4·20	4·33	4·47	5·00	3	6·00	20·8
22	3·12	3·23	3·35	3·47	4·00	4·12	4·25	4·39	4·52	5·06	4	8·01	27·8
20	3·17	3·28	3·40	3·52	4·05	4·18	4·31	4·44	4·58	5·11	5	10·02	0·34·9
18	3·21	3·33	3·45	3·57	4·10	4·23	4·36	4·49	5·03	5·17	6	12·04	42·1
16	3·26	3·37	3·50	4·02	4·15	4·28	4·41	4·54	5·08	5·22	7	14·06	49·1
14	3·30	3·42	3·54	4·07	4·20	4·33	4·46	4·59	5·13	5·27	8	16·10	56·4
12	3·34	3·46	3·59	4·11	4·24	4·37	4·51	5·04	5·18	5·32	9	18·14	1·03·7
10	3·38	3·50	4·03	4·16	4·29	4·42	4·56	5·09	5·23	5·37	10	20·19	1·11·1
8	3·43	3·55	4·07	4·20	4·33	4·47	5·00	5·14	5·28	5·41	11	22·26	18·7
6	3·47	3·59	4·12	4·25	4·38	4·51	5·05	5·19	5·32	5·46	12	24·34	26·4
4	3·51	4·03	4·16	4·29	4·42	4·56	5·09	5·23	5·37	5·51	13	26·44	34·3
+2	3·55	4·07	4·20	4·33	4·47	5·00	5·14	5·28	5·42	5·55	14	28·56	42·3
0	3·59	4·11	4·24	4·38	4·51	5·05	5·19	5·32	5·46	6·00	15	31·10	1·50·6
−2	4·03	4·15	4·29	4·42	4·56	5·09	5·23	5·37	5·51	6·05	16	33·27	59·1
4	4·07	4·19	4·33	4·46	5·00	5·14	5·28	5·41	5·55	6·09	17	35·47	2·07·9
6	4·11	4·24	4·37	4·51	5·05	5·18	5·32	5·46	6·00	6·14	18	38·10	17·0
8	4·15	4·28	4·41	4·55	5·09	5·23	5·37	5·51	6·05	6·19	19	40·38	26·4
10	4·19	4·32	4·46	5·00	5·14	5·28	5·42	5·56	6·09	6·23	20	43·10	2·36·3
12	4·23	4·36	4·50	5·04	5·18	5·32	5·46	6·00	6·14	6·28	21	45·47	46·7
14	4·27	4·41	4·55	5·09	5·23	5·37	5·51	6·05	6·19	6·33	22	48·31	57·6
16	4·31	4·45	4·59	5·13	5·28	5·42	5·56	6·10	6·24	6·38	23	51·24	3·09·3
18	4·36	4·50	5·04	5·18	5·33	5·47	6·01	6·15	6·29	6·43	24	54·26	21·8
20	4·40	4·55	5·09	5·23	5·38	5·52	6·06	6·20	6·35	6·49	25	57·42	3·35·5
22	4·45	4·59	5·14	5·28	5·43	5·57	6·12	6·26	6·40	6·54	26	61·15	50·6
24	4·50	5·04	5·19	5·33	5·48	6·03	6·17	6·31	6·46	7·00	27	65·14	4·07·8
26	4·55	5·09	5·24	5·39	5·54	6·08	6·23	6·37	6·51	7·05	28	69·52	28·3
28	5·00	5·15	5·30	5·45	5·59	6·14	6·29	6·43	6·58	7·12	29	75·50	55·0
−30	5·05	5·20	5·35	5·50	6·06	6·20	6·35	6·50	7·04	7·18			
	117°	114°	111°	108°	105°	102°	99°	96°	93°	90°			

donnent l'heure vraie, matin, pour l'Azimut vers le côté polaire du Premier Vertical.

AZIMUTH AND HOUR ANGLE FOR LATITUDE AND DECLINATION.

DECLINATION.	LATITUDE 62°. AZIMUTH.											
		5°	10°	15°	20°	25°	30°	35°	40°	45°	50°	55°	60°
		m.	m.	h. m.	h. m.	h. m.	h. m.	h. m.	h. m.	h. m.	h. m.	h. m.	h. m.
Like Latitude.	+30°	12	25	0·37	0·50	1·02	1·16	1·30	1·45	1·59	2·14	2·31	2·48
	28	13	25	38	51	1·05	1·19	1·33	1·48	2·03	2·19	2·35	2·53
	26	13	26	40	53	1·07	1·21	1·36	1·52	2·06	2·22	2·39	2·57
	24	13	27	41	55	1·09	1·23	1·38	1·55	2·10	2·26	2·44	3·02
	22	14	28	42	56	1·11	1·26	1·41	1·57	2·13	2·30	2·48	3·06
	20	14	29	0·43	0·58	1·13	1·28	1·44	2·00	2·16	2·34	2·51	3·10
	18	15	29	44	59	1·14	1·30	1·46	2·03	2·20	2·37	2·55	3·14
	16	15	30	45	1·01	1·16	1·32	1·49	2·06	2·23	2·40	2·59	3·18
	14	15	31	46	1·02	1·18	1·34	1·51	2·08	2·26	2·44	3·03	3·22
	12	16	31	47	1·03	1·20	1·36	1·53	2·11	2·29	2·47	3·06	3·26
	10	16	32	0·48	1·05	1·21	1·38	1·56	2·14	2·32	2·50	3·09	3·29
	8	16	33	49	1·06	1·23	1·40	1·58	2·16	2·34	2·53	3·13	3·33
	6	17	33	50	1·07	1·25	1·42	2·00	2·19	2·37	2·57	3·16	3·37
	4	17	34	51	1·09	1·26	1·44	2·02	2·21	2·40	3·00	3·20	3·40
	+2	17	35	52	1·10	1·28	1·46	2·05	2·24	2·43	3·03	3·23	3·44
	0	18	35	0·53	1·11	1·30	1·48	2·07	2·26	2·46	3·06	3·26	3·47
	−2	18	36	54	1·13	1·31	1·50	2·09	2·29	2·49	3·09	3·30	3·51
	4	18	37	55	1·14	1·33	1·52	2·11	2·31	2·51	3·12	3·33	3·54
	6	19	37	56	1·15	1·34	1·54	2·14	2·34	2·54	3·15	3·36	3·58
	8	19	38	57	1·17	1·36	1·56	2·16	2·36	2·57	3·18	3·40	4·02
Unlike Latitude.	10	19	39	0·58	1·18	1·38	1·58	2·18	2·39	3·00	3·21	3·43	4·05
	12	20	39	59	1·19	1·39	2·00	2·21	2·41	3·03	3·25	3·47	4·09
	14	20	40	1·00	1·21	1·41	2·02	2·23	2·44	3·06	3·28	3·50	4·13
	16	20	41	1·01	1·22	1·43	2·04	2·25	2·46	3·09	3·31	3·54	4·17
	18	21	41	1·02	1·23	1·45	2·06	2·28	2·49	3·12	3·35	3·57	4·21
	20	21	42	1·03	1·25	1·46	2·08	2·30	2·52	3·15	3·38	4·01	4·25
	22	21	43	1·05	1·26	1·48	2·10	2·33	2·55	3·18	3·42	4·05	4·29
	24	22	44	1·06	1·28	1·50	2·13	2·36	2·58	3·22	3·45	4·09	4·33
	26	22	45	1·07	1·29	1·52	2·15	2·38	3·01	3·25	3·49	4·13	4·37
	28	23	45	1·08	1·31	1·54	2·18	2·41	3·04	3·29	3·53	4·18	4·42
	−30	23	46	1·09	1·33	1·57	2·20	2·44	3·07	3·33	3·57	4·22	4·47
AZIMUTH		175°	170°	165°	160°	155°	150°	145°	140°	135°	130°	125°	120°

When Lat. and Dec. are of the same name, the terms below the black line

AZIMUTH AND HOUR ANGLE FOR LATITUDE AND DECLINATION.

LATITUDE 62°.

DECLINATION.	AZIMUTH.									DECLINATION.	AT TRUE HORIZON.	
	63°	66°	69°	72°	75°	78°	81°	84°	87°	90°		Amp.	Dsc.
°	h.m.	h.m.	h.m.	h.m.	h.m.	h.m.	h.m.	h.m.	h.m.	h.m.	°	° ′	h. m.
+30	2·58	3·09	3·21	3·32	3·44	3·56	4·09	4·22	4·35	4·48	0	0·00	0· 0·0
28	3·03	3·14	3·26	3·38	3·50	4·02	4·15	4·28	4·41	4·54	1	2·08	7·5
26	3·08	3·19	3·31	3·43	3·55	4·07	4·20	4·33	4·46	5·00	2	4·16	15·1
24	3·13	3·24	3·36	3·48	4·00	4·13	4·25	4·38	4·52	5·05	3	6·24	22·6
22	3·17	3·29	3·41	3·53	4·05	4·18	4·30	4·44	4·57	5·10	4	8·33	30·2
20	3·22	3·33	3·45	3·57	4·10	4·22	4·35	4·49	5·02	5·15	5	10·41	0·37·9
18	3·26	3·37	3·50	4·02	4·14	4·27	4·40	4·53	5·07	5·20	6	12·52	45·6
16	3·30	3·42	3·54	4·06	4·19	4·32	4·45	4·58	5·11	5·25	7	15·03	53·4
14	3·34	3·46	3·58	4·11	4·23	4·36	4·49	5·03	5·16	5·30	8	17·15	1·01·3
12	3·38	3·50	4·02	4·15	4·28	4·41	4·54	5·07	5·20	5·34	9	19·28	09·3
10	3·41	3·54	4·06	4·19	4·32	4·45	4·58	5·11	5·25	5·38	10	21·42	1·17·5
8	3·45	3·58	4·10	4·23	4·36	4·49	5·02	5·16	5·29	5·43	11	23·59	25·8
6	3·49	4·02	4·14	4·27	4·40	4·53	5·07	5·20	5·34	5·47	12	26·17	34·3
4	3·53	4·05	4·18	4·31	4·44	4·58	5·11	5·24	5·38	5·51	13	28·34	42·9
+2	3·56	4·09	4·22	4·35	4·48	5·02	5·15	5·29	5·42	5·56	14	31·01	51·9
0	4·00	4·13	4·26	4·39	4·52	5·06	5·19	5·33	5·46	6·00	15	33·27	2·01·0
-2	4·04	4·17	4·30	4·43	4·57	5·10	5·24	5·37	5·51	6·04	16	35·57	10·5
4	4·07	4·21	4·34	4·47	5·01	5·14	5·28	5·41	5·55	6·09	17	38·31	20·4
6	4·11	4·24	4·38	4·51	5·05	5·18	5·32	5·46	5·59	6·13	18	41·10	30·7
8	4·15	4·28	4·42	4·55	5·09	5·23	5·36	5·50	6·04	6·17	19	43·54	41·4
10	4·19	4·32	4·46	4·59	5·13	5·27	5·41	5·54	6·08	6·22	20	46·46	52·8
12	4·23	4·36	4·50	5·04	5·17	5·31	5·45	5·59	6·12	6·26	21	49·46	3·04·9
14	4·26	4·40	4·54	5·08	5·22	5·35	5·49	6·03	6·17	6·30	22	52·56	17·8
16	4·30	4·44	4·58	5·12	5·26	5·40	5·54	6·08	6·21	6·35	23	56·20	31·9
18	4·34	4·48	5·02	5·16	5·31	5·45	5·58	6·12	6·26	6·40	24	60·12	47·4
20	4·38	4·53	5·07	5·21	5·35	5·49	6·03	6·17	6·31	6·45	25	64·11	4·05·1
22	4·43	4·57	5·11	5·26	5·40	5·54	6·08	6·22	6·36	6·50	26	69·02	26·1
24	4·47	5·02	5·16	5·31	5·45	5·59	6·13	6·27	6·41	6·55	27	75·15	53·6
26	4·52	5·07	5·21	5·35	5·50	6·04	6·18	6·33	6·47	7·00			
28	4·57	5·11	5·26	5·41	5·55	6·10	6·24	6·38	6·52	7·06			
-30	5·02	5·17	5·31	5·46	6·01	6·15	6·30	6·44	6·58	7·12			
	117°	114°	111°	108°	105°	102°	99°	96°	93°	90°			

give App. Time A.M. for Azimuth on polar side of Prime Vertical.

K

AZIMUTH AND HOUR ANGLE FOR LATITUDE AND DECLINATION.

LATITUDE 64°.

DECLINATION.	AZIMUTH.										
		5°	10°	15°	20°	25°	30°	35°	40°	45°	50°	55°	60°
		m.	m.	h. m.	h. m.	h. m.	h. m.	h. m.	h. m.	h. m.	h. m.	h. m.	h. m.
+30		13	26	0·39	0·52	1·06	1·20	1·34	1·49	2·04	2·20	2·37	2·54
28		13	27	40	54	1·08	1·22	1·37	1·52	2·08	2·24	2·41	2·59
26		14	27	41	56	1·10	1·25	1·40	1·55	2·11	2·28	2·45	3·03
24		14	28	43	57	1·12	1·27	1·42	1·58	2·14	2·31	2·49	3·07
22		14	29	44	58	1·13	1·29	1·45	2·01	2·18	2·35	2·53	3·11
20		15	30	0·45	1·00	1·15	1·31	1·47	2·04	2·21	2·38	2·56	3·15
18		15	30	46	1·01	1·17	1·33	1·49	2·06	2·23	2·41	3·00	3·18
16		15	31	47	1·02	1·19	1·35	1·52	2·09	2·26	2·44	3·03	3·22
14		16	32	48	1·04	1·20	1·37	1·54	2·11	2·29	2·47	3·07	3·26
12		16	32	49	1·05	1·22	1·39	1·56	2·14	2·32	2·50	3·10	3·29
10		16	33	0·50	1·06	1·23	1·41	1·58	2·16	2·35	2·53	3·13	3·33
8		17	34	50	1·07	1·25	1·42	2·00	2·19	2·37	2·56	3·16	3·36
6		17	34	51	1·08	1·26	1·44	2·02	2·21	2·40	2·59	3·19	3·39
4		17	35	52	1·10	1·28	1·46	2·05	2·23	2·43	3·02	3·22	3·43
+2		18	35	53	1·11	1·29	1·48	2·07	2·26	2·45	3·05	3·25	3·46
0		18	36	0·54	1·12	1·31	1·50	2·09	2·28	2·48	3·08	3·28	3·49
−2		18	37	55	1·14	1·32	1·52	2·11	2·30	2·50	3·11	3·31	3·52
4		19	37	56	1·15	1·34	1·53	2·13	2·33	2·53	3·14	3·34	3·56
6		19	38	57	1·16	1·35	1·55	2·15	2·35	2·56	3·16	3·38	3·59
8		19	38	58	1·17	1·37	1·57	2·17	2·38	2·59	3·19	3·41	4·02
10		20	39	0·59	1·19	1·39	1·59	2·19	2·40	3·01	3·22	3·44	4·06
12		20	40	1·00	1·20	1·40	2·01	2·21	2·42	3·04	3·25	3·47	4·09
14		20	40	1·01	1·21	1·42	2·03	2·24	2·45	3·06	3·28	3·50	4·13
16		21	41	1·02	1·22	1·43	2·04	2·26	2·47	3·09	3·31	3·54	4·16
18		21	42	1·03	1·24	1·45	2·06	2·28	2·50	3·12	3·34	3·57	4·20
20		21	42	1·04	1·25	1·47	2·08	2·30	2·53	3·15	3·38	4·01	4·24
22		22	43	1·05	1·27	1·48	2·11	2·33	2·55	3·18	3·41	4·04	4·27
24		22	44	1·06	1·28	1·50	2·13	2·35	2·58	3·21	3·44	4·08	4·31
26		22	45	1·07	1·29	1·52	2·15	2·38	3·01	3·24	3·48	4·12	4·35
28		23	45	1·08	1·31	1·54	2·17	2·40	3·04	3·28	3·52	4·16	4·40
−30		23	46	1·09	1·33	1·56	2·20	2·43	3·07	3·31	3·55	4·20	4·44
AZIMUT		175°	170°	165°	160°	155°	150°	145°	140°	135°	130°	125°	120°

Quand Lat. et Dec. sont du même nom, les termes au dessous de la ligne noire

AZIMUTH AND HOUR ANGLE FOR LATITUDE AND DECLINATION.

Declination	Latitude 64° Azimuth									Declination	A L'Horizon Vrai	
	63°	66°	69°	72°	75°	78°	81°	84°	87°	90°		Amp.	Diff. Asc.
°	h. m.	h. m.	h. m.	h. m.	h. m.	h. m.	h. m.	h. m.	h. m.	h. m.	°	° '	h. m.
+30	3·05	3·16	3·27	3·39	3·51	4·03	4·16	4·28	4·41	4·55	0	0·00	0· 0·0
28	3·10	3·21	3·32	3·44	3·56	4·08	4·21	4·34	4·47	5·00	1	2·17	8·2
26	3·14	3·25	3·37	3·49	4·01	4·13	4·26	4·39	4·52	5·05	2	4·34	16·4
24	3·18	3·30	3·41	3·53	4·06	4·18	4·31	4·43	4·57	5·10	3	6·51	24·7
22	3·22	3·34	3·46	3·58	4·10	4·23	4·35	4·48	5·01	5·14	4	9·09	33·0
20	3·26	3·38	3·50	4·02	4·14	4·27	4·40	4·53	5·06	5·19	5	11·28	0·41·3
18	3·30	3·42	3·54	4·06	4·19	4·31	4·44	4·57	5·10	5·24	6	13·48	49·8
16	3·34	3·46	3·58	4·10	4·23	4·36	4·48	5·01	5·15	5·28	7	16·08	58·3
14	3·38	3·50	4·02	4·14	4·27	4·40	4·53	5·06	5·19	5·32	8	18·31	1·07·0
12	3·41	3·53	4·05	4·18	4·31	4·44	4·57	5·10	5·23	5·36	9	20·54	15·8
10	3·45	3·57	4·09	4·22	4·35	4·48	5·01	5·14	5·27	5·40	10	23·20	1·24·8
8	3·48	4·01	4·13	4·26	4·39	4·52	5·05	5·18	5·31	5·44	11	25·48	33·9
6	3·52	4·04	4·16	4·29	4·42	4·55	5·08	5·22	5·35	5·48	12	28·19	43·3
4	3·55	4·08	4·20	4·33	4·46	4·59	5·12	5·26	5·39	5·52	13	30·52	53·0
+2	3·58	4·11	4·24	4·37	4·50	5·03	5·16	5·29	5·43	5·56	14	33·30	2·03·0
0	4·02	4·15	4·27	4·40	4·54	5·07	5·20	5·33	5·47	6·00	15	36·11	13·3
−2	4·05	4·18	4·31	4·44	4·57	5·11	5·24	5·37	5·51	6·04	16	38·58	24·0
4	4·09	4·22	4·34	4·48	5·01	5·14	5·28	5·41	5·54	6·08	17	41·50	35·3
6	4·12	4·25	4·38	4·52	5·05	5·18	5·32	5·45	5·58	6·12	18	44·49	47·1
8	4·15	4·29	4·42	4·55	5·09	5·22	5·36	5·49	6·02	6·16	19	47·58	59·6
10	4·19	4·32	4·45	4·59	5·13	5·26	5·39	5·53	6·06	6·20	20	51·17	3·13·1
12	4·23	4·36	4·49	5·03	5·16	5·30	5·43	5·57	6·10	6·24	21	54·50	27·6
14	4·26	4·40	4·53	5·07	5·20	5·34	5·48	6·01	6·15	6·28	22	58·43	43·7
16	4·30	4·43	4·57	5·11	5·24	5·38	5·52	6·05	6·19	6·32	23	63·03	4·02·0
18	4·34	4·47	5·01	5·15	5·29	5·42	5·56	6·10	6·23	6·36	24	68·06	23·6
20	4·37	4·51	5·05	5·19	5·33	5·47	6·00	6·14	6·27	6·41	25	74·36	51·8
22	4·41	4·55	5·09	5·23	5·37	5·51	6·05	6·18	6·32	6·46			
24	4·45	4·59	5·13	5·28	5·42	5·56	6·09	6·23	6·37	6·50			
26	4·50	5·04	5·18	5·32	5·46	6·00	6·14	6·28	6·42	6·55			
28	4·54	5·08	5·22	5·37	5·51	6·05	6·19	6·33	6·47	7·00			
−30	4·59	5·13	5·27	5·42	5·56	6·10	6·24	6·38	6·52	7·05			
	117°	114°	111°	108°	105°	102°	99°	96°	93°	90°			

donnent l'heure vraie, matin, pour l'Azimut vers le côté polaire du Premier Vertical.

AZIMUTH AND HOUR ANGLE FOR LATITUDE AND DECLINATION.

Latitude 66°.

	Declination	Azimuth										
		5°	10°	15°	20°	25°	30°	35°	40°	45°	50°	55°	60°
		m.	m.	h. m.	h. m.	h. m.	h. m.	h. m.	h. m.	h. m.	h. m.	h. m.	h. m.
+	30	14	27	0·41	0·55	1·09	1·24	1·39	1·54	2·10	2·26	2·43	3·01
	28	14	28	42	57	1·11	1·26	1·41	1·57	2·13	2·30	2·47	3·05
	26	14	29	43	58	1·13	1·28	1·44	2·00	2·16	2·33	2·50	3·09
	24	15	29	44	59	1·14	1·30	1·46	2·02	2·19	2·36	2·54	3·12
	22	15	30	45	1·01	1·16	1·32	1·48	2·05	2·22	2·39	2·57	3·16
Like Latitude.	20	15	31	0·46	1·02	1·18	1·34	1·50	2·07	2·25	2·42	3·01	3·19
	18	16	31	47	1·03	1·19	1·36	1·53	2·10	2·27	2·45	3·04	3·23
	16	16	32	48	1·04	1·21	1·38	1·55	2·12	2·30	2·48	3·07	3·26
	14	16	33	49	1·06	1·22	1·39	1·57	2·14	2·32	2·51	3·10	3·29
	12	17	33	50	1·07	1·24	1·41	1·59	2·17	2·35	2·54	3·13	3·32
	10	17	34	0·51	1·08	1·25	1·43	2·01	2·19	2·38	2·56	3·16	3·36
	8	17	34	52	1·09	1·27	1·45	2·03	2·21	2·40	2·59	3·19	3·39
	6	17	35	52	1·10	1·28	1·46	2·05	2·23	2·42	3·02	3·22	3·42
	4	18	35	53	1·11	1·29	1·48	2·07	2·26	2·45	3·04	3·24	3·45
+	2	18	36	54	1·12	1·31	1·50	2·09	2·28	2·47	3·07	3·27	3·48
	0	18	37	0·55	1·14	1·32	1·51	2·10	2·30	2·50	3·10	3·30	3·51
−	2	19	37	56	1·15	1·34	1·53	2·12	2·32	2·52	3·12	3·33	3·54
	4	19	38	57	1·16	1·35	1·55	2·14	2·34	2·54	3·15	3·36	3·57
	6	19	38	58	1·17	1·36	1·56	2·16	2·36	2·57	3·18	3·39	4·00
	8	19	39	58	1·18	1·38	1·58	2·18	2·39	2·59	3·20	3·42	4·03
	10	20	39	0·59	1·19	1·40	2·00	2·20	2·41	3·02	3·24	3·44	4·06
Unlike Latitude.	12	20	40	1·00	1·20	1·41	2·01	2·22	2·43	3·04	3·26	3·47	4·09
	14	20	41	1·01	1·22	1·42	2·03	2·24	2·45	3·07	3·28	3·50	4·12
	16	21	41	1·02	1·23	1·44	2·05	2·26	2·48	3·09	3·31	3·53	4·16
	18	21	42	1·03	1·24	1·45	2·07	2·28	2·50	3·12	3·34	3·56	4·19
	20	21	43	1·04	1·25	1·47	2·09	2·30	2·53	3·15	3·37	4·00	4·22
	22	22	43	1·05	1·27	1·48	2·10	2·33	2·55	3·18	3·40	4·03	4·26
	24	22	44	1·06	1·28	1·50	2·12	2·35	2·58	3·20	3·43	4·06	4·29
	26	22	45	1·07	1·29	1·52	2·14	2·37	3·00	3·23	3·47	4·10	4·33
	28	23	45	1·08	1·31	1·54	2·17	2·40	3·03	3·26	3·50	4·13	4·37
−	30	23	46	1·09	1·32	1·55	2·19	2·42	3·06	3·30	3·53	4·17	4·41
Azimuth		175°	170°	165°	160°	155°	150°	145°	140°	135°	130°	125°	120°

When Lat. and Dec. are of the same name, the terms below the black line

AZIMUTH AND HOUR ANGLE FOR LATITUDE AND DECLINATION.

DECLINATION.	LATITUDE 66°. AZIMUTH.									DECLINATION.	AT TRUE HORIZON.	
	63°	66°	69°	72°	75°	78°	81°	84°	87°	90°		Amp.	Dasc.
°	h. m.	h. m.	h. m.	h. m.	h. m.	h. m.	h. m.	h. m.	h. m.	h. m.	°	° ′	h. m.
+30	3·11	3·23	3·34	3·46	3·57	4·10	4·22	4·35	4·47	5·00	0	0·00	0· 0·0
28	3·16	3·27	3·38	3·50	4·02	4·14	4·27	4·39	4·52	5·05	1	2·28	9·0
26	3·20	3·31	3·43	3·54	4·07	4·19	4·31	4·44	4·57	5·10	2	4·55	18·0
24	3·23	3·35	3·47	3·59	4·11	4·23	4·36	4·48	5·01	5·14	3	7·24	27·0
22	3·27	3·39	3·51	4·03	4·15	4·27	4·40	4·53	5·06	5·19	4	9·53	36·1
20	3·31	3·43	3·54	4·07	4·19	4·31	4·44	4·57	5·10	5·23	5	12·22	0·45·3
18	3·34	3·46	3·58	4·10	4·23	4·35	4·48	5·01	5·14	5·27	6	14·54	54·6
16	3·38	3·50	4·02	4·14	4·26	4·39	4·52	5·05	5·18	5·31	7	17·26	1·04·0
14	3·41	3·53	4·05	4·18	4·30	4·43	4·56	5·08	5·21	5·35	8	20·01	13·6
12	3·44	3·57	4·09	4·21	4·34	4·46	4·59	5·12	5·25	5·38	9	22·37	23·4
10	3·48	4·00	4·12	4·25	4·37	4·50	5·03	5·16	5·29	5·42	10	25·16	1·33·3
8	3·51	4·03	4·16	4·28	4·41	4·54	5·06	5·19	5·33	5·46	11	27·59	43·5
6	3·54	4·06	4·19	4·32	4·44	4·57	5·10	5·20	5·36	5·49	12	30·45	54·1
4	3·57	4·10	4·22	4·35	4·48	5·01	5·14	5·27	5·40	5·53	13	33·35	2·04·9
+2	4·00	4·13	4·26	4·38	4·51	5·04	5·17	5·30	5·43	5·56	14	36·30	16·2
0	4·03	4·16	4·29	4·42	4·55	5·08	5·21	5·34	5·47	6·00	15	39·31	2·28·0
−2	4·06	4·19	4·32	4·45	4·58	5·11	5·24	5·37	5·50	6·04	16	42·40	40·4
4	4·10	4·23	4·35	4·48	5·01	5·15	5·28	5·41	5·54	6·07	17	45·57	53·5
6	4·13	4·26	4·39	4·52	5·05	5·18	5·31	5·44	5·58	6·11	18	49·27	3·07·5
8	4·16	4·29	4·42	4·55	5·08	5·22	5·35	5·48	6·01	6·14	19	53·10	22·6
10	4·19	4·32	4·45	4·59	5·12	5·25	5·38	5·52	6·05	6·18	20	57·14	3·39·3
12	4·22	4·36	4·49	5·02	5·15	5·29	5·42	5·55	6·09	6·22	21	61·46	58·2
14	4·26	4·39	4·52	5·06	5·19	5·32	5·46	5·59	6·12	6·25	22	67·04	4·20·6
16	4·29	4·42	4·56	5·09	5·23	5·36	5·50	6·03	6·16	6·29	23	73·52	49·7
18	4·32	4·46	4·59	5·13	5·26	5·40	5·53	6·07	6·20	6·33			
20	4·36	4·50	5·03	5·17	5·30	5·44	5·57	6·11	6·24	6·37			
22	4·40	4·53	5·07	5·21	5·34	5·48	6·01	6·15	6·28	6·41			
24	4·43	4·57	5·11	5·25	5·38	5·52	6·06	6·19	6·33	6·46			
26	4·47	5·01	5·15	4·29	5·43	5·56	6·10	6·24	6·37	6·50			
28	4·51	5·05	5·19	5·33	5·47	6·01	6·15	6·28	6·42	6·55			
−30	4·55	5·10	5·24	5·38	5·52	6·06	6·19	6·33	6·46	7·00			
	117°	114°	111°	108°	105°	102°	99°	96°	93°	90°			

give App. Time A.M. for Azimuth on polar side of Prime Vertical.

AZIMUTH AND HOUR ANGLE FOR LATITUDE AND DECLINATION.

LATITUDE 68°.

	DECLINATION	\multicolumn{12}{c}{AZIMUTH}

	DECLINATION	5°	10°	15°	20°	25°	30°	35°	40°	45°	50°	55°	60°
		m.	m.	h. m.	h. m.	h. m.	h. m.	h. m.	h. m.	h. m.	h. m.	h. m.	h. m.
	+30	14	28	0·43	0·57	1·13	1·27	1·43	1·59	2·14	2·32	2·49	3·07
Like Latitude	28	15	29	44	59	1·14	1·29	1·45	2·01	2·18	2·35	2·52	3·10
	26	15	30	45	1·00	1·16	1·31	1·47	2·04	2·21	2·38	2·56	3·14
	24	15	30	46	1·01	1·17	1·33	1·49	2·06	2·23	2·41	2·59	3·17
	22	16	31	47	1·03	1·19	1·35	1·52	2·08	2·26	2·44	3·02	3·20
	20	16	32	0·48	1·04	1·20	1·37	1·54	2·11	2·28	2·46	3·05	3·24
	18	16	32	49	1·05	1·22	1·38	1·56	2·13	2·31	2·49	3·08	3·27
	16	16	33	49	1·06	1·23	1·40	1·58	2·15	2·33	2·52	3·11	3·30
	14	17	33	50	1·07	1·24	1·42	1·59	2·17	2·36	2·55	3·13	3·33
	12	17	34	51	1·08	1·26	1·43	2·01	2·19	2·38	2·57	3·16	3·36
	10	17	35	0·52	1·09	1·27	1·45	2·03	2·22	2·40	2·59	3·19	3·38
	8	17	35	53	1·10	1·28	1·47	2·05	2·24	2·43	3·02	3·21	3·41
	6	18	36	53	1·11	1·30	1·48	2·07	2·26	2·45	3·04	3·24	3·44
	4	18	36	54	1·13	1·31	1·50	2·08	2·28	2·47	3·07	3·27	3·47
	+2	18	37	55	1·14	1·32	1·51	2·10	2·30	2·49	3·09	3·29	3·50
	0	19	37	0·56	1·15	1·34	1·53	2·12	2·32	2·51	3·11	3·32	3·52
	−2	19	38	57	1·16	1·35	1·54	2·14	2·34	2·54	3·14	3·34	3·55
	4	19	38	57	1·17	1·36	1·56	2·15	2·36	2·56	3·16	3·37	3·58
	6	19	39	58	1·18	1·37	1·57	2·17	2·38	2·58	3·19	3·40	4·01
	8	20	39	59	1·19	1·39	1·59	2·19	2·40	3·00	3·21	3·42	4·03
	10	20	40	1·00	1·20	1·40	2·00	2·21	2·42	3·02	3·24	3·45	4·06
Unlike Latitude	12	20	40	1·01	1·21	1·41	2·02	2·23	2·44	3·05	3·26	3·47	4·09
	14	20	41	1·01	1·22	1·43	2·04	2·25	2·46	3·07	3·28	3·50	4·12
	16	21	41	1·02	1·23	1·44	3·05	2·26	2·48	3·09	3·31	3·53	4·15
	18	21	42	1·03	1·24	1·46	2·07	2·28	2·50	3·12	3·34	3·56	4·18
	20	21	43	1·04	1·25	1·47	2·09	2·30	2·52	3·14	3·36	3·59	4·21
	22	22	43	1·05	1·26	1·48	2·10	2·32	2·55	3·17	3·39	4·02	4·24
	24	22	44	1·06	1·28	1·50	2·12	2·34	2·57	3·19	3·42	4·05	4·27
	26	22	44	1·07	1·29	1·52	2·14	2·37	2·59	3·22	3·45	4·08	4·31
	28	23	45	1·08	1·30	1·53	2·16	2·39	3·02	3·25	3·48	4·11	4·34
	−30	23	46	1·09	1·32	1·54	2·18	2·41	3·04	3·29	3·51	4·15	4·38
AZIMUT		175°	170°	165°	160°	155°	150°	145°	140°	135°	130°	125°	120°

Quand Lat. et Dec. sont du même nom, les termes au dessous de la ligne noire

AZIMUTH AND HOUR ANGLE FOR LATITUDE AND DECLINATION.

Latitude 68°.

DECLINATION.	AZIMUTH.									DECLINATION.	A L'HORIZON VRAI.	
	63°	66°	69°	72°	75°	78°	81°	84°	87°	90°		Amp.	Diff. Asc.
°	h. m.	h. m.	h. m.	h. m.	h. m.	h. m.	h. m.	h. m.	h. m.	h. m.	°	° ′	h. m.
+30	3·18	3·29	3·40	3·52	4·04	4·16	4·28	4·41	4·53	5·06	0	0·00	0· 0·0
28	3·21	3·33	3·44	3·56	4·08	4·20	4·32	4·45	4·58	5·10	1	2·40	9·9
26	3·25	3·36	3·48	4·00	4·12	4·24	4·36	4·49	5·02	5·14	2	5·21	19·8
24	3·29	3·40	3·52	4·04	4·16	4·28	4·40	4·53	5·06	5·19	3	8·02	29·8
22	3·32	3·44	3·55	4·07	4·19	4·32	4·44	4·57	5·10	5·22	4	10·44	39·9
20	3·35	3·47	3·58	4·11	4·23	4·35	4·48	5·01	5·13	5·26	5	13·27	0·50·0
18	3·38	3·50	4·02	4·14	4·26	4·39	4·51	5·04	5·17	5·30	6	16·12	1·00·3
16	3·42	3·53	4·05	4·18	4·30	4·42	4·55	5·08	5·20	5·33	7	18·59	10·8
14	3·45	3·57	4·09	4·21	4·33	4·46	4·58	5·11	5·24	5·37	8	21·49	21·4
12	3·48	4·00	4·12	4·24	4·36	4·49	5·02	5·15	5·27	5·40	9	24·41	32·3
10	3·51	4·03	4·15	4·27	4·40	4·52	5·05	5·18	5·31	5·44	10	27·37	1·43·5
8	3·53	4·06	4·18	4·30	4·43	4·56	5·08	5·21	5·34	5·47	11	30·37	55·0
6	3·56	4·09	4·21	4·34	4·46	4·59	5·12	5·24	5·37	5·50	12	33·43	2·07·0
4	3·59	4·12	4·24	4·37	4·49	5·02	5·15	5·28	5·41	5·54	13	36·54	19·4
+2	4·02	4·14	4·27	4·40	4·52	5·05	5·18	5·31	5·44	5·57	14	40·14	32·4
0	4·05	4·17	4·30	4·43	4·55	5·08	5·21	5·34	5·47	6·00	15	43·42	2·46·2
−2	4·08	4·20	4·33	4·46	4·58	5·11	5·24	5·37	5·50	6·03	16	47·22	3·00·8
4	4·11	4·23	4·36	4·49	5·02	5·15	5·28	5·41	5·54	6·06	17	51·18	16·7
6	4·13	4·26	4·39	4·52	5·05	5·18	5·31	5·44	5·57	6·10	18	53·35	34·1
8	4·16	4·29	4·42	4·55	5·08	5·21	5·34	5·47	6·00	6·13	19	60·21	53·8
10	4·19	4·32	4·45	4·58	5·11	5·24	5·37	5·50	6·03	6·16	20	65·55	4·17·1
12	4·22	4·35	4·48	5·01	5·14	5·28	5·41	5·54	6·07	6·20	21	73·04	47·3
14	4·25	4·38	4·51	5·05	5·18	5·31	5·44	5·57	6·10	6·23			
16	4·28	4·41	4·55	5·08	5·21	5·34	5·47	6·01	6·14	6·27			
18	4·31	4·45	4·58	5·11	5·24	5·38	5·51	6·04	6·17	6·30			
20	4·34	4·48	5·02	5·15	5·28	5·41	5·55	6·08	6·21	6·34			
22	4·38	4·51	5·05	5·18	5·31	5·45	5·58	6·11	6·25	6·38			
24	4·41	4·55	5·08	5·22	5·35	5·49	6·02	6·15	6·28	6·41			
26	4·45	4·58	5·12	5·26	5·39	5·53	6·06	6·19	6·32	6·46			
28	4·48	5·02	5·16	5·30	5·43	5·57	6·10	6·23	6·37	6·50			
−30	4·52	5·06	5·20	5·34	5·47	6·01	6·14	6·28	6·41	6·54			
	117°	114°	111°	108°	105°	102°	99°	96°	93°	90°			

donnent l'heure vraie, matin, pour l'Azimut vers le côté polaire du Premier Vertical.

AZIMUTH AND HOUR ANGLE FOR LATITUDE AND DECLINATION.

Latitude 70°.

	DECLINATION.	\multicolumn{12}{c}{AZIMUTH.}

	DECLINATION.	5°	10°	15°	20°	25°	30°	35°	40°	45°	50°	55°	60°
		m.	m.	h. m.	h. m.	h. m.	h. m.	h. m.	h. m.	h. m.	h. m.	h. m.	h. m.
+	30	15	30	0·45	1·00	1·15	1·31	1·47	2·03	2·19	2·37	2·54	3·12
	28	15	30	46	1·01	1·17	1·33	1·49	2·06	2·22	2·40	2·58	3·16
	26	15	31	47	1·02	1·18	1·35	1·51	2·08	2·25	2·43	3·00	3·19
	24	16	32	47	1·04	1·20	1·36	1·53	2·10	2·27	2·45	3·03	3·22
	22	16	32	48	1·05	1·21	1·38	1·55	2·12	2·30	2·48	3·06	3·25
Like Latitude.	20	16	33	0·49	1·06	1·23	1·40	1·57	2·14	2·32	2·50	3·09	3·28
	18	17	33	50	1·07	1·24	1·41	1·58	2·16	2·34	2·53	3·11	3·31
	16	17	34	51	1·08	1·25	1·43	2·00	2·18	2·36	2·55	3·14	3·33
	14	17	34	51	1·09	1·26	1·44	2·02	2·20	2·39	2·57	3·17	3·36
	12	17	35	52	1·10	1·28	1·46	2·04	2·22	2·41	3·00	3·19	3·39
	10	18	35	0·53	1·11	1·29	1·47	2·05	2·24	2·43	3·02	3·21	3·41
	8	18	36	54	1·12	1·30	1·48	2·07	2·26	2·45	3·04	3·24	3·44
	6	18	36	54	1·13	1·31	1·50	2·09	2·28	2·47	3·06	3·26	3·46
	4	18	37	55	1·14	1·32	1·51	2·10	2·30	2·49	3·09	3·28	3·49
+	2	19	37	56	1·15	1·33	1·53	2·12	2·31	2·51	3·11	3·31	3·51
	0	19	38	0·57	1·16	1·35	1·54	2·13	2·33	2·53	3·13	3·33	3·54
−	2	19	38	57	1·16	1·36	1·55	2·15	2·35	2·55	3·15	3·36	3·56
	4	19	39	58	1·17	1·37	1·57	2·17	2·37	2·57	3·17	3·38	3·59
	6	20	39	59	1·18	1·38	1·58	2·18	2·39	2·59	3·19	3·40	4·01
	8	20	40	59	1·19	1·39	1·59	2·20	2·40	3·01	3·22	3·43	4·04
	10	20	40	1·00	1·20	1·41	2·01	2·21	2·42	3·03	3·24	3·45	4·06
Unlike Latitude.	12	20	41	1·01	1·21	1·42	2·02	2·23	2·44	3·05	3·26	3·47	4·09
	14	20	41	1·02	1·22	1·43	2·04	2·25	2·46	3·07	3·28	3·50	4·11
	16	20	42	1·03	1·23	1·44	2·05	2·27	2·48	3·09	3·31	3·52	4·14
	18	21	42	1·03	1·24	1·45	2·07	2·28	2·50	3·11	3·33	3·55	4·17
	20	21	43	1·04	1·25	1·47	2·08	2·30	2·52	3·14	3·36	3·58	4·20
	22	21	43	1·05	1·26	1·48	2·10	2·32	2·54	3·16	3·38	4·00	4·23
	24	22	44	1·06	1·28	1·49	2·12	2·34	2·57	3·18	3·41	4·03	4·25
	26	22	44	1·06	1·29	1·51	2·13	2·36	2·58	3·21	3·43	4·06	4·29
	28	22	45	1·07	1·30	1·52	2·15	2·38	3·01	3·23	3·46	4·09	4·32
−	30	23	46	1·08	1·31	1·54	2·17	2·40	3·03	3·27	3·49	4·12	4·35
AZIMUT		175°	170°	165°	160°	155°	150°	145°	140°	135°	130°	125°	120°

When Lat. and Dec. are of the same name, the terms below the black line

AZIMUTH AND HOUR ANGLE FOR LATITUDE AND DECLINATION.

DECLINATION.	LATITUDE 70°. AZIMUTH.									DECLINATION.	AT TRUE HORIZON.	
	63°	66°	69°	72°	75°	78°	81°	84°	87°	90°		Amp.	Dasc.
°	h. m.	h. m.	h. m.	h. m.	h. m.	h. m.	h. m.	h. m.	h. m.	h. m.	°	° ′	h. m.
+30	3·24	3·35	3·46	3·58	4·10	4·22	4·34	4·46	4·59	5·11	0	0·00	0· 0·0
28	3·27	3·38	3·50	4·02	4·13	4·25	4·38	4·50	5·03	5·15	1	2·56	11·0
26	3·30	3·42	3·53	4·05	4·17	4·29	4·41	4·54	5·06	5·19	2	5·51	22·0
24	3·33	3·45	3·57	4·08	4·20	4·33	4·45	4·57	5·10	5·23	3	8·48	33·1
22	3·36	3·48	4·00	4·12	4·24	4·36	4·48	5·01	5·13	5·26	4	11·46	44·3
20	3·39	3·51	4·03	4·15	4·27	4·39	4·52	5·04	5·17	5·30	5	14·46	0·55·6
18	3·42	3·54	4·06	4·18	4·30	4·43	4·55	5·07	5·20	5·33	6	17·48	1·07·1
16	3·45	3·57	4·09	4·21	4·33	4·46	4·58	5·10	5·23	5·36	7	20·52	18·9
14	3·48	4·00	4·12	4·24	4·36	4·49	5·01	5·14	5·26	5·39	8	24·01	30·9
12	3·51	4·03	4·15	4·27	4·39	4·52	5·04	5·17	5·30	5·42	9	27·13	43·2
10	3·53	4·05	4·17	4·30	4·42	4·55	5·07	5·20	5·33	5·45	10	30·31	1·55·9
8	3·56	4·08	4·20	4·33	4·45	4·58	5·10	5·23	5·36	5·48	11	33·55	2·09·1
6	3·58	4·11	4·23	4·35	4·48	5·00	5·13	5·26	5·38	5·51	12	37·26	22·9
4	4·01	4·13	4·26	4·38	4·51	5·03	5·16	5·29	5·41	5·54	13	41·08	37·5
+2	4·04	4·16	4·28	4·41	4·54	5·06	5·19	5·32	5·44	5·57	14	45·01	52·9
0	4·06	4·19	4·31	4·44	4·56	5·09	5·22	5·34	5·47	6·00	15	49·11	3·09·6
−2	4·09	4·21	4·34	4·46	4·59	5·12	5·25	5·37	5·50	6·03	16	53·42	27·9
4	4·11	4·24	4·37	4·49	5·02	5·15	5·27	5·40	5·53	6·06	17	58·45	48·6
6	4·14	4·27	4·39	4·52	5·05	5·18	5·30	5·43	5·56	6·09	18	64·54	4·12·9
8	4·16	4·29	4·42	4·55	5·08	5·20	5·33	5·46	5·59	6·12	19	72·09	44·4
10	4·19	4·32	4·45	4·58	5·10	5·23	5·36	5·49	6·02	6·15			
12	4·22	4·35	4·48	5·00	5·13	5·26	5·39	5·52	6·05	6·18			
14	4·24	4·37	4·50	5·03	5·16	5·29	5·42	5·55	6·08	6·21			
16	4·27	4·40	4·53	5·06	5·19	5·32	5·45	5·58	6·11	6·24			
18	4·30	4·43	4·56	5·09	5·22	5·36	5·49	6·01	6·14	6·27			
20	4·33	4·46	4·59	5·12	5·26	5·39	5·52	6·05	6·17	6·30			
22	4·36	4·49	5·02	5·16	5·29	5·42	5·55	6·08	6·21	6·34			
24	4·39	4·52	5·06	5·19	5·32	5·45	5·58	6·12	6·24	6·37			
26	4·42	4·56	5·09	5·22	5·26	5·49	6·02	6·15	6·28	6·41			
28	4·45	4·59	5·12	5·26	5·39	5·53	6·06	6·19	6·32	6·45			
−30	4·49	5·02	5·16	5·29	5·43	5·56	6·10	6·23	6·36	6·49			
	117°	114°	111°	108°	105°	102°	99°	96°	93°	90°			

give App. Time A.M. for Azimuth on polar side of Prime Vertical.

AZIMUTH AND HOUR ANGLE FOR LATITUDE AND DECLINATION.

LATITUDE 72°.

DECLINATION		AZIMUTH										
		5°	10°	15°	20°	25°	30°	35°	40°	45°	50°	55°	60°
		m.	m.	h. m.	h. m.	h. m.	h. m.	h. m.	h. m.	h. m.	h. m.	h. m.	h. m.
+	30°	15	31	0·47	1·02	1·19	1·34	1·51	2·07	2·25	2·42	3·00	3·18
Like Latitude	28	16	32	47	1·03	1·20	1·36	1·53	2·10	2·27	2·45	3·03	3·21
	26	16	32	48	1·04	1·21	1·38	1·55	2·12	2·29	2·47	3·05	3·24
	24	16	33	49	1·06	1·23	1·39	1·56	2·14	2·31	2·49	3·08	3·27
	22	17	33	50	1·07	1·24	1·41	1·58	2·16	2·33	2·52	3·10	3·29
	20	17	34	0·51	1·08	1·25	1·42	2·00	2·17	2·36	2·54	3·13	3·32
	18	17	34	51	1·08	1·26	1·43	2·01	2·19	2·38	2·56	3·15	3·34
	16	17	35	52	1·09	1·27	1·45	2·03	2·21	2·40	2·58	3·17	3·37
	14	17	35	53	1·10	1·28	1·46	2·04	2·23	2·41	3·00	3·20	3·39
	12	18	35	53	1·11	1·29	1·47	2·06	2·24	2·43	3·02	3·22	3·41
	10	18	36	0·54	1·12	1·30	1·49	2·07	2·26	2·45	3·04	3·24	3·44
	8	18	36	55	1·13	1·32	1·50	2·09	2·28	2·47	3·06	3·26	3·46
	6	18	37	55	1·14	1·33	1·51	2·10	2·29	2·49	3·08	3·28	3·48
	4	19	37	56	1·15	1·34	1·53	2·12	2·31	2·51	3·10	3·30	2·51
+	2	19	38	57	1·16	1·35	1·54	2·13	2·33	2·52	3·12	3·32	3·53
	0	19	38	0·57	1·16	1·36	1·55	2·15	2·34	2·54	3·14	3·35	3·55
−	2	19	39	58	1·17	1·37	1·56	2·16	2·36	2·56	3·16	3·37	3·57
	4	19	39	58	1·18	1·38	1·58	2·18	2·38	2·58	3·18	3·39	3·59
	6	20	39	59	1·19	1·39	1·59	2·19	2·39	3·00	3·20	3·41	4·02
	8	20	40	1·00	1·20	1·40	2·00	2·20	2·41	3·01	3·22	3·43	4·04
Unlike Latitude	10	20	40	1·00	1·21	1·41	2·01	2·22	2·43	3·03	3·24	3·45	4·06
	12	20	41	1·01	1·22	1·42	2·03	2·23	2·44	3·05	3·26	3·47	4·08
	14	21	41	1·02	1·22	1·43	2·04	2·25	2·46	3·07	3·28	3·50	4·11
	16	21	42	1·02	1·23	1·44	2·05	2·26	2·48	3·09	3·30	3·52	4·13
	18	21	42	1·03	1·24	1·45	2·07	2·28	2·49	3·11	3·32	3·54	4·16
	20	21	43	1·04	1·25	1·46	2·08	2·30	2·51	3·13	3·35	3·56	4·18
	22	22	43	1·05	1·26	1·48	2·10	2·31	2·53	3·15	3·37	3·59	4·21
	24	22	44	1·05	1·27	1·49	2·11	2·33	2·55	3·17	3·39	4·01	4·23
	26	22	44	1·06	1·28	1·50	2·13	2·35	2·57	3·19	3·42	4·04	4·26
	28	22	45	1·07	1·29	1·51	2·14	2·37	2·59	3·22	3·44	4·07	4·29
−	30	23	45	1·08	1·30	1·53	2·16	2·39	3·01	3·24	3·47	4·09	4·32
AZIMUT		175°	170°	165°	160°	155°	150°	145°	140°	135°	130°	125°	120°

Quand Lat. et Dec. sont du même nom, les termes au dessous de la ligne noire

AZIMUTH AND HOUR ANGLE FOR LATITUDE AND DECLINATION.

DECLINATION.	LATITUDE 72°. AZIMUTH.									DECLINATION.	A L'HORIZON VRAI.	
	63°	66°	69°	72°	75°	78°	81°	84°	87°	90°		Amp.	Diff. Asc.
°	h. m.	h. m.	h. m.	h. m.	h. m.	h. m.	h. m.	h. m.	h. m.	h. m.	°	° ′	h. m.
+30	3·29	3·41	3·52	4·04	4·15	4·27	4·40	4·52	5·04	5·17	0	0·00	0· 0·0
28	3·32	3·44	3·55	4·07	4·19	4·31	4·43	4·56	5·08	5·20	1	3·14	12·3
26	3·35	3·47	3·58	4·10	4·22	4·34	4·46	4·59	5·11	5·24	2	6·29	24·7
24	3·38	3·50	4·01	4·13	4·25	4·37	4·49	5·02	5·14	5·27	3	9·45	37·1
22	3·41	3·52	4·04	4·16	4·28	4·40	4·52	5·05	5·17	5·30	4	13·03	49·7
20	3·43	3·55	4·07	4·19	4·31	4·43	4·55	5·08	5·20	5·33	5	16·23	1·02·7
18	3·46	3·58	4·10	4·22	4·34	4·46	4·58	5·11	5·23	5·36	6	19·46	15·5
16	3·48	4·01	4·12	4·24	4·36	4·49	5·02	5·14	5·26	5·39	7	23·14	28·8
14	3·51	4·03	4·15	4·27	4·39	4·52	5·04	5·16	5·29	5·41	8	26·46	42·5
12	3·53	4·05	4·17	4·30	4·42	4·54	5·07	5·19	5·32	5·44	9	30·25	56·7
10	3·56	4·08	4·20	4·32	4·44	4·57	5·09	5·22	5·34	5·47	10	34·11	2·11·1
8	3·58	4·10	4·22	4·35	4·47	4·59	5·12	5·24	5·37	5·50	11	38·08	27·0
6	4·00	4·13	4·25	4·37	4·50	5·02	5·14	5·27	5·40	5·52	12	42·17	43·4
4	4·03	4·15	4·27	4·40	4·52	5·05	5·17	5·30	5·42	5·55	13	46·43	3·01·1
+2	4·05	4·17	4·30	4·42	4·55	5·07	5·20	5·32	5·45	5·57	14	51·32	20·5
0	4·07	4·20	4·32	4·45	4·57	5·10	5·22	5·35	5·47	6·00	15	56·53	3·42·2
-2	4·10	4·22	4·34	4·47	5·00	5·12	5·25	5·37	5·50	6·03	16	63·07	4·07·8
4	4·12	4·24	4·37	4·49	5·02	5·15	5·27	5·40	5·53	6·05	17	71·07	40·2
6	4·14	4·27	4·39	4·52	5·05	5·17	5·30	5·43	5·55	6·08			
8	4·17	4·29	4·42	4·54	5·07	5·20	5·33	5·45	5·58	6·10			
10	4·19	4·32	4·44	4·57	5·10	5·22	5·35	5·48	6·01	6·13			
12	4·21	4·34	4·47	5·00	5·12	5·25	5·38	5·51	6·03	6·16			
14	4·24	4·36	4·49	5·02	5·15	5·28	5·41	5·53	6·06	6·19			
16	4·26	4·39	4·52	5·05	5·18	5·30	5·43	5·56	6·09	6·21			
18	4·29	4·42	4·55	5·07	5·20	5·33	5·46	5·59	6·12	6·24			
20	4·31	4·44	4·57	5·10	5·23	5·36	5·49	6·02	6·15	6·27			
22	4·34	4·47	5·00	5·13	5·26	5·39	5·52	6·05	6·18	6·30			
24	4·37	4·50	5·03	5·16	5·29	5·42	5·55	6·08	6·21	6·33			
26	4·39	4·53	5·06	5·19	5·32	5·45	5·58	6·11	6·24	6·36			
28	4·42	4·56	5·09	5·22	5·35	5·48	6·01	6·14	6·27	6·40			
-30	4·45	4·59	5·12	5·25	5·39	5·52	6·04	6·17	6·31	6·43			
	117°	114°	111°	108°	105°	102°	99°	96°	93°	90°			

donnent l'heure vraie, matin, pour l'Azimut vers le côté polaire du Premier Vertical.

AZIMUTH AND HOUR ANGLE FOR LATITUDE AND DECLINATION.

	DECLINATION	\multicolumn{12}{c}{LATITUDE 74°.}

	DECLINATION	5°	10°	15°	20°	25°	30°	35°	40°	45°	50°	55°	60°
		m.	m.	h. m.	h. m.	h. m.	h. m.	h. m.	h. m.	h. m.	h. m.	h. m.	h. m.
+	30	16	32	0·48	1·05	1·21	1·38	1·55	2·12	2·29	2·47	3·05	3·23
	28	16	33	49	1·06	1·22	1·39	1·56	2·14	2·31	2·49	3·07	3·26
	26	17	33	50	1·07	1·23	1·41	1·58	2·15	2·33	2·51	3·10	3·28
	24	17	34	50	1·07	1·25	1·42	1·59	2·17	2·35	2·53	3·12	3·31
	22	17	34	51	1·08	1·26	1·43	2·01	2·19	2·37	2·56	3·14	3·33
Like Latitude.	20	17	35	0·52	1·09	1·27	1·45	2·02	2·21	2·39	2·58	3·16	3·36
	18	17	35	52	1·10	1·28	1·46	2·04	2·22	2·41	2·59	3·18	3·38
	16	18	35	53	1·11	1·29	1·47	2·05	2·24	2·42	3·01	3·20	3·40
	14	18	36	54	1·12	1·30	1·48	2·07	2·25	2·44	3·03	3·22	3·42
	12	18	36	54	1·13	1·31	1·49	2·08	2·27	2·46	3·05	3·24	3·44
	10	18	37	0·55	1·13	1·32	1·50	2·09	2·28	2·47	3·07	3·26	3·46
	8	19	37	55	1·14	1·33	1·52	2·11	2·30	2·49	3·09	3·28	3·48
	6	19	37	56	1·15	1·34	1·53	2·12	2·31	2·51	3·10	3·30	3·50
	4	19	38	57	1·16	1·35	1·54	2·13	2·33	2·52	3·12	3·32	3·52
+	2	19	38	57	1·16	1·36	1·55	2·14	2·34	2·54	3·14	3·34	3·54
	0	19	38	0·58	1·17	1·37	1·56	2·16	2·36	2·55	3·16	3·36	3·56
−	2	19	39	58	1·18	1·38	1·57	2·17	2·37	2·57	3·17	3·38	3·58
	4	20	39	59	1·19	1·38	1·58	2·18	2·38	2·59	3·19	3·39	4·00
	6	20	40	59	1·19	1·39	1·59	2·20	2·40	3·00	3·21	3·41	4·02
	8	20	40	1·00	1·20	1·40	2·01	2·21	2·41	3·02	3·22	3·43	4·04
	10	20	40	1·01	1·21	1·41	2·02	2·22	2·43	3·03	3·24	3·45	4·06
Unlike Latitude.	12	20	41	1·01	1·22	1·42	2·03	2·24	2·44	3·05	3·26	3·47	4·08
	14	21	41	1·02	1·23	1·43	2·04	2·25	2·46	3·07	3·28	3·49	4·10
	16	21	42	1·02	1·23	1·44	2·05	2·26	2·47	3·09	3·30	3·51	4·12
	18	21	42	1·03	1·24	1·45	2·06	2·28	2·49	3·10	3·32	3·53	4·14
	20	21	42	1·04	1·25	1·46	2·08	2·29	2·51	3·12	3·34	3·55	4·17
	22	21	43	1·04	1·26	1·47	2·09	2·31	2·52	3·14	3·36	3·57	4·19
	24	22	43	1·05	1·27	1·49	2·10	2·32	2·54	3·16	3·38	3·59	4·21
	26	22	44	1·06	1·28	1·50	2·12	2·34	2·56	3·18	3·40	4·02	4·24
	28	22	44	1·06	1·29	1·51	2·13	2·35	2·58	3·20	3·42	4·04	4·26
−	30	22	45	1·07	1·30	1·52	2·15	2·37	2·59	3·22	3·44	4·06	4·29
AZIMUTH		175°	170°	165°	160°	155°	150°	145°	140°	135°	130°	125°	120°

When Lat. and Dec. are of the same name, the terms below the black line

AZIMUTH AND HOUR ANGLE FOR LATITUDE AND DECLINATION.

DECLINATION.	LATITUDE 74°. AZIMUTH.									DECLINATION.	AT TRUE HORIZON.	
	63°	66°	69°	72°	75°	78°	81°	84°	87°	90°		Amp.	Dasc.
°	h. m.	h. m.	h. m.	h. m.	h. m.	h. m.	h. m.	h. m.	h. m.	h. m.	°	° ′	h. m.
+30	3·35	3·46	3·58	4·09	4·21	4·33	4·45	4·57	5·09	5·22	0	0·00	0· 0·0
28	3·37	3·49	4·00	4·12	4·24	4·36	4·48	5·00	5·12	5·25	1	3·38	14·0
26	3·40	3·51	4·03	4·15	4·27	4·39	4·51	5·03	5·15	5·28	2	7·16	28·0
24	3·42	3·54	4·06	4·18	4·29	4·41	4·54	5·06	5·18	5·31	3	10·57	42·1
22	3·45	3·56	4·08	4·20	4·32	4·44	4·56	5·09	5·21	5·33	4	14·40	56·5
20	3·47	3·59	4·11	4·23	4·35	4·47	4·59	5·11	5·23	5·36	5	18·26	1·11·1
18	3·49	4·01	4·13	4·25	4·37	4·49	5·01	5·14	5·26	5·39	6	22·17	26·0
16	3·52	4·03	4·15	4·27	4·40	4·52	5·04	5·16	5·29	5·41	7	26·14	41·4
14	3·54	4·06	4·18	4·30	4·42	4·54	5·06	5·19	5·31	5·44	8	30·20	57·4
12	3·56	4·08	4·20	4·32	4·44	4·56	5·09	5·21	5·34	5·46	9	34·35	2·14·1
10	3·58	4·10	4·22	4·34	4·47	4·59	5·11	5·24	5·36	5·48	10	39·03	2·31·8
8	4·00	4·12	4·24	4·37	4·49	5·01	5·13	5·26	5·38	5·51	11	43·48	50·7
6	4·02	4·14	4·27	4·39	4·51	5·03	5·16	5·28	5·41	5·53	12	48·58	3·11·9
4	4·04	4·16	4·29	4·41	4·53	5·06	5·18	5·30	5·43	5·55	13	54·42	34·5
+2	4·06	4·19	4·31	4·43	4·55	5·08	5·20	5·33	5·45	5·58	14	61·22	4·01·6
0	4·08	4·21	4·33	4·45	4·58	5·10	5·23	5·35	5·48	6·00	15	69·40	4·36·6
-2	4·10	4·23	4·35	4·47	5·00	5·12	5·25	5·37	5·50	6·02			
4	4·12	4·25	4·37	4·50	5·02	5·15	5·27	5·40	5·52	6·05			
6	4·14	4·27	4·39	4·52	5·04	5·17	5·29	5·42	5·54	6·07			
8	4·16	4·29	4·42	4·54	5·07	5·19	5·32	5·44	5·57	6·09			
10	4·19	4·31	4·44	4·56	5·09	5·21	5·34	5·47	5·59	6·12			
12	4·21	4·33	4·46	4·59	5·11	5·24	5·36	5·49	6·01	6·14			
14	4·23	4·35	4·48	5·01	5·13	5·26	5·39	5·51	6·04	6·16			
16	4·25	4·38	4·50	5·03	5·16	5·29	5·41	5·54	6·06	6·19			
18	4·27	4·40	4·53	5·06	5·18	5·31	5·44	5·56	6·09	6·21			
20	4·29	4·42	4·55	5·08	5·21	5·34	5·46	5·59	6·11	6·24			
22	4·32	4·45	4·58	5·10	5·23	5·36	5·49	6·01	6·14	6·27			
24	4·34	4·47	5·00	5·13	5·26	5·39	5·52	6·04	6·17	6·29			
26	4·37	4·50	5·03	5·16	5·29	5·42	5·54	6·07	6·20	6·32			
28	4·39	4·52	5·05	5·19	5·31	5·44	5·57	6·10	6·23	6·35			
-30	4·42	4·55	5·08	5·21	5·34	5·47	6·00	6·13	6·26	6·38			
	117°	114°	111°	108°	105°	102°	99°	96°	93°	90°			

give App. Time A.M. for Azimuth on polar side of Prime Vertical.

AZIMUTH AND HOUR ANGLE FOR LATITUDE AND DECLINATION.

LATITUDE 76°.

DECLINATION.		AZIMUTH.										
		5°	10°	15°	20°	25°	30°	35°	40°	45°	50°	55°	60°
		m.	m.	h. m.	h. m.	h. m.	h. m.	h. m.	h. m.	h. m.	h. m.	h. m.	h. m.
Like Latitude.	+ 30	17	33	0·50	1·07	1·24	1·41	1·58	2·16	2·34	2·52	3·10	3·29
	28	17	34	51	1·08	1·25	1·42	2·00	2·17	2·35	2·54	3·12	3·31
	26	17	34	51	1·09	1·26	1·43	2·01	2·19	2·37	2·55	3·14	3·33
	24	17	34	52	1·09	1·27	1·45	2·02	2·20	2·39	2·57	3·16	3·35
	22	17	35	52	1·10	1·28	1·46	2·04	2·22	2·40	2·59	3·18	3·37
	20	18	35	0·53	1·11	1·29	1·47	2·05	2·23	2·42	3·01	3·20	3·39
	18	18	36	54	1·12	1·30	1·48	2·06	2·25	2·44	3·03	3·22	3·41
	16	18	36	54	1·12	1·31	1·49	2·08	2·26	2·45	3·04	3·23	3·43
	14	18	36	55	1·13	1·32	1·50	2·09	2·28	2·47	3·06	3·25	3·45
	12	18	37	55	1·14	1·32	1·51	2·10	2·29	2·48	3·07	3·27	3·47
	10	19	37	0·56	1·14	1·33	1·52	2·11	2·30	2·50	3·09	3·29	3·48
	8	19	37	56	1·15	1·34	1·53	2·12	2·32	2·51	3·10	3·30	3·50
	6	19	38	57	1·16	1·35	1·54	2·13	2·33	2·52	3·12	3·32	3·52
	4	19	38	57	1·16	1·36	1·55	2·15	2·34	2·54	3·14	3·33	3·54
+	2	19	38	58	1·17	1·37	1·56	2·16	2·35	2·55	3·15	3·35	3·55
	0	19	39	0·58	1·18	1·37	1·57	2·17	2·37	2·57	3·17	3·37	3·57
−	2	20	39	59	1·18	1·38	1·58	2·18	2·38	2·58	3·18	3·38	3·59
	4	20	39	59	1·19	1·39	1·59	2·19	2·39	2·59	3·20	3·40	4·00
	6	20	40	1·00	1·20	1·40	2·00	2·20	2·40	3·01	3·21	3·42	4·02
	8	20	40	1·00	1·20	1·41	2·01	2·21	2·42	3·02	3·23	3·43	4·04
Unlike Latitude.	10	20	40	1·01	1·21	1·42	2·02	2·22	2·43	3·04	3·24	3·45	4·06
	12	20	41	1·01	1·22	1·42	2·03	2·24	2·44	3·05	3·26	3·47	4·07
	14	21	41	1·02	1·23	1·43	2·04	2·25	2·46	3·06	3·27	3·48	4·09
	16	21	42	1·02	1·23	1·44	2·05	2·26	2·47	3·08	3·29	3·50	4·11
	18	21	42	1·03	1·24	1·45	2·06	2·27	2·48	3·09	3·31	3·52	4·13
	20	21	42	1·04	1·25	1·46	2·07	2·28	2·50	3·11	3·32	3·54	4·15
	22	21	43	1·04	1·25	1·47	2·08	2·30	2·51	3·13	3·34	3·55	4·17
	24	22	43	1·05	1·26	1·48	2·09	2·31	2·53	3·14	3·36	3·57	4·19
	26	22	43	1·05	1·27	1·49	2·11	2·32	2·54	3·16	3·38	3·59	4·21
	28	22	44	1·06	1·28	1·50	2·12	2·34	2·56	3·18	3·40	4·01	4·23
−	30	22	44	1·07	1·29	1·51	2·13	2·35	2·58	3·20	3·42	4·04	4·25
AZIMUT		175°	170°	165°	160°	155°	150°	145°	140°	135°	130°	125°	120°

Quand Lat. et Dec. sont du même nom, les termes au dessous de la ligne noire

AZIMUTH AND HOUR ANGLE FOR LATITUDE AND DECLINATION.

DECLINATION.	LATITUDE 76°. AZIMUTH.									DECLINATION.	A L'HORIZON VRAI.	
	63°	66°	69°	72°	75°	78°	81°	84°	87°	90°		Amp.	Diff. Asc.
°	h. m.	h. m.	h. m.	h. m.	h. m.	h. m.	h. m.	h. m.	h. m.	h. m.	°	° ′	h. m.
+30	3·40	3·51	4·03	4·15	4·26	4·38	4·50	5·02	5·15	5·27	0	0·00	0· 0·0
28	3·42	3·54	4·05	4·17	4·29	4·41	4·53	5·05	5·17	5·30	1	4·08	16·1
26	3·45	3·56	4·07	4·19	4·31	4·43	4·55	5·07	5·20	5·32	2	8·18	32·2
24	3·47	3·58	4·10	4·22	4·34	4·46	4·58	5·10	5·22	5·35	3	12·30	48·5
22	3·49	4·00	4·12	4·24	4·36	4·48	5·00	5·12	5·25	5·37	4	16·46	1·05·2
20	3·51	4·02	4·14	4·26	4·38	4·50	5·02	5·15	5·27	5·39	5	21·07	1·22·0
18	3·53	4·05	4·16	4·28	4·40	4·52	5·05	5·17	5·29	5·41	6	25·36	39·7
16	3·55	4·07	4·18	4·30	44·2	4·54	5·07	5·19	5·31	5·44	7	30·15	58·5
14	3·57	4·08	4·20	4·32	44·5	4·57	5·09	5·21	5·33	5·46	8	35·07	2·17·2
12	3·59	4·10	4·22	4·34	4·47	4·59	5·11	5·23	5·35	5·48	9	40·17	37·8
10	4·00	4·12	4·24	4·36	4·49	5·01	5·13	5·25	5·38	5·50	10	45·52	3·00·0
8	4·02	4·14	4·26	4·38	4·51	5·03	5·15	5·27	5·40	5·52	11	52·04	24·9
6	4·04	4·16	4·28	4·40	4·52	5·05	5·17	5·29	5·42	5·54	12	59·15	53·9
4	4·06	4·18	4·30	4·42	4·54	5·07	5·19	5·31	5·44	5·56	13	68·25	4·31·3
+2	4·08	4·20	4·32	4·44	4·56	5·09	5·21	5·33	5·46	5·58			
0	4·09	4·21	4·33	4·46	4·58	5·10	5·23	5·35	5·48	6·00			
−2	4·11	4·23	4·35	4·48	5·00	5·12	5·25	5·37	5·50	6·02			
4	4·13	4·25	4·37	4·50	5·02	5·14	5·27	5·39	5·52	6·04			
6	4·15	4·27	4·39	4·52	5·04	5·16	5·29	5·41	5·54	6·06			
8	4·16	4·29	4·41	4·54	5·06	5·18	5·31	5·43	5·56	6·08			
10	4·18	4·31	4·43	4·56	5·08	5·20	5·33	5·45	5·58	6·10			
12	4·20	4·32	4·45	4·57	5·10	5·22	5·35	5·47	6·00	6·12			
14	4·22	4·34	4·47	4·59	5·12	5·24	5·37	5·49	6·02	6·14			
16	4·24	4·36	4·49	5·01	5·14	5·26	5·39	5·52	6·04	6·16			
18	4·26	4·38	4·51	5·04	5·16	5·29	5·41	5·54	6·06	6·19			
20	4·28	4·40	4·53	5·06	5·18	5·31	5·43	5·56	6·08	6·21			
22	4·30	4·42	4·55	5·08	5·21	5·33	5·46	5·58	6·11	6·23			
24	4·32	4·45	4·57	5·10	5·23	5·35	5·48	6·01	6·13	6·25			
26	4·34	4·47	4·59	5·12	5·25	5·38	5·50	6·03	6·16	6·28			
28	4·36	4·49	5·02	5·15	5·28	5·40	5·53	6·06	6·18	6·30			
−30	4·39	4·51	5·04	5·17	5·30	5·43	5·56	6·08	6·21	6·33			
	117°	114°	111°	108°	105°	102°	99°	96°	93°	90°			

donnent l'heure vraie, matin, pour l'Azimut vers le côté polaire du Premier Vertical.

AZIMUTH AND HOUR ANGLE FOR LATITUDE AND DECLINATION.

Latitude 78°.

DECLINATION.		Azimuth.										
		5°	10°	15°	20°	25°	30°	35°	40°	45°	50°	55°	60°
		m.	m.	h. m.	h. m.	h. m.	h. m.	h. m.	h. m.	h. m.	h. m.	h. m.	h. m.
+	30	17	34	0·52	1·09	1·26	1·44	2·02	2·20	2·38	2·56	3·15	3·34
	28	17	35	52	1·10	1·27	1·45	2·03	2·21	2·39	2·58	3·17	3·35
	26	18	35	53	1·10	1·28	1·46	2·04	2·22	2·41	2·59	3·18	3·37
	24	18	35	53	1·11	1·29	1·47	2·05	2·24	2·42	3·01	3·20	3·39
	22	18	36	54	1·12	1·30	1·48	2·07	2·25	2·44	3·03	3·22	3·41
Like Latitude.	20	18	36	0·54	1·12	1·31	1·49	2·08	2·26	2·45	3·04	3·23	3·43
	18	18	36	55	1·13	1·32	1·50	2·09	2·27	2·46	3·05	3·25	3·44
	16	18	37	55	1·14	1·32	1·51	2·10	2·29	2·48	3·07	3·26	3·46
	14	19	37	56	1·14	1·33	1·52	2·11	2·30	2·49	3·08	3·28	3·47
	12	19	37	56	1·15	1·34	1·53	2·12	2·31	2·50	3·10	3·29	3·49
	10	19	38	0·57	1·16	1·35	1·54	2·13	2·32	2·51	3·11	3·31	3·50
	8	19	38	57	1·16	1·35	1·54	2·14	2·33	2·53	3·12	3·32	3·52
	6	19	38	57	1·17	1·36	1·55	2·15	2·34	2·54	3·14	3·33	3·53
	4	19	39	58	1·17	1·37	1·56	2·16	2·35	2·55	3·15	3·35	3·55
+	2	19	39	58	1·18	1·37	1·57	2·17	2·36	2·56	3·16	3·36	3·56
	0	20	39	0·59	1·18	1·38	1·58	2·18	2·38	2·57	3·18	3·38	3·58
−	2	20	39	59	1·19	1·39	1·59	2·19	2·39	2·59	3·19	3·39	3·59
	4	20	40	1·00	1·20	1·40	1·59	2·20	2·40	3·00	3·20	3·40	4·01
	6	20	40	1·00	1·20	1·40	2·00	2·21	2·41	3·01	3·21	3·42	4·02
	8	20	40	1·01	1·21	1·41	2·01	2·21	2·42	3·02	3·23	3·43	4·04
	10	20	41	1·01	1·21	1·42	2·02	2·22	2·43	3·03	3·24	3·45	4·05
Unlike Latitude.	12	20	41	1·01	1·22	1·42	2·03	2·23	2·44	3·05	3·25	3·46	4·07
	14	21	41	1·02	1·22	1·43	2·04	2·24	2·45	3·06	3·27	3·47	4·08
	16	21	42	1·02	1·23	1·44	2·05	2·26	2·46	3·07	3·28	3·49	4·10
	18	21	42	1·03	1·24	1·45	2·06	2·27	2·48	3·09	3·30	3·50	4·11
	20	21	42	1·03	1·24	1·45	2·07	2·28	2·49	3·10	3·31	3·52	4·13
	22	21	42	1·04	1·25	1·46	2·08	2·29	2·50	3·11	3·32	3·54	4·15
	24	21	43	1·04	1·26	1·47	2·08	2·30	2·51	3·13	3·34	3·55	4·16
	26	22	43	1·05	1·26	1·48	2·10	2·31	2·53	3·14	3·36	3·57	4·18
	28	22	44	1·05	1·27	1·49	2·11	2·32	2·54	3·16	3·37	3·59	4·20
−	30	22	44	1·06	1·28	1·50	2·12	2·34	2·55	3·17	3·39	4·01	4·22
Azimuth		175°	170°	165°	160°	155°	150°	145°	140°	135°	130°	125°	120°

When Lat. and Dec. are of the same name, the terms below the black line

AZIMUTH AND HOUR ANGLE FOR LATITUDE AND DECLINATION.

DECLINATION.	LATITUDE 78°. AZIMUTH.									DECLINATION.	AT TRUE HORIZON.	
	63°	66°	69°	72°	75°	78°	81°	84°	87°	90°		Amp.	Dasc.
	h. m.	h. m.	h. m.	h. m.	h. m.	h. m.	h. m.	h. m.	h. m.	h. m.		° ′	h. m.
+30	3·45	3·56	4·08	4·20	4·32	4·43	4·55	5·07	5·20	5·32	0	0·00	0· 0·0
28	3·47	3·58	4·10	4·22	4·34	4·46	4·58	5·10	5·22	5·34	1	4·48	18·8
26	3·49	4·00	4·12	4·24	4·36	4·48	5·00	5·12	5·24	5·36	2	9·40	37·8
24	3·51	4·02	4·14	4·26	4·38	4·50	5·02	5·14	5·26	5·38	3	14·35	57·1
22	3·52	4·04	4·16	4·28	4·40	4·52	5·04	5·16	5·28	5·40	4	19·36	1·16·8
20	3·54	4·06	4·18	4·30	4·42	4·54	5·06	5·18	5·30	5·42	5	24·47	1·37·2
18	3·56	4·08	4·20	4·31	4·43	4·55	5·08	5·20	5·32	5·44	6	30·11	58·5
16	3·58	4·09	4·21	4·33	4·45	4·57	5·09	5·22	5·34	5·46	7	35·53	2·20·1
14	3·59	4·11	4·23	4·35	4·47	4·59	5·11	5·23	5·36	5·48	8	42·01	45·6
12	4·01	4·13	4·25	4·37	4·49	5·01	5·13	5·25	5·37	5·50	9	48·48	3·12·7
10	4·02	4·14	4·26	4·38	4·50	5·03	5·15	5·27	5·39	5·51	10	56·38	3·44·2
8	4·04	4·16	4·28	4·40	4·52	5·04	5·16	5·29	5·41	5·53	11	66·36	4·24·5
6	4·05	4·17	4·30	4·42	4·54	5·06	5·18	5·30	5·43	5·55			
4	4·07	4·19	4·31	4·43	4·55	5·08	5·20	5·32	5·44	5·57			
+2	4·08	4·21	4·33	4·45	4·57	5·09	5·22	5·34	5·46	5·58			
0	4·10	4·22	4·34	4·46	4·59	5·11	5·23	5·35	5·48	6·00			
−2	4·11	4·24	4·36	4·48	5·00	5·13	5·25	5·37	5·49	6·02			
4	4·13	4·25	4·37	4·50	5·02	5·14	5·27	5·39	5·51	6·03			
6	4·14	4·27	4·39	4·51	5·04	5·16	5·28	5·41	5·53	6·05			
8	4·16	4·28	4·41	4·53	5·05	5·18	5·30	5·42	5·55	6·07			
10	4·18	4·30	4·42	4·55	5·07	5·19	5·32	5·44	5·56	6·09			
12	4·19	4·32	4·44	4·56	5·09	5·21	5·33	5·46	5·58	6·10			
14	4·21	4·33	4·46	4·58	5·10	5·23	5·35	5·48	6·00	6·12			
16	4·22	4·35	4·47	5·00	5·12	5·25	5·37	5·49	6·02	6·14			
18	4·24	4·37	4·49	5·02	5·14	5·26	5·39	5·51	6·04	6·16			
20	4·26	4·38	4·51	5·03	5·16	5·28	5·41	5·53	6·05	6·18			
22	4·27	4·40	4·53	5·05	5·18	5·30	5·43	5·55	6·07	6·20			
24	4·29	4·42	4·55	5·07	5·20	5·32	5·45	5·57	6·09	6·22			
26	4·31	4·44	4·56	5·09	5·22	5·34	5·47	5·59	6·12	6·24			
28	4·33	4·46	4·58	5·11	5·24	5·36	5·49	6·01	6·14	6·26			
−30	4·35	4·48	5·01	5·13	5·26	5·39	5·51	6·04	6·16	6·28			
	117°	114°	111°	108°	105°	102°	99°	96°	93°	90°			

give App. Time A.M. for Azimuth on polar side of Prime Vertical.

AZIMUTH AND HOUR ANGLE FOR LATITUDE AND DECLINATION.

LATITUDE 80°.

DECLINATION.		AZIMUTH.										
		5°	10°	15°	20°	25°	30°	35°	40°	45°	50°	55°	60°
		m.	m.	h. m.	h. m.	h. m.	h. m.	h. m.	h. m.	h. m.	h. m.	h. m.	h. m.
+	30	18	35	0·53	1·11	1·29	1·47	2·05	2·23	2·42	3·00	3·19	3·38
Like Latitude.	28	18	36	54	1·12	1·30	1·48	2·06	2·25	2·43	3·02	3·21	3·40
	26	18	36	54	1·12	1·30	1·49	2·07	2·26	2·44	3·03	3·22	3·41
	24	18	36	55	1·13	1·31	1·50	2·08	2·27	2·46	3·05	3·24	3·43
	22	18	37	55	1·13	1·32	1·50	2·09	2·28	2·47	3·06	3·25	3·44
	20	18	37	0·55	1·14	1·33	1·51	2·10	2·29	2·48	3·07	3·26	3·46
	18	19	37	56	1·14	1·33	1·52	2·11	2·30	2·49	3·08	3·28	3·47
	16	19	37	56	1·15	1·34	1·53	2·12	2·31	2·50	3·09	3·29	3·48
	14	19	38	57	1·15	1·34	1·54	2·13	2·32	2·51	3·11	3·30	3·50
	12	19	38	57	1·16	1·35	1·54	2·14	2·33	2·52	3·12	3·31	3·51
	10	19	38	0·57	1·16	1·36	1·55	2·14	2·34	2·53	3·13	3·33	3·52
	8	19	38	58	1·17	1·36	1·56	2·15	2·35	2·54	3·14	3·34	3·54
	6	19	39	58	1·17	1·37	1·56	2·16	2·36	2·55	3·15	3·35	3·55
	4	19	39	58	1·18	1·37	1·57	2·17	2·36	2·56	3·16	3·36	3·56
+	2	20	39	59	1·18	1·38	1·58	2·18	2·37	2·57	3·17	3·37	3·57
	0	20	39	0·59	1·19	1·39	1·58	2·18	2·38	2·58	3·18	3·38	3·58
−	2	20	40	59	1·19	1·39	1·59	2·19	2·39	2·59	3·19	3·39	4·00
	4	20	40	1·00	1·20	1·40	2·00	2·20	2·40	3·00	3·20	3·41	4·01
	6	20	40	1·00	1·20	1·40	2·01	2·21	2·41	3·01	3·21	3·42	4·02
	8	20	40	1·01	1·21	1·41	2·01	2·22	2·42	3·02	3·23	3·43	4·03
Unlike Latitude.	10	20	41	1·01	1·21	1·42	2·02	2·22	2·43	3·03	3·24	3·44	4·05
	12	20	41	1·01	1·22	1·42	2·03	2·23	2·44	3·04	3·25	3·45	4·06
	14	21	41	1·02	1·22	1·43	2·03	2·24	2·45	3·05	3·26	3·47	4·07
	16	21	41	1·02	1·23	1·44	2·04	2·25	2·46	3·06	3·27	3·48	4·08
	18	21	42	1·02	1·23	1·44	2·05	2·26	2·47	3·07	3·28	3·49	4·10
	20	21	42	1·03	1·24	1·45	2·06	2·27	2·48	3·09	3·29	3·50	4·11
	22	21	42	1·03	1·24	1·46	2·07	2·28	2·49	3·10	3·31	3·52	4·13
	24	21	42	1·04	1·25	1·46	2·07	2·29	2·50	3·11	3·32	3·53	4·14
	26	21	43	1·04	1·26	1·47	2·08	2·30	2·51	3·12	3·33	3·54	4·15
	28	22	43	1·05	1·26	1·47	2·09	2·31	2·52	3·13	3·35	3·56	4·17
−	30	22	43	1·05	1·27	1·48	2·10	2·32	2·53	3·15	3·36	3·57	4·19
AZIMUT		175°	170°	165°	160°	155°	150°	145°	140°	135°	130°	125°	120°

Quand Lat. et Dec. sont du même nom, les termes au dessous de la ligne noire

AZIMUTH AND HOUR ANGLE FOR LATITUDE AND DECLINATION.

DECLINATION.	LATITUDE 80°. AZIMUTH.									DECLINATION.	A L'HORIZON VRAI.	
	63°	66°	69°	72°	75°	78°	81°	84°	87°	90°		Amp.	Diff. Asc.
	h. m.	h. m.	h. m.	h. m.	h. m.	h. m.	h. m.	h. m.	h. m.	h. m.		° '	h. m.
+30	3·50	4·01	4·13	4·25	4·37	4·48	5·00	5·12	5·24	5·37	0	0·00	0· 0·0
28	3·51	4·03	4·15	4·27	4·38	4·50	5·02	5·14	5·26	5·38	1	5·46	22·7
26	3·53	4·05	4·16	4·28	4·40	4·52	5·04	5·16	5·28	5·40	2	11·36	45·7
24	3·55	4·06	4·18	4·30	4·42	4·54	5·06	5·18	5·30	5·42	3	17·32	1·09·2
22	3·56	4·08	4·20	4·31	4·43	4·55	5·07	5·19	5·31	5·44	4	23·41	33·5
20	3·58	4·09	4·21	4·33	4·45	4·57	5·09	5·21	5·33	5·45	5	30·08	1·59·0
18	3·59	4·11	4·23	4·34	4·46	4·58	5·10	5·23	5·35	5·47	6	36·02	2·26·4
16	4·00	4·12	4·24	4·36	4·48	5·00	5·12	5·24	5·36	5·48	7	44·34	56·5
14	4·02	4·14	4·25	4·37	4·49	5·01	5·14	5·26	5·38	5·50	8	53·16	3·31·4
12	4·03	4·15	4·27	4·39	4·51	5·03	5·15	5·27	5·39	5·51	9	64·16	4·15·7
10	4·04	4·16	4·28	4·40	4·52	5·04	5·16	5·29	5·41	5·53			
8	4·06	4·18	4·30	4·41	4·54	5·06	5·18	5·30	5·42	5·54			
6	4·07	4·19	4·31	4·43	4·55	5·07	5·19	5·31	5·44	5·56			
4	4·08	4·20	4·32	4·44	4·56	5·09	5·21	5·33	5·45	5·57			
+2	4·09	4·21	4·34	4·46	4·58	5·10	5·22	5·34	5·46	5·59			
0	4·11	4·23	4·35	4·47	4·59	5·11	5·23	5·36	5·48	6·00			
-2	4·12	4·24	4·36	4·48	5·00	5·13	5·25	5·37	5·49	6·01			
4	4·13	4·25	4·37	4·50	5·02	5·14	5·26	5·38	5·51	6·03			
6	4·14	4·27	4·39	4·51	5·03	5·15	5·28	5·40	5·52	6·04			
8	4·16	4·28	4·40	4·52	5·05	5·17	5·29	5·41	5·53	6·06			
10	4·17	4·29	4·41	4·54	5·06	5·18	5·30	5·43	5·55	6·07			
12	4·18	4·30	4·43	4·55	5·07	5·20	5·32	5·44	5·56	6·09			
14	4·20	4·32	4·44	4·57	5·09	5·21	5·33	5·46	5·58	6·10			
16	4·21	4·33	4·46	4·58	5·10	5·23	5·35	5·47	5·59	6·12			
18	4·22	4·35	4·47	4·59	5·12	5·24	5·36	5·49	6·01	6·13			
20	4·24	4·36	4·49	5·01	5·13	5·26	5·38	5·50	6·03	6·15			
22	4·25	4·38	4·50	5·02	5·15	5·27	5·40	5·52	6·04	6·16			
24	4·27	4·39	4·52	5·04	5·16	5·29	5·41	5·54	6·06	6·18			
26	4·28	4·41	4·53	5·06	5·18	5·31	5·43	5·55	6·08	6·20			
28	4·30	4·42	4·55	5·07	5·20	5·32	5·45	5·57	6·09	6·22			
-30	4·31	4·44	4·57	5·09	5·22	5·34	5·47	5·59	6·11	6·23			
	117°	114°	111°	108°	105°	102°	99°	96°	93°	90°			

donnent l'heure vraie, matin, pour l'Azimut vers le côté polaire du Premier Vertical.

GREAT CIRCLE SAILING TABLE.

TABLE POUR NAVIGUER SUR LE GRAND CERCLE.

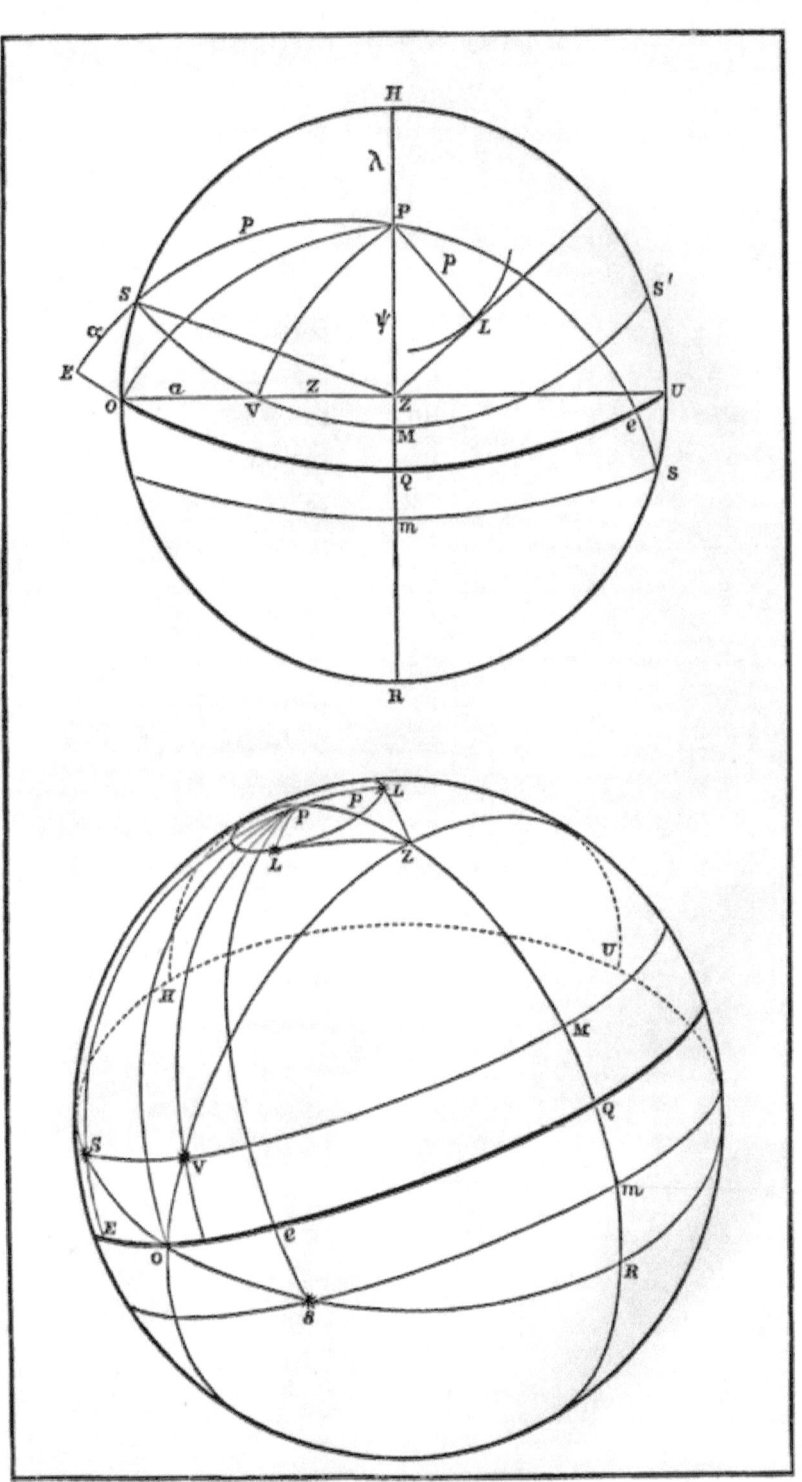

EXPLANATION OF DIAGRAM.

The upper diagram is in Stereographical,
The lower in Isometrical Projection.

La figure supérieure est en Projection Stéréographique,
L'autre est en perspective Isométrique.

Pole	P . . .	Le Pôle.
Zenith	Z . . .	Le Zénith.
Horizon	HOR .	L'Horizon.
Meridian . . .	HZR .	Le Méridien.
Prime Vertical . . .	OZU	Le Premier Vertical.
Position of Sun on Horizon .	S, s . .	Position d'un astre sur l'Horizon.
Position of Star on Prime Vertical	V . . .	Position d'un astre sur le Premier Vertical.
Position of Star at Elongation .	L . . .	Position d'une étoile à l'Élongation.
p Polar Distance . . .	PS . .	Distance Polaire. p
d Declination . . .	ES, es .	Déclinaison. d
Amplitude . .	SO, sO .	Amplitude.
(Dasc) Ascensional Difference .	EO, eO .	Différence d'Ascension.
λ. Latitude	ZQ=PH	Latitude. λ.
ψ. Co-latitude . . .	ZP=QR	Co-latitude. ψ.

INTRODUCTION.

GREAT CIRCLE SAILING TABLE.

1. The general table, as here given, is intended chiefly for solving cases in Great Circle Sailing by an indirect but very easy process. It gives to tenths of degrees, the angles of right-angled triangles, of which the perpendicular at top and the complement of the hypothenuse on the left, are given to every two degrees of the quadrant.

It forms an abbreviated canon of right-angled triangles, the original design of which was to embody the relations of the several right-angled triangles, PHS, SEO, PZV, PLZ at the Horizon, at the Prime Vertical, and at Elongation, as shown in the figure. (See Plate.)

The following are the results :—

Great Circle.	Triangle.	On Left.	At Top.	Results.	
				A.	C.
At True Horizon	PHS, SEO, ZSP Quadrantal.	Latitude. Dec.	Dec. Latitude	Amplitude Altitude of Pole	Co-base SO of △ SEO. Polar Angle to nearest Mer.
At Prime Vertical	PZV	Co-lat. Dec.	Dec. Co-lat.	Altitude Angle of Pos. PVZ	Polar Angle. Polar Angle.
At Elongation	PLZ	Lat. Pol. Dist.	Pol. Dis. Lat.	Azimuth Altitude	Polar Angle. Polar Angle.

The following table may, perhaps, be more convenient for reference :—

Case.	Natural Sides.	Given.	On Left.	At Top.	Tabular Letter.	Results.
Horizon	Latitude λ	Latitude	Latitude	Dec.	A C	Amplitude. H.A. from nearest Mer.
	Pol. Dist. p	Dec.	Dec.	Latitude	A	Alt. of Pole or co-angle of Position.
Prime Vertical	Co-lat. ψ	Co-lat.	Co-lat.	Dec.	A C	Altitude. Hour Angle.
	Pol. Dist. p	Dec.	Dec.	Co-lat.	A	Angle of Pos. PVZ.
Elongation	Co-lat. ψ	Latitude	Lat.	Pol. Dist.	A C	Azimuth. Hour Angle.
	Pol. Dist. p	Pol. Dist.	Pol. Dist.	Latitude	A	Altitude.

INTRODUCTION.

TABLE POUR FACILITER LA NAVIGATION SUR LE GRAND CERCLE.

1. Cette table, qui est générale pour la sphère, a pour but de faciliter la navigation sur le Grand Cercle, par une méthode indirecte ; mais d'un emploi facile. On y trouve pour les triangles rectangles, en chef des colonnes, les perpendiculaires de deux en deux degrés ; dans la première colonne, à gauche, le complément de l'hypothénuse et dans le corps de la table l'angle en degrés et en dixièmes de degré.

La table forme un canon abrégé de triangles rectangles et contient les différents rapports des triangles rectangles, PHS, SEO, PZV, PLZ, ayant rapport respectivement à l'Horizon, au Premier Vertical, et à l'Élongation (voyez la planche).

Ces relations sont contenues dans les tables suivantes dont la dernière est générale.

Grand Cercle.	Triangles.	Première Colonne.	En chef.	Colonne A.	Colonne C.
Horizon vrai	PHS, SEO	Latitude	Déclinais.	Amplitude	Comp. de la Base SO du Δ SEO au Angle Polaire au proche Méridien.
	seO, ZSP	Déclinais.	Latitude	Hauteur du Pole	
Premier Vertical	PZV	Co-lat. Déclinais.	Déclinais. Co-lat.	Hauteur Angle de Position	Angle Polaire. Angle Polaire.
Élongation	PLZ	Latitude Dist. Pol.	Dist. Pol. Latitude.	Azimut Hauteur	Angle Polaire. Angle Polaire.

Cas.	Cotés.	Données.	Première Colonne.	En chef.	Lettres.	Résultats.
Horizon	Latitude	Latitude	Latitude	Déclinais.	A C	Amplitude. Angle Polaire au Premier Vertical.
	Dist. Pol.	Déclinais.	Déclinais.	Latitude.	A	Haut. du Pole ou co-Angle de Position.
Premier Vertical.	Co-lat.	Co-lat.	Co-lat.	Déclinais.	A C	Hauteur. Ang. Horaire.
	Dist. Pol.	Déclinais.	Déclinais.	Co-lat.	A	Angle de Position PVZ.
Élongation	Co-lat.	Latitude	Dist. Pol.	Latitude	A C	Hauteur. Ang. Horaire.
	Dist. Pol.	Dist. Pol.	Latitude	Dist. Pol.	A	Azimut.

INTRODUCTION.

All these particular cases are comprised in the subjoined general form :—

Data.		Results.	
On Left.	At Top.	A.	C.
Co-hypothenuse	Perpendicular	Angle 1	Angle 2.
Perpendicular	Co-hypothenuse	Co-base	Angle 2.
Co-angle	Perpendicular	Hypothenuse	Co-base.

The perpendicular and its opposite angle 1 are interchangeable with base and its opposite angle 2.

2. As the arguments are given to every second degree the whole table is in view on turning a page. Throughout the greater part of the table the differences are sufficiently uniform to admit of easy interpolation, and a person familiar with the use of such tables will, in most cases, be able by inspection to get his results true to about a degree. By proper interpolation, or by using the table on the last page, results may be got true to a small fraction of a degree; but as it is scarcely possible, in the most favourable circumstances, to steer a ship within a quarter of a point, or three degrees, a result got by inspection, true to one degree, may be sufficient for practical navigation.

Use of the Table in Great Circle Sailing.

3. To find the Great Circle course between two points given by their Latitudes and difference of Longitude.

Enter the table in line with the given Latitudes on the left, and find by trial the column where the sum or difference of the values in column C is equal to the difference of Longitude. The corresponding values in column A are the courses.

It is desirable usually to take out the values in two adjacent columns, by one of which the result is too small, and by the other too great, and from these find the intermediate value T for the true difference of Longitude.

The argument T at the top of the column thus found is the perpendicular or co-latitude of the vertex; and the usual terms in A adjusted to this value of T give the angles on the Rhumb at every two degrees of Latitude throughout the course.

Ex. 1. To find the courses between St Helena and Cape Horn, (Raper, pp. 107-110,) the process would be—

INTRODUCTION.

Première Colonne.	En chef.	A.	C.
Co-hypothénuse	Perpendiculaire	Angle 1	Angle 2.
Perpendiculaire	Co-hypothénuse	Complément de Base	Angle 2.
Complément d'Angle	Perpendiculaire	Hypothénuse	Complément de Base.

La perpendiculaire et son angle opposé 1 peuvent changer de place avec la base et son angle opposé 2.

2. On a, devant soi, la table entière en ne tournant qu'une page, car les arguments ne sont donnés que de deux en deux degrés. Dans presque tout l'étendue de la table les différences sont assez regulières pour que l'on puisse intercaler facilement et même obtenir avec un peu d'habitude, les résultats à un degré près sans calcul formel. Ceci devrait suffire ordinairement pour la navigation; car il n'est guère possible de gouverner un vaisseau sur un cap de compas donné sans s'en écarter d'un ou deux degrés de temps en temps. Cependant par des interpolations plus rigoureuses, ou en employant la table sur la dernière page, on peut obtenir des résultats corrects à une petite fraction de degré.

DE L'EMPLOI DE LA TABLE POUR NAVIGUER SUR LE GRAND CERCLE.

3. On a les Latitudes et la différence de Longitude entre le port de départ et le port d'arrivée, il s'agit de trouver les routes au compas sur le Grand Cercle qui passe par les deux ports. On entre dans la première colonne de la table avec les Latitudes données et l'on cherche en ligne de celles-ci une colonne, où, sous la lettre C, la somme ou la différence des deux angles soit égale à la différence de Longitude : alors les angles sous la lettre A de la même colonne, en ligne des Latitudes, seront les routes de départ demandées.

En général, il serait avantageux de noter les angles dans deux colonnes contiguës dont l'une donnerait une somme ou une différence trop petite et l'autre les donnerait trop grandes, et puis d'intercaler une valeur intermédiaire que nous désignerons par T et qui doit correspondre à la différence exacte de Longitude.

Cette nouvelle valeur T employée comme argument supérieur ou en chef des colonnes, représenterait la perpendiculaire ou la Co-latitude du sommet de l'arc de Grand Cercle entre les deux ports. En appliquant aux angles, dans la colonne A, des corrections proportionnelles au nouvel argument T, on obtiendrait, pour le trajet entier, les routes au compas de deux en deux degrés de Latitude.

Ex. 1. On désire trouver la route sur le Grand Cercle entre l'île de Ste Helène et le Cap Horn.

INTRODUCTION.

	Latitudes.	Longitudes.	Difference.
St Helena,	15°·55' S.	5°·44' W.	
Cape Horn,	55°·59' S.	67°·16' W.	61°·32' = 61°·5 = P.

		32°	34°	T = 32°·4.
On left,	.	C	C	A
Lat. 16°.		79°·7	78°·8	33°·5 + 0°·4 = 33°·9 course for St Helena.
,, 56°.		22°·1	0°	71°·4 + 3°·7 = 75°·1
		57°·6	78°·8	104°·9 course for Cape Horn.
	P = 61°·5	57°·6		
		3°·9	21°·2	

21°·2 : 2° :: 3°·9 : 0·4 correction for T 32°.

Interpolating by simple proportion, we have 32°·4, as the value of the top argument, to give 61°·5 as the difference of Longitude. Assuming this, the courses are found as above. By regular computation, the courses are 34°·11¼' and 105°, and the perpendicular is 32°·42½'.

4. The agreement of the results by table, with those by the regular method, is sufficiently exact for practice, but it is not quite fairly found: for while the differences at the lower Latitude are tolerably uniform, there is no such uniformity in those at the higher Latitude. Near the limit (90°) the differences on A and C, though unequal from term to term, vary nearly in proportion to each other, so that they may be relatively right, though found by a wrong argument. In the present case, the argument T and the St Helena course are somewhat wrong, while the Cape Horn course found by the argument T is sensibly right. It is therefore proper, before proceeding further, to look at the table somewhat more closely.

5. It may be observed, that the values in column A increase slowly at first, and nearly in proportion to the square of the argument on the left, and that at the lower limit this proportion is reversed; the differences of the fourth terms from those at bottom being nearly double the differences for the first terms: thus, in column 26, the difference for the first term is (90°−60°) = 21°, while that for the fourth term is (90°−51°·6) = 38°·4; at column 40°, the difference of the first term is (90°−73°·9) = 16°·1, and that for the fourth is (90° − 59°·9) = 30°·1, these being nearly the doubles of the former. In column C the difference in the terms at top is at first proportional to the difference in the arguments; at bottom they follow a rule similar to those in A; that is, both in A and C the terms near the lower limit (90°) differ from their limit value, nearly as the square roots of the limit distance of the argument.

INTRODUCTION.

	Latitudes.	Longitudes.	Différence.
Ste Helène .	15°·55′ Sud	5°·44′ O.	
Cap Horn .	55°·59′ Sud	67°·16′ O.	$61°·32′ = 61°·5 = $ P.

	32°	34°
Première Colonne .	C	C
Lat. 16° .	79°·7	78°·8
56° .	22°·1	0°·
	57°·6	78°·8
P = 61°·5		57°·6
Différence (P — C) =	3°·9	21°·2 = Différence (C 34° — C 32°).

Ensuite par une proportion simple nous aurons.

21°·2 : 2° :: 3°·9 : 0°·4, correction qui doit s'ajouter à C 32°, pour donner T ou 32°·4

Maintenant en corrigeant les valeurs de A sous 32° pour l'augmentation de 0°·4 par des proportions simples nous aurons.

Latitude.	32° A	Correction.	T = 32°·4 A =	Routes au compas.
16°	33°·5 +	0°·4 =	33°·9	33°·9 pour Ste Helène.
56°	71°·4 +	3°·7 =	75°·1	104°·9 pour le Cap Horn.

Par un calcul exact les routes seraient 34°·11¼′ et 105°.

Et la perpendiculaire devrait être, 32°·42¼′.

4. Les résultats obtenus par la table sont assez exacts pour être employés ordinairement ; mais la méthode d'interpolation n'est pas juste parceque les différences pour les basses Latitudes sont assez uniformes, tandis que pour les hautes elles varient considérablement. Près de la limite (90°) les différences pour A et C, sont inégales de terme à terme ; mais elles varient presque en proportion de l'un à l'autre et peuvent conséquemment être relativement correctes quoiqu'on les ait intercalées par un procédé erroné. Dans l'exemple précédent, l'argument T et la route de Ste Helène au Cap ne sont pas très corrects tandis que la route du Cap à Ste Helène est juste quoique trouvée au moyen de l'argument T. Il faut donc faire un examen attentif de la table.

5. D'abord, il faut observer que les termes, dans la colonne A, commencent par s'augmenter lentement et presque en proportion du carré de l'argument à gauche (L) et que près de la limite inférieure (90°), cet ordre est renversé : la différence entre le premier terme et le quatrième étant à peu près le double de celle entre le premier et le second. Par exemple : dans la colonne 26, la première différence est de 21° = (90 — 69°) celle pour le quatrième terme est de 38°·4 (90° — 51°·6). Dans la colonne 40° nous avons la première différence 16°·1 (90° — 73°·9), tandis que la quatrième est de 30°·1 (90° — 59°·9). Les quatrièmes différences sont donc presque doubles des premières. Dans les colonnes C, la différence des termes, au haut de la table, est à peu près en proportion de la différence des arguments ; mais, en bas, elles suivent la même règle que dans la colonne A. C'est-à-dire que, dans A et C, les termes près de la limite (90°), sont à peu près en proportion de la racine carrée de la distance de leurs arguments de la limite (90°).

INTRODUCTION.

6. It may be observed, also, that near the limit, in by far the greater part of the table, the terms horizontally and vertically, equidistant from the limit, are nearly equal; and hence, a change on the horizontal argument to the left or right gives a result nearly the same as would be produced by an equal change in the vertical argument, up or down, or in other words—

The value of a term near limit depends chiefly on the limit distance of its argument, and very little on the particular column in which it is found.

7. These relations of the terms near the limit, though never strictly true, give very convenient approximations. At first, near the lower limit ($90°$), the rule of the square roots is almost exact; but when used for terms beyond the second, the arguments commonly require to be somewhat modified. The vertical terms in A are always somewhat greater than the horizontal terms equidistant from limit. In like manner the horizontal terms in C, in the first half of the table, are somewhat greater than the equidistant vertical terms, and in the second half of the table the vertical terms exceed the horizontal.

8. The most convenient way of interpolating near limit is by means of a slide rule with the C D lines, which give the relation of squares and square roots; it may be done also by means of the table on the last page, where the terms in the body of the table are proportional to the square root of the argument at top. In either way, the process is best represented by the slide rule notation.

The limit distance of the argument being $(T-\psi)$, the practical rule is—

Put 12, $120'$ (or other equivalent of $2°$) on the C line to the tabular value on the D line of the first term from limit, and opposite the limit argument $(T-\psi)$, on the C line is the interpolated value of C, viz., C_1.

C		$(T-\psi)$		120
D		C_1		Tv_1

If the table on the last page be used, find in column $2°$ the tabular value Tv, and under the limit argument $(T-\psi)$ at top is the interpolated value C_1.

9. The tabular value of C for the less Latitude may, if necessary, be interpolated in like manner, the arguments being modified by some small quantity (m), so that the divisions on the C line may measure, on the D line, the interval between the tabular values of C, and then taking the value corresponding to the distance (modified by m) of the given Latitude from the even degree. Thus—

C	$120+m$	$(T-\psi+m)$	$240+m$	....	$360+m$
D	Tv_1	C_2	Tv_2		Tv_3

The values C_1, C_2, thus found, when compared with the difference in Longitude, at once show whether the assumed perpendicular T is greater or less than the true: the correction, if needed, is had by finding the change on the Latitude required to give $C_2 \pm C_1 =$ diff. Long, and then changing the assumed perpendicular by an equivalent quantity.

INTRODUCTION.

6. On peut aussi remarquer que près de la limite, dans presque toute l'étendue de la table, les termes à distance égale de la limite, soit en ligne ou en colonne, sont presque égales. Une variation dans l'argument horizontal T, à gauche ou à droite, donne à peu près le même résultat qu'un changement de l'argument vertical L, en montant ou en descendant.

On peut donc conclure que la valeur d'un terme près de la limite dépend plus de la distance de son argument de la limite, que de la colonne dans laquelle il se trouve.

7. Ces rapports, entre les termes près de la limite, ne sont pas très exacts, mais ils fournissent des procédés faciles d'interpolation. Dans les termes les plus proches de la limite, la proportion des racines carrées est presque exacte; mais au delà du second terme il faudra modifier un peu les arguments. Les valeurs, dans la colonne A, prises verticalement, sont toujours plus grandes que les termes horizontaux à la même distance de la limite. Et de même, les termes horizontaux dans la colonne C, ont une valeur plus grande que celle des terms verticaux équidistants de la limite. Mais dans la second partie de la table les termes verticaux sont plus grands que les termes horizontaux.

8. Près de la limite de 90°, on trouvera les interpolations très facilement soit par la règle à calcul, soit en employant la table sur la dernière page. Dans celle-ci les valeurs sont proportionelles à la racine carrée de l'argument en chef. La notation pour la règle à calcul peut aussi s'appliquer à la table.

La distance entre la limite et l'argument étant $(T-\psi)$; la règle peut s'énoncer ainsi—

Mettez $2°$, 12, $120'$, ou autre valeur quelconque de $2°$, sur la ligne C en regard de la valeur C la plus proche du limite (90°) sur la ligne D; alors vis-à-vis de la valeur $(T-\psi)$ sur la ligne C on trouvera la nouvelle valeur C_1, sur la ligne D.

$$\begin{array}{|c|ccc} \hline C \\ \hline D \\ \hline \end{array} \quad \begin{array}{c} (T-\psi) \\ C_1 \end{array} \quad \begin{array}{c} 120 \\ Tv_1 \end{array}$$

De même, en entrant dans la colonne de $2°$ de la table, avec la valeur de C on trouvera, en ligne horizontale, la nouvelle valeur de C sous l'argument $(T-\psi)$.

9. On peut corriger la valeur de C pour la basse Latitude, de la même manière, en modifiant les arguments par une petite quantité (m) de sorte que les traits de la ligne C mesurent, sur la ligne D, la différence des valeurs successives de C dans la table. Dans ce cas il faudra prendre la valeur de C qui correspond à la distance, modifiée par m, entre la Latitude donnée et le degré entier.

$$\begin{array}{|c|cccc} \hline C \\ \hline D \\ \hline \end{array} \quad \begin{array}{c}(120+m)\\ Tv_1\end{array} \quad \begin{array}{c}(T-\psi+m)\\ C_2\end{array} \quad \begin{array}{c}(240+m)\\ Tv_2\end{array} \quad \begin{array}{c}(360+m)\\ Tv_3\end{array}$$

En comparant les valeurs de C_1, C_2, ainsi obtenues, avec la différence de Longitude, on verra si la perpendiculaire T est trop grande ou trop petite : la correction se fait en cherchant de combien il faut changer la Latitude pour rendre $C_2 \pm C_1$ égale à la différence de Longitude et en modifiant T de cette même quantité.

INTRODUCTION.

10. Resuming the former example, the error $3°·9$ to be disposed of being the difference of the values C_2, C_1, it is evident that the correction on C_2 must be more than $3°·9$, and that the true value of C_2 must be less than $18°·2 = (22°·1 - 3°·9)$: by slide rule—

C	1·3	1·33	1·37	2°
D	17·85	18	18·2	22°·1

Hence the argument distance from limit must be very nearly $1°·3$, and the perpendicular must be about $32°·7 = (34° - 1°·3)$. Assuming this, we have—

		32°	32°·7	T = 32°·7
P.	Lat.	C.	C.	A.
61°·5	16°	79°·7	79°·4	$33°·5 + 0°·7 = 34°·2$
	56°	22°·1	17°·9	$90° - 15° = 75°$
			P. 61°·5	

The value of A for Lat. 56° is found thus,

	32°·7		
C		1°·3	2
D		15°	18·6 (90 — 71°·4)

11. This exposition shows that the table will give good results if we like to take the trouble. It is well to know how such results may be got when wanted; but in the way first shown, and more exactly than the ship can be steered, the course may be shaped from day to day, not merely for the shortest distance on the Great Circle, but so as to avoid rough seas or other dangers on high Latitudes, and also so as to take advantage of favourable winds, so as on the whole to have the quickest passage.

12. For finding the distance between two ports there are two methods.

1st. The distance is the sum or the difference of the segments of base opposite C_1, C_2, the segments of difference of Longitude: ∴ with Latitude on left and segment C_1 in A, the top argument T gives segment of base, and in like manner for the other segment.

2dly. The distance may be found by the common rule of the sines with Lat. *in*, course *to*, and diff. in Longitude.

$$\sin \psi, \sin P = \sin \text{course}_2, \sin \text{dist}.$$

From which we have this rule. With the Latitude of a port in column L, and given diff. of Longitude in column A, the course at the other port in the same column A gives in column L on the left the complement of the distance.

	L.	A.	T.		L.	A.	L.	A.	L.	A.
	16°	79°·4	70°·9		Lat.	Diff. Long.	16°	61°·5	56°	61°·5
1st form,	56°	17°·9	9°·9	2d form,	Co-dist.	Course,	29°	75°	29°	34°·2
	Distance,	61°·0					$90° - 29° = 61°$ = Distance.			

13. We may now take a case with fractional arguments, and first solve it roughly, and then more exactly.

156

INTRODUCTION.

10. Retournons à l'exemple déjà donné, nous avons une différence $C_2 - C_1 = 3°.9$ à corriger et il est évident que la correction pour C_2 doit être plus grande que $3°.9$ et que la vraie valeur de C_2 doit être moindre que $18°.2 = (22°.1 - 3°.9)$: sur la règle à calcul on aura.

C	1.3	1.33	1.36	2°
D	17.83	.18	18.2	22°.1

Ce qui démontre que l'argument pour la distance de la limite doit être à peu près $1°.3$ et que la perpendiculaire doit être environ $32°.7$ ou $(34° - 1°.3)$ avec cette valeur nous obtenons.

P.	Latitude.	$32°$ C_2.	C.	$T = 32°.7$ A.
61°5	16°	79°.7	79°.4	$33°.5 + 0°.7 = 34°.2$
	56°	22°.1	17°.9	$90° - 15° = 75°$
			61°.5	

La valeur de A pour $32°.7$ Lat. $56°$ s'obtient ainsi,

C	1°.3	2°
D	15°	18°.6 (90°−74°.4)

11. Il paraît donc, qu'en prenant un peu de soin, on peut obtenir des résultats assez corrects quand on en a besoin ; cependant la première méthode est encore assez exacte, vu l'imperfection qui existe dans l'art de gouverner un vaisseau, et elle doit suffire pour trouver la route au compas, de jour en jour, non seulement sur le Grand Cercle ; mais encore de manière à éviter les dangers connus et à profiter des vents favorables, afin de rendre le trajet le plus court possible.

12. Il y a deux méthodes de trouver la distance entre le port de départ et celui d'arrivée.

1°. La distance est la somme ou la différence des deux segments de base C_1, C_2, opposés au segments de la différence de Longitude. Il faut entrer dans la table avec la Latitude dans la première colonne et le segment C dans une colonne A dont l'argument supérieur T donnera le segment de la base : l'autre se trouve de la même manière.

2°. La distance peut aussi se trouver par la méthode ordinaire des sinus ; ayant la Latitude d'arrivée, la route au compas, et la différence de Longitude.

$$\sin \psi, \sin P = \sin \text{route}_2, \sin \text{dist.}$$

D'où nos obtenons cette règle. Dans la première colonne L trouvez la Latitude du port de départ et en ligne de celle-ci cherchez la différence de Longitude sous la lettre A : alors dans cette même colonne A la route au compas du port d'arrivée indiquée, en ligne horizontale, et dans la première colonne L, le complément de la distance.

Première Méthode.

Lat.	A.	T.
16°	79°.4	70°.9
56°	17°.9	9°.9

Différence, $61°$

Deuxième Méthode.

L.	A.	L.	A.	L.	A.
Lat.	Diff. Long.	16°	61°.5	56°	61°.5
Co-dist.	Route.	29°	75°	29°	34°.2

et $(90° - 29°) = 61°$.

13. Maintenant, prenons des arguments fractionnaires pour trouver d'abord une solution approximative et ensuite une autre plus exacte.

INTRODUCTION.

Ex. 2. Find courses and distance between Cape Clear and St John's, Newfoundland.

	Long.	Lat.	38° C.	A.	37°·95 C.	A.	L.	A.	T.
St John's,	52°·43'	47°·34'	31°·2	66°	31°·4	65°·7	47°·6	31°·4	20°·7
Cape Clear,	9°·29'	51°·26'	11°·4	81°	11°·9	80°·7	51°·4	11°·9	7°·3
	P=43°·14'		42°·6		43°·3		Distance,		28°

1st. The table shows at once that T must exceed 36°, and as it cannot exceed 38°·34, the Co-latitude of Cape Clear, assume it 38°, with T=38° and Lat. 47.5. C_1 must be very nearly 31°·4, the first tabular term, 2°, from limit being 21°·4. C_2 must for 34' be nearly 12°, or by table 11°·7. These give so nearly the proper difference of Longitude that they may be taken as sufficiently exact; and with these the courses are about 66° from St John's to Cape Clear, and about 81° from Cape Clear to St John's.

2dly. Assuming 38° as a near value of T, and approximating more exactly by slide rule, the process is thus :—

C	34'	(37=34+3)	120'		C	240+20	266+20	(286+3)	360+20
D	11°·4	11°·9	21°·4=Tv$_1$		D	29°·8 Tv$_2$	31°·2	31°·4	36°·0 Tv$_2$

11°·4+31°·2=42°·6 being less than P=43°·2, shows that the assumed perpendicular 38° is somewhat too great, and, as above shown, the correction may be made by diminishing the Latitude arguments. A change of 3' suffices for this, as shown by the bracketed values. Hence the perpendicular is 38°−3'=37°·57'. By regular computation it is 37°·56'·5, and the courses are 80°·45' from Cape Clear, and 65°·41' from St John's, and the distance is 27°·55'.

The corrections on the tabular values in A may be found, in this case, by taking them proportional to those in C, or by interpolating the values in A in the same way as those in C, as shown in the second part below.

First—

A	11°·9	21°·4		A	1°·6=(31°·4−29°·8)	Tv$_2$C=29°·8
B	9°·3	16°·7=(90−73°·3 Tv$_1$)		B	1°·26	Tv$_2$A=23°·1
					66°·9	

(90°−9°·3)=80°·7 for Cape Clear.   65°·64 for St John's.

Or secondly—

C	37'	120'		C	240+40	280+29	360+40
D	9°·3	16°·7=(90−73°·3 Tv$_1$)		D	23°·1	24°·3	27°·6
					(90−66°·9 Tv$_2$)		(90−62°·4 Tv$_2$)

and (90°−9°·3)=80°·7 for Cape Clear, and (90°−24°·3)=65°·7 for St John's.

By method 1. the segments are 7°·3 and 20°·7, together giving the distance 28°, as above. The results roughly taken by method 2. are 27°·6 and 27°·8.

INTRODUCTION.

Ex. 2. On demande les routes au compas et la distance entre le Cap Clear et le Port St Jean, de Terre Neuve.

	Long.	Lat.	38°		37°·95				
			C.	A.	C.	A.	L.	A.	T.
Saint Jean,	52°·43′	47°·34′	31°·2	66	31°·4	65°·7	47°·6	31°·4	20°·7
Cap Clear,	9°·29′	51°·26′	11°·4	81	11°·9	80°·7	51°·4	11°·9	7°·3
P =	43°·14′		42°·6		43°·3		Distance,		28°·

1°. On voit, tout de suite, par la table que T doit être plus de 36° et que T ne peut dépasser 38°·34 la co-latitude du Cap Clear; prenons d'abord 38°. Avec Latitude 47½° et T=38°, C_1 doit être à peu près 31°·4, le deuxième terme en comptant de la limite est 21°·4, et le changement d'argument est de 2° ; donc pour 34′ la valeur C_2 devrait être 12°, ou par la dernière table 11°·7. Ces résultats donnent une valeur de P presqu' égale à la vraie, et peuvent très bien servir pour trouver les routes au compas c'est-à-dire 66° de St Jean au Cap Clear, et 81° du Cap Clear à St Jean.

2°. Maintenant, en faisant usage de la règle à calcul avec la valeur T = 38° nous avons.

C	34′	37=(34+3)	120′		C	240+20	266+20	(286+3)	360+20
D	11°·4	11°·9	$Tv_1=21·4$		D	29·8 Tv_2	31·2	31·4	36·0 Tv_3

Puisque 11°·4 + 31°·2 = 42°·6 sont moindres que P = 43°·2, il résulte que la perpendiculaire est trop grande et demande une diminution de 3′ dans les arguments de Latitude, ce qui est indiqué par les chiffres en parenthèse. Donc la perpendiculaire devrait être 38°−3′ = 37°·57′. Par la formule rigoureuse elle serait 37°·56′·5 et les routes au compas, seraient, 80°·45′ du Cap Clear à St Jean, et 65°·41′ de St Jean au Cap Clear.

Les corrections pour les valeurs A peuvent se trouver en les rendant proportionnelles à celles de C.

A	11°·9	21°·4		A	16=(31·4−29·8)	$Tv_2C=29·8$
B	9°·3	16°·7=(90°·−73°·3) Tv_1		B	1·26	$Tv_2A=23·1$
					66·9	

(90°−9°·3) = 80°·7 pour le Cap Clear.   65°·64 pour St Jean.

Ou en intercalant les valeurs comme pour la colonne C.

C	37′	120′		C	240+40	280+29	360+40
D	9°·3	16°·7=(90−73°·3 Tv_1)		D	23°·1	24°·3	27°·6
					(90−66°·9 Tv_2)		(90−62°·4 Tv_3)

(90°−9°·3) = 80°·7 pour le Cap Clear, et (90°−24°·3) = 65°·7 pour St Jean.

Enfin par la première méthode les segments de la distance 28°, sont 7°·3 et 20°·7, ou par la seconde on trouve approximativement 27°·6 et 27°·8.

INTRODUCTION.

14. The differences near the limit being very unequal, it is troublesome to get an exact result in the usual way by the rule of the sines. There is, however, another way of using the table in such cases, which may be thus explained:—

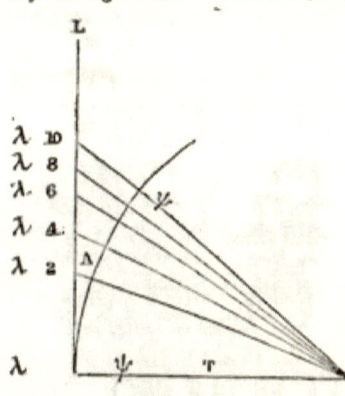

In the adjoining figure, representing stereographically a portion of the table near a limit, the letters LTAC signify as usual.

The line Cλ, marked T, is the perpendicular or co-latitude ψ, having on its left its Latitude λ. The several curves proceeding from C represent co-latitudes, increasing each by 2°, as in the table.

It is obvious that, while the distances CL and the Latitudes in L increase uniformly from C, the actual intervals λL are very unequal, being, in fact, very nearly proportional to the square roots of their numerical distance from the limit, and also nearly as the angles at C, and the complements of those at A; or, in other terms, the difference of the hypothenuse and base is nearly proportional to the square of the perpendicular, or to that of the opposite angle at C, or to that of the adjacent co-angle A.

15. Hence instead of finding the length of a side near limit by the large angle A, it may be more convenient to find its difference from the perpendicular ψ, by means of the complement of angle A.

Resuming our example: enter the table with Lat. 47°·6 in L, and diff. Long. 43°·2 in A, we have in T 27°·5, the perp. from St John's. For perp. 28 and hypoth. 30° the table gives A = 69°·9, the co-angle of which, or distance from limit, is 20°·1, this adjusted to perp. 27°·5 becomes 20°·3. By slide rule

C	hyp—base	·42	2
D	co-angle	9°·3	20°·3

we have ·42 as the excess of the hypothenuse for 9°·3, the co-angle of the course 80°·7. Hence 27°·5 + ·42 = 27°·92 is the distance.

The other course—

L.	A.	T.
51°·4	43°·2	25°·2
	65°·7	2°·68
	Distance,	27°·88

65°·7 gives the value of L = 24°·3. The tabular values, adjusted to T = 25°·2, are Tv₁ = 68°·6, Tv₂ = 60°·8, giving limit values Lv₁ = 21°·4, Lv₂ = 29°·2. The argu-

INTRODUCTION.

14. Il est difficile d'obtenir un résultat exact par la méthode ordinaire des sinus à cause de la grande variation dans les différences près de la limite. Mais on peut en ce cas, se servir d'un autre procédé que nous allons expliquer.

Dans la figure qui réprésente en projection stereographique une partie de la table près de la limite de $90°$, les lettres LTAC ont la signification déjà donnée.

La ligne Cλ, marquée d'un T, représente la perpendiculaire ou la co-latitude ψ, et la Latitude λ se trouve à gauche. Les courbes tracées à partir de C sont les co-latitudes qui s'augmentent de deux en deux degrés comme dans la table.

Il est évident que les distances CL et les Latitudes, dans L, s'augmentent d'une quantité uniforme tandis que les intervalles sur λL sont très inégales et sont en effet presque en proportion des racines carrées de leur distance numérique de la limite. Elles sont aussi en raison des angles au point C, et des compléments des angles A; c'est-à-dire, la différence de l'hypothénuse et de la base est presque en proportion du carré de la perpendiculaire, ou de celui de l'angle opposé C, ou de celui du complément de l'angle contigu A.

15. Lorsque l'angle A est grand on peut avantageusement trouver la longueur d'un côté, en employant le complément de l'angle contigu A, au lieu de cet angle même, pour chercher la différence entre le côté et la perpendiculaire ψ.

Ainsi, en reprenant notre exemple, nous avons en entrant dans la table avec la Latitude $47°·6$, en L, et la différence de Longitude $43°·2$, en A, la perpendiculaire T en chef $= 27°·5$. Ici, pour la perpendiculaire $28°$ et l'hypoténuse $30°$, nous avons pour A $69°·9$, dont le complément ou la distance de la limite est de $20°·1$; en corrigeant pour la perpendiculaire $27°·5$, le complément devient $20°·3$. Maintenant, par la règle à calcul, nous aurons

C	hyp—base	·42	2
D	co-angle	$9°·3$	$20°·3$

pour la correction de l'hypothénuse ·42 qui correspond à $9°·3$ le complément de la route $80°·7$. Et en ajoutant ·42, à la perpendiculaire $27°·5$, on obtient la distance $27°·92$

Ensuite pour l'autre route—

L.	A.	T.
$51°·4$	$43°·2$	$25°·2$
	$65°·7$	$2°·68$
	Distance,	$27°·88$

$65°·7$ donne la valeur de L $= 24°·3$. En ajustant les valeurs de la table à T $= 25°·2$, on obtient $Tv_1'' = 68°·6$, $Tv_2 = 60°·8$, qui correspondent à des valeurs $Lv_1 = 21°·4$, $Lv_2 = 29°·2$. Sur la règle à calcul les arguments 2 et 4, sur la ligne C, dépassent

INTRODUCTION.

ments 2 and 4 on the C line overlap the interval $(Lv_2 - Lv_1)$ on the D line, but they coincide by adding $m = \cdot 3$ to each.

C	$2 + \cdot 3$	$2°\cdot98\ (2°\cdot68 + \cdot3)$	$4 + \cdot 3$
D	$21°\cdot 4$	$24°\cdot 3$	$29°\cdot 2$

which gives $2°\cdot 68$ as the correction (hypoth.—perp.)

Ex. 3. Find the Great Circle courses between Cape Horn and East Cape, New Zealand. (Raper, pp. 108-113.)

	Long.	Lat.	24° C.	26° C.	T = 25°·3 A.
East Cape,	178°·36' E.	S. 37°·40'	69°·8	67°·8	32°·8
Cape Horn,	67°·16' W.	S. 55°·59'	48°·7	43°·7	49°·9
	245°·52'		118°·5	111°·5	
			111°·5	114°·1 = P	
	P = 114°·08'		7°·0 :	2°·6 :: 2 : 0°·7	

and $26° - 0°\cdot7 = 25°\cdot3 = T.$

By regular computation the courses are $32°\cdot43'$ and $49°\cdot51'$, and the perpendicular is $25°\cdot20'$.

With the high Latitude of its vertex, this would be a dangerous course in the Southern Ocean. See section 18.

16. When the ports are on opposite sides of the Equator it is necessary to take a point antipodal to one of them, forming thus a supplemental triangle, in which a polar distance, the perpendicular, and its opposite angle remain unchanged, while the antipodal sides and their opposite angles are the supplements of those in the original triangle, as in the example and figure.

Ex. 4. Find the courses and distance between Diego Ramirez and Cape Lopatka. (Raper, pp. 109-113.)

	Long.	Lat.	32° C.	34° C.
Cape Lopatka,	E. 156°·46'	N. 51°·02'	39°·5	33°·6
Diego Ramirez,	W. 68°·43'	S. 56°·29'	11°	non est
	225°·29'		50°·5	
	P = 134°·31'		45°·5	
	Supp^t = 45°·29'		Error 5°	

162

INTRODUCTION.

l'intervalle entre 21°·4 et 29°·2, mais, en ajoutant ·3 à chacun des arguments, leur distance sur la règle devient a peu près égale à l'intervalle (21°·4 à 29°·2).

C	2+·3	2°·98 (2°·68+·3)	4+·3
D	21°·4	24°·3	29·2

on obtient donc une correction 2°·68 égale à (2°·98—·3) et la distance devient 27°·88.

Ex. 3. Il s'agit de trouver la route sur le Grand Cercle entre le Cap Horn et le Cap d'Est, Nouvelle Zélande.

	Long.	Lat.	24° C.	26° C.	T=25°·3 A.
Cap D'Est,	178°·36' E.	S. 37°·40'	69°·8	67°·8	32°·8
Cap Horn,	67°·16' Ou.	S. 55°·59'	48°·7	43°·7	49°·9
	245°·52'		118°·5	111°·5	
	P=114°·08'		111°·5	114°·1 = P	
			7°·0	: 2°·6 :: 2 : 0°·7	
			∴ 26° — 0°·7 = 25°·3 = T.		

Par le calcul rigoureux les routes sont 32°·43' et 49°·51', et la perpendiculaire est de 25°·20'.

Mais il faut observer que cette route serait dangereuse dans la mer antarctique : vu la forte Latitude du sommet de la courbe. Voyez par. 18.

16. Lorsque les deux ports sont, l'un au nord, l'autre au sud de l'Équateur il devient nécessaire d'employer l'antipode de l'un pour former un triangle supplémental dans lequel on ne change rien à une distance polaire, à la perpendiculaire et à son angle opposé ; mais dans lequel les côtés antipodales et leurs angles opposés deviennent les suppléments de ceux du premier triangle, comme dans l'exemple et la figure suivants.

Ex. 4. On désire trouver les routes au compas et la distance sur le Grand Cercle entre Diego Ramirez et le Cap Lopatka.

	Long.	Lat.	32° C.	34° C.
Cap Lopatka,	E. 156°·46'	N. 51°·02'	39°·5	33°·6
Diego Ramirez,	Ou. 68°·43'	S. 56°·29'	11°	non est
	225°·29'		50°·5	
	P = 134°·31'		45°·5	
	Sup.= 45°·29'	Erreur	5°.	

INTRODUCTION.

It is evident that the perpendicular must be between 32° and 33°·5. Assume it as 33°, and interpolating with help of the last table, the process will be :—

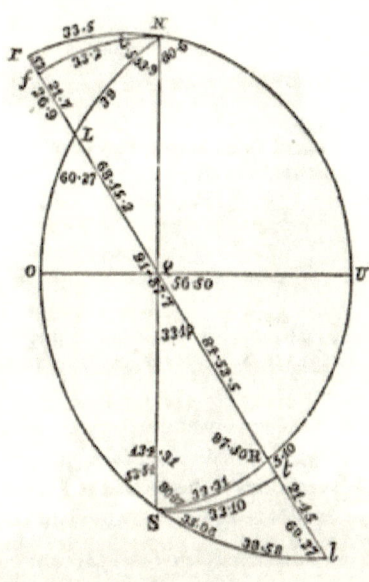

		33°
	Lat.	C.
	51°·0	36°·7
	56°·5	11°·1
		47°·8
	P = 45°·5	
		2°·3

The sum of the values thus found being still in excess, shows that the assumed perpendicular 33° is somewhat too small. The adjustment may be made by slide rule, as above shown, or, perhaps, more conveniently as follows :—

The values of C near limit being nearly as the square root of their argument distance from limit, the *variations* on the values will be nearly inversely as these square roots, that is, in the present case, as I to the $\sqrt{12}$. This gives 0°·5 and 1°·8 as the apportionment of the error 2°·3. The segments of P would thus be 36°·2 and 9°·3, corresponding to $\begin{smallmatrix}33°·2\\ C.\end{smallmatrix}$ Then, with the Latitude in L and the segments of P, the polar angle in A, C gives the courses and T the segments of distance.

	Lat.	P.		Courses.	T.	Complts.
		A.	C.			
Cape Lopatka,	51°·0	36°·2	60°·5	119°·5	21°·8	68°·2
Diego Ramirez,	56°·5	9°·3	82°·3	or 97°·7	5°·1	84°·9
					26°·9	153°·1 Distance.

By regular computation the courses are 82°·10′, 60°·27′, the perpendicular is 33°·10′, and the distance is 153°·07′·7.

Ex. 5. Find the courses and distances on the Great Circle between the Cape of Good Hope and Hobart Town, Van Diemen's Land. (Riddle, pp. 65; Raper, p. 113.)

	Long.	Lat.	28° C.	A.
Cape of Good Hope,	E. 18°·26′	S. 34°·4	68°·7	34°·7
Van Diemen's Land,	E. 147°·26′	S. 42°·9	60°·3	39°·9
	P = 129°	=	129°	

INTRODUCTION.

Il est évident que la perpendiculaire doit être entre $32°$ et $33\frac{1}{2}°$. Supposons que ce soit $33°$ alors en intercalant avec l'aide de la table sur la dernière page on aura :—

	$33°$
Lat.	C.
$51°·0$	$36°·7$
$56°·5$	$11°·1$
	$47°·8$
	$45°·5$
Erreur	$2°·3$

Puisque la somme des valeurs excède encore la valeur du supplément de P la perpendiculaire doit encore être trop petite. La correction peut se faire à l'aide de la règle à calcul, ou peut-être mieux de cette manière-ci.

Les valeurs de C près de la limite sont presque proportionnelles à la racine carrée de leur distance de la limite, les changements de valeur sont donc à peu près en raison inverse de ces racines carrées : dans le cas donné, en proportion de 1 à $\sqrt{12}$. Nous avons donc $0°·5$ et $1°·8$ pour les deux parties de l'erreur $2°·3$. Les segments de P seraient $36°·2$ et $9°·3$ pour $\frac{33°·2}{C.}$. Ensuite, en entrant la table avec les Latitudes en première colonne et les segments de P, l'angle polaire, en colonne A, nous aurons les routes dans la colonne C et les segments de distance par l'argument supérieur T.

	Lat.	P. A.	C.	Routes.	T.	Complts.
Cap Lopatka,	$51°·0$	$36°·2$	$60°·5$	$119°·5$	$21°·8$	$68°·2$
Diego Ramirez,	$56°·5$	$9°·3$	$82°·3$	ou $97°·7$	$5°·1$	$84°·9$
					$26°·9$	$153°·1$ Distance.

Par la méthode rigoureuse les routes sont $82°·10'$, $60°·27'$, la perpendiculaire est de $33°10'$, et la distance $153°·07'·7$.

Ex. 5. On veut chercher les routes au compas et la distance sur le Grand Cercle entre le Cap de Bonne Espérance et Hobart Town, terre de Van Diemen.

	Long.	Lat.	$128°$ C.	A.
Le Cap de Bonne Espérance,	E. $18°·26'$	S. $34°·4$	$68°·7$	$34°·7$
Terre de Van Diemen,	E. $147°·26'$	S. $42°·9$	$60°·3$	$39°·9$
	P = $129°$		= $129°$	

INTRODUCTION.

Lat.	A. C.	T.		Lat.	C. A.	T.
34°·4	68°·7	50°·3		34°·4	34°·7	50°·2
42°·9	60°·3	39°·5		42°·9	39°·9	39°·5
	Distance,	89°·8			Distance,	89°·7

It is evident that on the Great Circle the co-latitude of the vertex is 28°, and that the segments of the polar angle are 68°·7 and 60°·3, and that the courses are 34°·7 and 39°·9. Transposing A and C we have in T the segments of distance.

GREAT CIRCLE SAILING NOT EXCEEDING A LIMITED LATITUDE.

17. The course on a Great Circle, while it gives the shortest distance, goes sometimes to a Latitude inconveniently high, as in Examples 3 and 5, and always higher than that by Mercator's Chart. From considering that a Great Circle course when projected on Mercator's Chart has a somewhat circular form, Mr Fisher devised a method for representing a course within a limited Latitude by drawing on the chart a circular arc of large radius, so as to pass through the ports and touch the given parallel. Raper, p. 126, notices it approvingly, and in Riddle's "Navigation," p. 65, &c., the details of the method, applied to the present Example 5, are given at formidable length.

18. It is proper to show how the present table gives an easy solution of such a case.

Here the condition is that the Latitude is not to exceed 50°. It is obvious that from each port the shortest course to Latitude 50° will be on a Great Circle, and that the intermediate portion may be run down on that parallel.

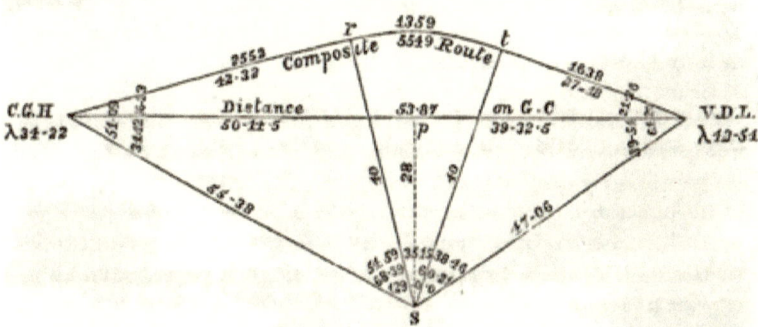

As the Latitude is not to exceed 50°, with the co-latitude 40° at top, and with Latitude 34°·22 (34°·4) on the left, A gives 51°·2 as the course from the Cape, and C gives 54°·9 as the difference in Longitude at which it will reach the vertex; and, in like manner, 61°·3 is the course, and 38°·8 the difference in Longitude from the other port, as shown below and in the figure.

	40°									
Lat.	A.	C.		Lat.	A.	T.	or	Lat.	C.	T.
34°·4	51°·2	54°·9	For . .	34°·4	54°·9	42°·5		34°·4	51°·2	42°·5
42°·9	61°·4	38°·8	Distance	42°·9	38°·8	27°·2		42°·9	61°·4	27°·3

INTRODUCTION.

Lat.	A. C.	T.	Lat.	C. A.	T.
34°·4	68°·7	50°·3	34°·4	34°·7	50°·2
42°·9	60°·3	39°·5	42°·9	39°·9	39°·5
	Distance,	89°·8		Distance,	89°·7

Dans cet exemple il est évident que la perpendiculaire, ou la co-latitude du sommet d'arc est exactement $28°$; puisqu'il n'y a pas d'erreur entre P et la différence des valeurs de C.

On obtient la distance en transposant les valeurs de C à A et réciproquement pour avoir les segments de la distance dans l'argument supérieur T.

Méthode à Employer lorsque le Grand Cercle ne doit pas dépasser une Latitude donnée.

17. Le chemin sur un Grand Cercle est toujours le plus court; mais en certain cas il conduirait le vaisseau dans des Latitudes d'une hauteur qui pourrait présenter de graves inconvénients comme dans l'Exemple 5, et l'Exemple 3. Le sommet de la courbe donne toujours une plus forte Latitude que la route obtenue au moyen d'une carte réduite (Mercator). Mons. Fisher, ayant remarqué que la projection d'un Grand Cercle sur une carte réduite avait à peu près la forme d'un Cercle, proposa de représenter un chemin limité à une Latitude donnée par un arc de cercle, à grand rayon, qui passerait par les deux ports et toucherait au parallèle de Latitude prescrite. L'écrivain Raper en fait mention avec approbation, et Mr Riddle, dans son ouvrage sur la navigation, en donne longuement les détails pour l'Exemple 5 que nous venons de donner.

18. Nous allons démontrer que, par la table, on peut trouver facilement tous les renseignements nécessaires pour accomplir le trajet. Dans l'Exemple 5 la Latitude ne doit pas dépasser le parallèle de $50°$.

Il est évident qu'un arc de Grand Cercle offre le plus court trajet de chaque port au parallèle prescrit et que ce parallèle servira de route pour la portion intermédiaire.

Entrons dans la table avec la co-latitude $40°$, en chef, et la Latitude de départ, $34°·22$ ou $34°·4$, à gauche, la colonne A donne $51°·2$ pour la route du Cap de Bonne Espérance, et C donne $54°·9$ pour la différence de Longitude où la route atteindra le parallèle donné. De même pour l'autre port, on aura une route de $61°·3$, et une différence de Longitude de $38°·8$: ainsi qu'il suit.

	40°								
L.	A.	C.		L.	A.	T.	L.	C.	T.
34°·4	51°·2	54°·9	Pour la .	34°·4	54°·9	42°·5 ou	34°·4	51°·2	42°·5
42°·9	61°·4	38°·8	Distance	42°·9	38°·8	27°·2 bien	42°·9	61°·4	27°·3

INTRODUCTION.

At the Cape the polar angle to the vertex is 54°·9, and at Van Diemen's Land 38°·8, the sum of these subtracted from *129°* leaves 35°·3 = *1359* miles as the distance to be run on the parallel of 50°. By the second use of the table we have 42°·5 and 27°·3 as the Great Circle segments of the course. These together make 69°·8, or 4190 miles, to which adding *1359* we have 5549 as the length of the composite course, or *162* miles more than on the Great Circle. The elements for protracting the course at every 2° of Latitude are given by the table.

	Lat.	Angles on the Rhumb. A. ... 40° ... C.		Long. from Vertex.	Long.
	°	°	°	°	°
Cape of Good Hope, ...	34·4	51·2		54·9	18·4
	36·0	52·6		52·4	20·9
	38·0	54·7		49·0	24·3
	40·0	57·0		45·2	28·1
	42·0	59·9		40·9	32·4
	44·0	63·3		35·9	37·4
	46·0	67·7		29·7	43·6
	48·0	73·9		21·3	52·0
	50·0	90·0		....	73·3
			35·3		
	50·0	90·0		....	108·6
	48·0	73·9		21·3	129·9
	46·0	67·7		29·7	138·3
	44·0	63·3		35·9	145·5
Van Diemen's Land, ...	42·9	61·3		38·8	147·4

The successive Longitudes are found by adding the successive differences between the Longitude from Vertex of the port of departure and that of the Latitude *in* to the Longitude of the port.

Ex. 54°·9 − 45°·2 = 9°·7 + 18°·4 = 28°·1 (for Latitude 40).

Beyond 50° Latitude we have only to add in the successive Longitudes from vertex. If these results be compared with those given in Riddle by Fisher's method, the saving of labour by this method will be evident.

19. Besides these uses of the table, there are some others which may now be indicated briefly. As these uses have been developed beyond the object for which the table was first made, it may be useful to explain more fully the principle on which they depend.

20. When the hypothenuse and perpendicular are the given parts of a spherical triangle, the other parts are found by the formulæ—

$$\sin A = \sin T \csc R = \sin T \sec L,$$
$$\cos b = \sec T \cos R = \sec T \sin L,$$
$$\cos C = \tan T \cot R = \tan T \tan L,$$

in which L is put for the complement of the hypothenuse, and the other letters have the signification given in the figure. It is evident from the formulæ that the parts found by the first and second expressions are complements to each other with transposed arguments.

INTRODUCTION.

Pour le Cap de Bonne Espérance l'angle polaire au sommet est de *54°·9*, et pour la Terre de Van Diemen, l'angle polaire est de *38°·8*; en soustrayant leur somme *93°·7* de *129°*, la différence de Longitude entre les deux ports, on obtient *35°·3* ou *1359* milles pour la longueur de la route sur le parallèle. Pour les routes sur les Grand Cercles nous avons des arcs de *42°·5* et de *27°·3*. Leur somme est égale à *69°·8* ou *4190* milles, nous avons donc une distance totale de *1359+4190=5549* milles pour la route composée qui est plus longue que le chemin sur le Grand Cercle de *162* milles.

On trouvera, dans la table, les éléments nécessaires (de deux en deux degrés de Latitude) pour tracer la route sur une carte réduite.

	Lat.	Routes au Compas. A. ... 40° ... C.	Long. du Sommet.	Long.
	°	° °	°	°
Cap de Bonne Espérance,	34·4	51·2	54·9	18·4
	36·0	52·6	52·4	20·9
	38·0	54·7	49·0	24·3
	40·0	57·0	45·2	28·1
	42·0	59·9	40·9	32·4
	44·0	63·3	35·9	37·4
	46·0	67·7	29·7	43·6
	48·0	73·9	21·3	52·0
	50·0	90·0	....	73·3
			35·3	
	50·0	90·0	....	108·6
	48·0	73·9	21·3	129·9
	46·0	67·7	29·7	138·3
	44·0	63·3	35·9	145·5
Terre de Van Diemen,	42·9	61·3	38·8	147·4

Les Longitudes successives se trouvent en ajoutant la différence entre, la Longitude du sommet pour le port du départ et celle de la station d'arrivée, à la Longitude du port ; pour la Latitude 40° on a *54°·9−45°·2=9°·7+18°·4=28°·1*. Au dela de *50°* on n'a qu'à additionner successivement les arcs de Longitude du sommet. On verra que cette méthode est bien moins laborieuse que celle de M. Fisher telle qu'elle est donnée dans le traité de navigation de M. Riddle.

19. On peut encore faire usage de la table pour résoudre des questions que nous allons indiquer brièvement, après avoir expliqué le principe dont elles dépendent.

20. Quand on a pour données l'hypothénuse et la perpendiculaire d'un triangle sphérique les autres parties se trouvent par les formules—

$$\sin A = \sin T \operatorname{cosec} R = \sin T \sec L,$$
$$\cos b = \sec T \cos \quad R = \sec T \sin L,$$
$$\cos C = \tan T \cot \quad R = \tan T \tan L,$$

dans lesquelles L indique le complément de l'hypothénuse et les autres lettres ont la signification donnée dans la figure. On peut observer que, dans les deux premières

INTRODUCTION.

From these formulæ, involving the several parts, the rules for all the other cases may be derived by proper substitution, and in this way the *canon* made for this case becomes applicable for all cases of right-angled spherics.

21. By means of a perpendicular, all cases of oblique spherics are reducible to those of right angles, and this table (or rather that of which this is an abridgment) has been used in the regular way for the common and troublesome case of "the sides and contained angle," with results sufficiently exact, but obtained with so much trouble as evidently to be practically useless at sea.

22. The application of the table to oblique spherics in the regular way being hopeless, I thought that possibly it might yet be practicable in some *non-regular* way. Keeping to the case of the sides and contained angle, it occurred to me, that instead of taking the perpendicular as usual to one of the given sides, I might take it from the given angle to the unknown side, and try what that would lead to. I had thus the given sides as the hypothenuses of two triangles having a common perpendicular, for finding which I had this condition, that the sum or the difference of the angles between the hypothenuses and perpendicular should be equal to the given angle. This in a common way is insoluble; but the particular case being that in Raper, of St Helena to Cape Horn, with the perpendicular falling outside the triangle, the table (as first made) for Amplitude in Arc and Ascensional Difference (Dasc) in time gave the means of finding the required difference of Longitude by the difference of two tabulated values. This opened up the way: but to serve conveniently for cases with the perpendicular falling inside the triangle, the table had to be written out again with the contained *angle* itself in *arc*, instead of (as at first) with its complement in time.

23. In Great Circle sailing, for which the table seemed most likely to be useful, precision to minutes being unnecessary and practically inconvenient, the table was once more written out in arc, true to the nearest tenth of a degree: in which form, serving among other purposes for Great Circle sailing, and for the cognate case of finding Azimuth by Latitude, Declination, and Hour Angles (elements usually available at sea), it was, along with some other tables, got ready for publication. It then occurred to me, as an after thought, that as the table with degree arguments occupied several pages, it might be convenient and sufficient for shaping daily the Great Circle course, to give it with arguments to 2°, and thus on two good-sized pages to have the whole in view on turning a leaf.

24. On applying the abridged table to the examples in Raper, the cases came more frequently near the limit, and the second differences being four times as large, it seemed at first that the table would be unworkable; but on considering that in the greater part of the table, near the limit the variations from limit value were nearly proportional to the square roots of the argument distance from limit, it became, as has been shown, practicable and easy, by means of the C D lines of the slide rule to interpolate in what, at first, seemed the worst cases.

The seeming difficulties being fairly disposed of in this way, the table on the last page was made as a substitute when a slide rule might not be available.

INTRODUCTION.

formules, les valeurs cherchées sont complémentaires l'un à l'autre et que les arguments sont transposés.

De ces trois formules on peut donc déduire celles pour tous les autres cas, en mettant les changements convenables. Ainsi la table peut s'appliquer à tous les cas des triangles sphériques et rectangles.

21. En menant une perpendiculaire, tous les cas des triangles sphériques obliques se résolvent de même que les triangles sphériques rectangles. La table, ou plutôt une autre dont celle-ci est un abrégé, a été employé selon les règles pour le cas fréquent et embarrassant des deux côtés et de l'angle contenu. Les résultats étaient assez exacts; mais le procédé était trop laborieux pour être utile en mer.

22. Il a donc fallu chercher une méthode irrégulière pour résoudre les triangles sphériques obliques. Ayant en vue ce même cas des deux côtés et de l'angle inclus, nous avons essayé de mener la perpendiculaire de l'angle donné au côté inconnu; au lieu de la mener, comme à l'ordinaire, à un côté donné. De cette manière nous avons les côtés donnés pour hypothénuses des deux triangles et une même perpendiculaire pour les deux. Pour chercher la perpendiculaire nous avons la condition que la somme ou la différence des angles, formés par les hypothénuses et la perpendiculaire, doit être égale à l'angle donné. On ne peut résoudre ce cas par les règles ordinaires; mais dans un cas spécial, celui du trajet de l'île de Sainte Helène au Cap Horn, la perpendiculaire étant hors du triangle, nous avons reconnu que la table dans sa forme originale (pour l'amplitude en arc et la différence d'ascension (Dasc) en temps) fournissait une solution de la différence de Longitude en cherchant une différence correspondante entre deux valeurs successives de la table. Nous trouvant ainsi sur la trace, nous avons reconnu la nécessité de recopier la table avec l'angle inclus même, en arc, au lieu de son complement, en temps.

23. Vu que, pour naviguer sur le Grand Cercle il n'était pas besoin de donner les minutes de degrés, nous avions d'abord rédigé la table en degrés et dixièmes de degré; mais avant de l'imprimer il nous a paru être plus commode de ne donner les arguments que de deux en deux degrés, vu que les tables occupaient plusieurs pages et que par ce changement on n'aurait à tourner qu'une seule page.

24. Ensuite, en essayant les exemples donnés dans le traité de Raper la plupart des cas se trouvant près de la limite (90°) où les différences sont très grandes: nous avions craint que la table ne fût pas serviable. Cependant, ayant remarqué que les différences étaient presque en proportion de la racine carrée de la distance de l'argument de la limite, nous avons trouvé une solution assez facile au moyen des lignes C D de la règle à calcul, ou au moyen de la table sur la dernière page, quand la règle manque.

25. Pour obtenir les Azimuts on emploie la table de la même manière que pour chercher les routes sur le Grand Cercle, mais au lieu de la Latitude du port d'arrivée on emploie la Déclinaison de l'astre observé. Le procédé est court et simple, mais demande un peu d'habitude. Nous avons donc reconnu que le procédé n'était pas propre à un usage ordinaire en mer et nous avons calculé les tables d'Azimut que nous publions maintenant.

INTRODUCTION.

25. For finding Azimuth, the table is used in the same way as for finding the Great Circle course, the only difference being that, instead of the Latitude of the port to be reached, we must use the Declination of the object observed. The process, though simple and short, is yet one requiring some skill not always available. I felt, therefore, that it was not altogether the sort of table for common use at sea by any one, and thereupon set about the construction of the Azimuth Tables now published.

26. Having shown at length how the table may be used for the case of two sides and the contained angle, it may now be shown that it may be used also for finding the angles from the sides.

Given the sides to find the Angles.

1st. With the complements of the sides in T take out for two adjacent terms L, to which the values in A, by their difference or sum, give near values of the third side or of its supplement, and with the differences adjust the proper value of L. The corresponding terms in A give the co-segments of the third side. The adjusted value of L is the perpendicular.

2dly. Then transposing the arguments L and A with the complement of the sides on the left, the values for the adjusted perpendicular give in A the angles at the base, and in C the segments of the vertical angle.

27. The adjacent figure represents a spherical triangle, having its sides 38°, 50°, 68°, with the several parts computed strictly, by means of which the results by the Pantaspheric table may be compared and tested in the several ways in which it may be used, as in the example following :—

INTRODUCTION.

26. Nous avons déjà donné la solution du problême des deux côtés et de l'angle inclus et n'avons qu'à indiquer la manière d'employer la table, pour chercher les angles quand les côtés sont donnés.

On entre dans la table avec les compléments des côtés en chef (T) et on cherche deux valeurs successives dans la colonne qui doivent approcher par leur somme ou leur différence au troisième côté, ou à son supplément. Ensuite, au moyen des différences, on intercale une valeur plus exacte pour L. Les valeurs correspondantes à celle-ci dans les colonnes A seront les compléments des deux segments du troisième côté, et la valeur corrigée de L donne la perpendiculaire. Ensuite, en transposant les arguments L et A, et en prenant les compléments des côtés dans la colonne à gauche on obtient sous T = L corrigée, les angles à la base sous A, et sous C les deux angles au sommet de la perpendiculaire.

27. La figure réprésente un triangle sphérique ayant des côtés de 38°, 50°, 68°, dont les différentes parties ont été calculées selon les règles rigoureuses. On pourra les comparer aux résultats obtenus par la table et donnés dans les exemples suivants.

INTRODUCTION.

Two sides and contained angle.	Deux côtés et l'angle inclus.
ZS = 50° PZ = 38° Z = 106°·14'·6 a = 40° λ = 52° 73°·45	Third side. Le troisième côté.

	L. T. 28°	T. 30°	T = 29°·2		L.	A.	T.		C.	T.
		C.	C.	C. A.						
Z.	40°	63°·5	61°·0	62°·0 39°·5 = S		40°·0	62°·0	42°·5		39°·5	42°·6
106°·25	52°	47°·1	42°·4	44°·3 52°·5 = P		52°·0	44°·3	25°·5		52°·5	20°·3
		110°·6	103°·4	106°· = Z				68°·0 = PS = 67°·9
		103°·4	106°·2							

| 7°·2 : −2°·8 :: 2 : − 0°·8 |
| (·77 exact). |

	T = 47°·2	L.	R.	T = 36°·2	L.	R.
	A.			A.		
Third side by rule of sines	Z 73°·7 a40°·0			Z 73°·7 λ52°·0		
Le troisième côté par la règle des sinus	P 52°·5 d22°·0	68° p	S 39°·5 d22°·0	68° p

| PS = 68°   ZS = 50°   S = 39°·36·4 |
| d = 22°   a = 40°   39°·6 |

	L. T. 46°	T. 48°	T = 47°·25		L.	A.	T.		C.	T.
		C.	C.	C. A.						
S.	22°	65°·3	63°·3	64°·0 52°·5 = P		22°·0	64°·0	56°·2		52°·5	56°·4
39°·6	40°	29°·7	21°·3	24°·4 73°·6		40°·0	24°·4	18°·2		73°·6	18°·3
		35°·6	42°·0	106°·4 = Z				38°·0 = PZ = 38°·1
		42°·0	39°·6							

| 6°·4 : −2°·4 :: 2 : − 0°·75 |
| (·65 exact).* |

	T.	L.	R.	T.	L.	R.
sin A₁ cos L₁ = sin A₂ cos L₂	A.			A.		
	S 39°·6 d22°·0			S 39°·6 a40°·0		
sin A₁ sec L₂ = sin A₂ sec L₁	Z 73°·6 λ52°·0	38° ψ	P 52°·5 λ52°·0	38° ψ

* The perpendicular here differing little from the side, the case is unfavourable and the result faulty, for the reason given in section 4.

* La perpendiculaire étant peu éloignée du côté, le cas n'est pas favorable et le résultat n'est pas juste, pour la raison donnée au section 4.

| PS = 68°   PZ = 38°   P = 52°·29·3 |
| d = 22°   λ = 52°   52°·5 |

	L. T. 34°	T. 36°	T = 36°·25		L.	A.	T.		C.	T.
		C.	C.	C. A.						
P.	22°	74°·2	72°·9	72°·6 39°·6 = S		22°·0	72°·6	62°·3		39°·6	62°·3
52°·5	52°	30°·3	21°·6	20°·2 73°·7		52°·0	20°·2	12°·3		73°·7	12°·3
		43°·9	51°·3	106°·3 = Z				50°·0 = ZS = 50°·0
		51°·3	52°·5							

| 8°·6 : +1°·2 :: 2 : + 0°·28 |
| (·24 exact). |

				T.	L.	R.	T.	L.	R.
On slide rule.	Sur la règle à calcul.			A.			A.		
a = 40°·0	Dec. 22°·0	cos	P 52°·5 d22°·0			P 52°·5 λ52°·0		
P = 52°·5	Z 73°·8	sin	Z 73°·7 a40°·0	50° z	S 39°·6 a40°·0	50° z

174

INTRODUCTION.

The three sides.					Les trois côtés.		
PS=68° ZS=50° PZ=38°					The angles.		
112° a=40° λ=52°					Les angles.		

							T=29°·2	
	T.	L. 28°	L. 30°	L. 29°·2	Segments.	L.	A.	C.
p	a 40°	A 46°·7	A 47°·9	A 47°·4	42°·6	40°	39°·6=S	62°
68°								
112°	λ 52°	A 63°·2	A 65°·5	A 64°·6	25°·4	52°	52°·6=P	44°·3
		———	———	———	———		————	————
		109°·9	113°·4		68°·PS			106°·3−Z.
		113°·4	112°·0					

$$3°·5 : -1°·4 :: 2 : 0°·8 \text{ (·77 exact.)}$$

PZ=38° PS=68° ZS=50°							
d=22° a=40°							

							T=47°·2	
	T.	L. 46°	L. 48°	L. 47°·2	Segments.	L.	A.	C.
ψ	d 22°	A 32°·6	A 34°·0	A 33°·4	56°·6	22°	52°·4−P	4°·1
38°	a 40°	A 67°·7	A 73°·9	A 71°·4	18°·6	40°	73°·6	24°·6
		———	———	———	———		————	————
		35°·1	39°·9	38°	PZ 38°		106°·4=Z	39°·5=S.
		39°·9	38°·0					

$$4°·8 : -1°·9 :: 2 : -0°·79^* \text{ (·65 exact.)}$$

* See note on opposite page.
* Voyez la note sur la page en face.

ZS=50° PS=68° PZ=38°							
d=22° λ=52°							

							T=36°·25	
	T.	L. 34°	L. 36°	L. 36°·25	Segments.	L.	A.	C.
z	d 22°	A 26°·9	A 27°·6	A 27°·7	62°·3	22°	39°·6=S	72°·7
50°	λ 52°	A 71°·9	A 76°·9	A 77°·7	12°·3	52°	73°·8	20°·2
		———	———	———	———		————	————
		45°·0	49°·3		ZS 50°·0		106°·2=Z	52°·5=P.
		50°·0	50°·*					

$$5°·0 : +0°·7 :: 2 : +0°·28 \text{ (·24 exact.)}$$

* One of the tabular results differs little from the given value; this counterbalances the unfavourable condition of the small difference between the perpendicular and the given side.
* L'un des résultats de la table diffère peu de la valeur donnée, ce qui balance la condition défavorable du peu d'éloignement de la perpendiculaire du côté donné.

INTRODUCTION.

28. As another example, it may be interesting to find the angles of the triangle whose sides are ZS=60°, ZP=70°, PS=80°. These found by the regular method are P=61°·34′, S=72°·35′·4, Z=89°·49′. The segments of PS are 52°·36′ and 27°·24′ by the perpendicular 55°·43′·5 from Z. With these we may compare the results obtained by the table.

		T.	L 54°	L 56°	L=55°·7		L	T=55°·7	
			A.	A.	A.	C.		A.	C.
80°	70°	λ 20°	35°·6	37°·7	37°·4	52°·6	20°	61°·5 = P 57°·7	
100°	60°	a 30°	58°·3	63°·4	62°·6	27°·4	30°	72°·6 = S 32°·1*	
			93°·9	101°·1	80°·0				89°·8 = Z
			101°·1	100°					

7°·2 : −1°·1 :: 2° : −0°·3.

              * By last table.

The angle Z being only 11′ from a right angle, the perpendiculars from S and P will differ from the sides by the insensible quantities 2″ and 3″. With such differences, between hypotenuse and perpendicular, solutions, obtained with logarithms to seven places, would be altogether unsatisfactory. Nevertheless, the small table furnishes what may be considered remarkably good results in a very simple way.

With co-hypothenuse 10° at top, and the perpendicular 60° and 70° on left, we have in A 20°·3 and 30°·5 as the co-bases, showing that the perpendiculars fall 0°·3 and 0°·5 within the triangle, the adjacent angles in C are 72°·2 and 61° respectively. The angles of the principal triangle are obtained by adding to these the small segments given by the perpendiculars 0°·3 and 0°·5 to the hypothenuses 60° and 70° thus to co-hypothenuse 30° in L, perpendicular 2° at top, we have in A 2°·3 (or 1°·15′ for 1), 3/10 of which = 0°·35 added to 72°·2 gives 72°·55 as the value of S, and in like manner to co-hypothenuse 20° we have in A 2°·1, to which for 0°·5 the proportional part 0°·52 added to 61° gives P=61°·52.

29. It has been shown that the Azimuth table may be used for finding Altitudes not exceeding 30°. It may be shown that, by using the two tables together, the method may be extended generally. I suppose that the Azimuth by table will, in most cases, be true to less than half a degree, or to little more than a quarter of a degree *in the heavens*; but taking it as found, proceed thus—Convert the Hour Angle in time unto arc, and with the Declination in L find column T where A gives the converted Hour Angle, then the Azimuth found in the same column gives in L the Altitude.

Resuming an example already given—

In Latitude 52° Declination + 22° at H.A., 3·30 ʰ·ᵐ = 52°·5, the tabular Azimuth is 73°·8 = 72 + $\frac{2}{13}$ × 3.

	L	T=47°·2.
		A.
Dec. 22°		52°·5
Alt. 40°		73°·8 by last table.

INTRODUCTION.

28. Nous donnons encore un exemple interessant : un triangle dont les côtés sont ZS = 60°, ZP = 70°, et PS = 80°, aura selon le calcul rigoureux les angles. P = 61°·34′, S = 72°·35′·4, Z = 89°·49′. Les segments de P seront aussi de 52°·36′ et de 27°·24′ et la perpendiculaire menée du Point Z, sera de 55°·43′·5. Maintenant par la table on aura.

			L=54°	L=56°	L=55°·7	Segts.	L.	T 55°·7	
	T.		A.	A.	A.	C.		A.	C.
80°	70°	λ 20°	35°·6	37°·7	37°·4	52°·6	20°	61°·5 = P	57°·7
100°	60°	a 30°	58°·3	63°·4	62°·6	27°·4	30°	72°·6 = S	32°·1*
			93°·9	101°·1		80°·0			
			101°·1	100°·0				Z =	89°·8
			7°·2 :	— 1°·1	:: 2° :	— 0°·3.			

* Par la dernière table.

Comme l'angle Z ne diffère d'un angle droit que de 11′ les perpendiculaires menées de P ou de S ne s'écarteront des côtés que par les petites quantités 2″ et 3 ″. On n'obtiendrait, même en employant des tables de logarithmes à sept places, qu'une solution peu satisfaisante. Cependant la table donne par un procédé assez simple des résultats remarquablement corrects.

En prenant T = 10 = co-hypothénuse en chef et les perpendiculaires 60° et 70° à gauche on trouve sous A 20°·3 et 30°·5 pour les compléments des segments de base, ce que démontre que les perpendiculaires tombent au dedans du triangle de 0°·3 et 0°·5 et les angles contigus sous C, sont de 72°·2 et de 61°·0 respectivement. On obtient les angles du triangle donné en ajoutant aux précédents les petits segments que correspondent aux perpendiculaires 0°·3 et 0°·5 menées aux hypothénuses 60° et 70°. C'est-à-dire pour la co-hypothénuse 30° en L et la perpendiculaire 2°, en chef, nous avons sous A 2°·3 (ou 1°·15 pour 1°) et les $\frac{3}{10}$ de 1°·15 donnent 0°·35, qu'il faut ajouter à 72°·2 pour obtenir 72°·55 pour la valeur de S. Et de même pour la co-hypothénuse 20° nous avons, sous A, 2°·1 dont la partie proportionnelle à 0°·5 sera 0°·52 qu'il faut ajouter à 61° pour obtenir P = 61°·52.

29. Nous avons déjà démontré que la table des Azimuts peut être employé à trouver les hauteurs moindres que 30°. En combinant l'usage des deux tables on peut rendre la solution générale. On peut supposer qu'à l'ordinaire les Azimuts trouvés par la table seront justes à un demi degré près ou à un quart de degré dans les cieux; mais quelqu'il soit, il faut agir de la manière suivante. Convertissez l'Angle Horaire en arc. Ensuite, avec la Déclinaison dans la colonne L, cherchez la colonne T où se trouve, sous A, l'Angle Horaire convertie. Alors en ligne avec l'Azimuth, sous A, dans cette même colonne T on trouve, dans L la hauteur demandée.

Reprenons un exemple déjà donné :—

Lat. 52°, Déclin. + 22, Angle Horaire 3·30 $\overset{h.\,m.}{=}$ 52°·5, l'Azimut par la table est de 73°·8 = 72 + $\frac{6}{13}$ × 3.

	L.	T = 47·2
		A.
Déc.	22	52·5
Alt.	40	73·8 (par la dernière table).

30. These explanations and examples may **suffice** to show the various uses of the table; **with proper care in** the several processes, the results seem to be trustworthy to **about a** quarter of a degree, and this is as much as can be expected when spherics without logarithms are comprised in so small a compass.

ROBERT SHORTREDE.

1868.

INTRODUCTION.

30. Ces explications et ces exemples suffiront pour montrer les différentes manières de se servir de la table. Avec un peu de soin on pourra obtenir des résultats à un quart de degré près et cela paraît être toute l'exactitude à laquelle on peut s'attendre en faisant usage, pour le calcul des triangles sphériques, d'une table si concise, au lieu d'employer les logarithmes.

ROBERT SHORTREDE.

1868.

GREAT CIRCLE SAILING TABLE.

T. L.	2° A.	2° C.	4° A.	4° C.	6° A.	6° C.	8° A.	8° C.	10° A.	10° C.	12° A.	12° C.	14° A.	14° C.	16° A.	16° C.
0	2·0	90·0	4·0	90·0	6·0	90·0	8·0	90·0	10·0	90·0	12·0	90·0	14·0	90·0	16·0	90·0
2	2·0	89·9	4·0	89·9	6·0	89·8	8·0	89·7	10·0	89·6	12·0	89·6	14·0	89·5	16·0	89·4
4	2·0	89·9	4·0	89·7	6·0	89·6	8·0	89·4	10·0	89·3	12·0	89·1	14·0	89·0	16·0	88·9
6	2·0	89·8	4·0	89·6	6·0	89·4	8·0	89·2	10·1	88·9	12·1	88·7	14·1	88·5	16·1	88·3
8	2·0	89·7	4·0	89·4	6·1	89·2	8·1	88·9	10·1	88·6	12·1	88·3	14·1	88·0	16·2	87·7
10	2·0	89·6	4·0	89·3	6·1	88·9	8·1	88·6	10·2	88·2	12·2	87·9	14·2	87·5	16·3	87·1
12	2·0	89·6	4·1	89·1	6·1	88·7	8·2	88·3	10·2	87·9	12·3	87·4	14·3	87·0	16·4	86·5
14	2·1	89·5	4·1	89·0	6·2	88·5	8·2	88·0	10·3	87·5	12·4	87·0	14·4	86·4	16·5	85·9
16	2·1	89·4	4·2	88·9	6·2	88·3	8·3	87·7	10·4	87·1	12·5	86·5	14·6	85·9	16·7	85·3
18	2·1	89·3	4·2	88·7	6·3	88·0	8·4	87·4	10·5	86·7	12·6	86·0	14·7	85·4	16·8	84·7
20	2·1	89·3	4·3	88·5	6·4	87·8	8·5	87·1	10·6	86·3	12·8	85·6	14·9	84·8	17·1	84·0
22	2·2	89·2	4·3	88·4	6·5	87·6	8·6	86·7	10·8	85·9	13·0	85·1	15·1	84·2	17·3	83·3
24	2·2	89·1	4·4	88·2	6·6	87·3	8·8	86·4	11·0	85·5	13·2	84·6	15·4	83·6	17·6	82·7
26	2·2	89·0	4·5	88·0	6·7	87·1	8·9	86·1	11·1	85·1	13·4	84·0	15·6	83·0	17·9	82·0
28	2·3	88·9	4·5	87·9	6·8	86·8	9·1	85·7	11·3	84·6	13·6	83·5	15·9	82·4	18·2	81·2
30	2·3	88·8	4·6	87·7	6·9	86·5	9·2	85·3	11·6	84·2	13·9	83·0	16·2	81·7	18·6	80·5
32	2·4	88·7	4·7	87·5	7·1	86·2	9·4	85·0	11·8	83·7	14·2	82·4	16·6	81·0	19·0	79·7
34	2·4	88·6	4·8	87·3	7·2	85·9	9·7	84·6	12·1	83·2	14·5	81·8	17·0	80·3	19·4	78·8
36	2·5	88·5	4·9	87·1	7·4	85·6	9·9	84·1	12·4	82·6	14·9	81·1	17·4	79·6	19·9	78·0
38	2·5	88·4	5·1	86·9	7·6	85·3	10·2	83·7	12·7	82·1	15·3	80·4	17·9	78·8	20·5	77·1
40	2·6	88·3	5·2	86·6	7·8	84·9	10·5	83·2	13·1	81·5	15·7	79·7	18·4	77·9	21·1	76·1
42	2·7	88·2	5·4	86·4	8·1	84·6	10·8	82·7	13·5	80·9	16·2	79·0	19·0	77·0	21·8	75·0
44	2·8	88·1	5·6	86·1	8·4	84·2	11·2	82·2	14·0	80·2	16·8	78·2	19·7	76·1	22·5	73·9
46	2·9	87·9	5·8	85·8	8·7	83·8	11·6	81·6	14·5	79·5	17·4	77·3	20·4	75·0	23·4	72·7
48	3·0	87·8	6·0	85·5	9·0	83·3	12·0	81·0	15·0	78·7	18·1	76·3	21·2	73·9	24·3	71·4
50	3·1	87·6	6·2	85·2	9·4	82·8	12·3	80·4	15·7	77·9	18·9	75·3	22·1	72·7	25·4	70·0
52	3·2	87·4	6·5	84·9	9·8	82·3	13·1	79·6	16·4	77·0	19·7	74·2	23·1	71·4	26·6	68·5
54	3·4	87·2	6·8	84·5	10·2	81·7	13·7	78·8	17·2	76·0	20·7	73·0	24·3	69·9	28·0	66·8
56	3·6	87·0	7·2	84·0	10·8	81·0	14·4	78·0	18·1	74·8	21·8	71·6	25·6	68·3	29·5	64·8
58	3·8	86·8	7·6	83·6	11·4	80·3	15·2	77·0	19·1	73·6	23·1	70·1	27·2	66·5	31·3	62·7
60	4·0	86·5	8·0	83·0	12·1	79·5	16·2	75·9	20·3	72·2	24·6	68·4	28·9	64·4	33·5	60·2
62	4·3	86·2	8·5	82·4	12·9	78·6	17·2	74·7	21·7	70·6	26·3	66·4	31·0	62·0	36·0	57·4
64	4·6	85·9	9·2	81·8	13·8	77·6	18·5	73·3	23·3	68·8	28·3	64·2	33·5	59·3	39·0	54·0
66	4·9	85·5	9·9	81·0	14·9	76·3	20·0	71·6	25·3	66·7	30·7	61·5	36·5	55·9	42·7	49·9
68	5·3	85·0	10·7	80·0	16·2	74·9	21·8	69·6	27·6	64·1	33·7	58·3	40·2	51·9	47·4	44·8
70	5·9	84·5	11·8	78·9	17·8	73·2	24·0	67·3	30·5	61·0	37·4	54·3	45·0	46·8	53·7	38·0
72	6·5	83·8	13·0	77·6	19·8	71·1	26·8	64·4	34·2	57·1	42·3	49·1	51·5	39·9	63·1	28·1
74	7·3	83·0	14·7	75·9	22·3	68·5	30·3	60·7	39·0	52·0	49·0	42·2	61·4	29·6	90	0
76	8·3	81·9	16·8	73·7	25·6	65·1	35·1	55·7	45·9	45·0	59·0	31·5	90	0		
78	9·7	80·5	19·6	70·8	30·2	60·4	42·0	48·6	55·6	33·9	90	0				
80	11·6	78·6	23·7	66·6	36·0	53·4	53·3	37·2	90	0						
82	14·5	75·6	30·1	60·2	48·7	41·6	90	0								
84	19·5	70·6	41·8	48·3	90	0										
86	30·0	60·0	90	0												
88	90	0														

In every case the parts in L. and T. are non-adjacent.

GENERAL RELATIONS.

L.	T.	A.	C.
Co-hypoth.	Perp.	Angle 1.	Angle 2,
Perp.	Co-hypoth.	Co-base.	Angle 2.
Co-angle 1.	Perp.	Hypoth.	Co-base.
Perp.	Co-angle 1.	Angle 2,	Co-base.
Co-angle 2.	Co-angle 2.	Co-base.	Hypoth.

POUR NAVIGUER SUR LE GRAND CERCLE DE LA SPHÈRE.

T. L.	18° A.	C.	20° A.	C.	22° A.	C.	24° A.	C.	26° A.	C.	28° A.	C.	30° A.	C.	32° A.	C.
0	18·0	90·0	20·0	90·0	22·0	90·0	24·0	90·0	26·0	90·0	28·0	90·0	30·0	90·0	32·0	90·0
2	18·0	89·3	20·0	89·3	22·0	89·2	24·0	89·1	26·0	89·0	28·0	88·9	30·0	88·8	32·0	88·7
4	18·0	88·7	20·0	88·5	22·1	88·4	24·1	88·2	26·1	88·0	28·1	87·9	30·1	87·7	32·1	87·5
6	18·1	88·0	20·1	87·8	22·1	87·6	24·1	87·3	26·2	87·1	28·2	86·8	30·2	86·5	32·2	86·2
8	18·2	87·4	20·2	87·1	22·2	86·8	24·3	86·4	26·3	86·1	28·3	85·7	30·3	85·3	32·4	85·0
10	18·3	86·7	20·3	86·3	22·4	85·9	24·4	85·5	26·4	85·1	28·5	84·6	30·5	84·2	32·6	83·7
12	18·4	86·0	20·5	85·6	22·5	85·1	24·6	84·6	26·6	84·0	28·7	83·5	30·8	82·9	32·8	82·4
14	18·6	85·4	20·6	84·8	22·7	84·2	24·8	83·6	26·9	83·0	28·9	82·4	31·0	81·7	33·1	81·0
16	18·8	84·7	20·8	84·0	22·9	83·3	25·0	82·7	27·1	82·0	29·2	81·2	31·3	80·5	33·5	79·7
18	19·0	83·9	21·1	83·2	23·2	82·5	25·3	81·7	27·4	80·9	29·6	80·1	31·7	79·2	33·9	78·3
20	19·2	83·2	21·3	82·4	23·5	81·5	25·6	80·7	27·8	79·8	30·0	78·8	32·1	77·9	34·3	76·9
22	19·5	82·5	21·6	81·5	23·8	80·6	26·0	79·6	28·2	78·6	30·4	77·6	32·6	76·5	34·9	75·4
24	19·8	81·7	22·0	80·7	24·2	79·6	26·4	78·6	28·7	77·5	30·9	76·3	33·2	75·1	35·5	73·8
26	20·1	80·9	22·4	79·8	24·6	78·6	26·9	77·5	29·2	76·2	31·5	75·0	33·8	73·6	36·1	72·3
28	20·5	80·1	22·8	78·8	25·1	77·6	27·4	76·3	29·8	75·0	32·2	73·6	34·5	72·1	36·9	70·6
30	20·9	79·2	23·3	77·9	25·6	76·5	28·0	75·1	30·4	73·6	32·8	72·1	35·3	70·5	37·7	68·9
32	21·4	78·3	23·8	76·9	26·2	75·4	28·7	73·8	31·1	72·3	33·6	70·6	36·1	68·9	38·6	67·0
34	21·9	77·3	24·4	75·8	26·9	74·2	29·4	72·5	31·9	70·8	34·5	69·0	37·1	67·1	39·7	65·1
36	22·5	76·3	25·0	74·7	27·7	72·9	30·2	71·1	32·8	69·2	35·5	67·3	38·2	65·2	40·9	63·0
38	23·1	75·3	25·7	73·5	28·4	71·6	31·1	69·6	33·8	67·6	36·6	65·5	39·4	63·2	42·3	60·8
40	23·8	74·2	26·5	72·2	29·3	70·2	32·1	68·1	34·9	65·8	37·8	63·5	40·7	61·0	43·8	58·4
42	24·6	73·0	27·4	70·9	30·3	68·7	33·2	66·4	36·1	63·9	39·2	61·4	42·3	58·7	45·5	55·8
44	25·4	71·7	28·4	69·4	31·4	67·0	34·4	64·5	37·5	61·9	40·7	59·1	44·0	56·1	47·5	52·9
46	26·4	70·3	29·5	67·9	32·6	65·3	35·8	62·5	39·1	59·7	42·5	56·6	46·0	53·3	49·7	49·7
48	27·5	68·8	30·7	66·2	34·0	63·3	37·4	60·4	40·9	57·2	44·6	53·8	48·4	50·1	52·4	46·1
50	28·7	67·2	32·1	64·3	35·6	61·2	39·3	58·0	43·0	54·5	46·9	50·7	51·1	46·5	55·5	41·9
52	30·1	65·4	33·7	62·2	37·5	58·9	41·3	55·3	45·4	51·4	49·7	47·1	54·3	42·4	59·6	36·9
54	31·7	63·4	35·6	59·9	39·6	58·2	43·8	52·2	48·2	47·8	53·0	43·0	58·3	37·4	64·4	30·7
56	33·5	61·2	37·7	57·3	42·1	53·2	46·7	48·7	51·6	43·7	57·1	38·0	63·4	31·1	71·4	22·1
58	35·7	58·7	40·2	54·4	45·0	49·7	50·1	44·6	55·8	38·7	62·4	31·7	70·6	22·5	90	0
60	38·2	55·8	43·2	50·9	48·5	45·6	54·4	39·5	61·3	32·5	69·8	22·9	90	0		
62	41·2	52·3	46·8	46·8	52·9	40·5	60·2	33·1	69·0	23·5	90	0				
64	44·8	48·2	51·3	41·7	58·7	34·1	68·1	24·1	90	0						
66	49·4	43·1	57·2	35·2	67·1	24·8	90	0								
68	55·6	36·5	65·9	25·7	90	0					AT TRUE HORIZON.					
70	64·9	26·8	90	0					L.	T.	A.	C.				
72	90	0							Lat. Dec.	Dec. Lat.	Amp. Pol. alt.	Hour Angle.				

GREAT SAILING CIRCLE.

With the latitudes of the Ports in L. find two adjacent cols. T. in which the sum or the diff. of the terms on C. gives near values of the diff. in long.; and with the differences of the results find the proper values of C. and T. The corresponding terms in A. are the courses. T. thus adjusted is the co-latitude of the Vertex, and in this col. T. the terms in A. give the angles on the Rhumb at every second degree of lat. in L. throughout the course.

GREAT CIRCLE SAILING TABLE.

T.	32°		34°		36°		38°		40°		42°		44°		46°	
L.	A.	C.	A.	C.	A.	C.	A.	C.	A.	C.	A.	C.	A.	C.	A.	C.
0	32·0	90·0	34·0	90·0	36·0	90·0	38·0	90·0	40·0	90·0	42·0	90·0	44·0	90·0	46·0	90·0
2	32·0	88·7	34·0	88·7	36·0	88·5	38·0	88·4	40·0	88·3	42·0	88·2	44·0	88·1	46·0	87·9
4	32·1	87·5	34·1	87·3	36·2	87·1	38·1	86·9	40·1	86·6	42·1	86·4	44·1	86·1	46·1	85·8
6	32·2	86·2	34·2	85·9	36·2	85·6	38·2	85·3	40·3	84·9	42·3	84·6	44·3	84·2	46·3	83·8
8	32·4	85·0	34·4	84·6	36·4	84·1	38·4	83·7	40·5	83·2	42·5	82·7	44·5	82·2	46·6	81·6
10	32·6	83·7	34·6	83·2	36·6	82·6	38·7	82·1	40·7	81·5	42·8	80·9	44·9	80·2	46·9	79·5
12	32·8	82·4	34·9	81·8	36·9	81·1	39·0	80·4	41·1	79·7	43·2	79·0	45·2	78·2	47·3	77·3
14	33·1	81·0	35·2	80·3	37·3	79·6	39·4	78·8	41·5	77·9	43·6	77·0	45·7	76·1	47·8	75·0
16	33·5	79·7	35·6	78·8	37·7	78·0	39·8	77·1	42·0	76·1	44·1	75·0	46·3	73·9	48·4	72·7
18	33·9	78·3	36·0	77·3	38·2	76·3	40·3	75·3	42·5	74·2	44·7	73·0	46·9	71·7	49·1	70·3
20	34·3	76·9	36·5	75·8	38·7	74·7	40·9	73·5	43·2	72·2	45·4	70·9	47·7	69·4	50·0	67·9
22	34·9	75·4	37·1	74·2	39·3	72·9	41·6	71·6	43·9	70·2	46·2	68·7	48·5	67·0	50·9	65·3
24	35·5	73·8	37·7	72·5	40·0	71·1	42·4	69·6	44·7	68·1	47·1	66·4	49·5	64·5	51·9	62·5
26	36·1	72·3	38·5	70·8	40·8	69·2	43·2	67·6	45·7	65·8	48·1	63·9	50·6	61·9	53·2	59·7
28	36·9	70·6	39·3	69·0	41·7	67·3	44·2	63·5	46·7	63·5	49·3	61·4	51·9	59·1	54·5	56·6
30	37·7	68·9	40·2	67·1	42·7	65·2	45·2	63·2	47·8	61·0	50·6	58·7	53·3	56·1	56·2	53·3
32	38·6	67·0	41·3	65·1	43·9	63·0	46·5	60·8	49·3	58·4	52·1	55·8	55·0	52·9	58·0	49·7
34	39·7	65·1	42·4	62·9	45·2	60·7	48·0	58·2	50·8	55·5	53·8	52·6	56·9	49·4	60·2	45·6
36	40·9	63·0	43·7	60·7	46·6	58·1	49·6	55·4	52·6	52·4	55·8	49·1	59·2	45·4	62·8	41·2
38	42·3	60·8	45·2	58·2	48·2	55·4	51·4	52·4	54·7	49·0	58·1	45·3	61·8	41·0	65·9	36·0
40	43·8	58·4	46·9	55·5	50·1	52·4	53·5	49·0	57·0	45·2	60·9	40·9	65·1	35·9	69·9	29·7
42	45·5	55·8	48·8	52·6	52·3	49·1	55·9	45·3	59·9	40·9	64·2	35·8	69·2	29·6	73·5	21·2
44	47·5	52·9	51·0	49·4	54·8	45·4	58·9	41·0	63·3	35·9	68·5	29·6	74·9	21·2	90	0
46	49·7	49·7	53·8	45·7	57·8	41·2	62·4	36·0	67·7	29·7	74·4	21·2	90	0		
48	52·4	46·1	56·7	41·5	61·5	36·2	66·9	29·3	73·9	21·3	90	0				
50	55·5	41·9	60·4	36·5	66·1	30·0	73·3	21·4	90	0						
52	59·6	36·9	65·3	30·3	72·7	21·6	90	0								
54	64·4	30·7	72·1	21·8	90	0										
56	71·4	22·1	90	0												
58	90	0														

AT PRIME VERTICAL.

L.	T.	A.	C.
Co-lat. Dec.	Dec. Co-lat.	Alt. PVZ.	Hour Angle.

T.	76°		78°		80°		82°		84°		86°		88°	
L.	A.	C.	A.	C.	A.	C.	A.	C.	A.	C.	A.	C.	A.	C.
0	76·0	90·0	78·0	90·0	80·0	90·0	82·0	90·0	84·0	90·0	86·0	90·0	88·0	90·0
2	76·1	81·9	78·2	80·5	80·2	78·6	82·3	75·6	84·3	70·6	86·5	60·0	90	0
4	76·6	73·7	78·7	70·8	80·8	66·6	83·1	60·2	85·5	48·3	90	0		
6	77·3	65·1	79·6	60·0	82·0	53·4	84·7	41·6	90	0				
8	78·5	55·7	81·0	48·6	84·0	37·2	90	0						
10	80·2	45·0	83·3	33·9	90	0								
12	82·7	31·5	90	0										
14	90	0												

Given the sides to find the Angles.—With the compts. of two sides in cols. T. find two adjacent terms in L. to which the diff. or the sum of the terms in A. gives near values of the third side or of its supplement: and with the differences of the results find the proper value of the perp. in L. and in A. of the co-segments of the base. Then transposing the args. L. and T. with the compts. of the sides in L. and the perp. in T., the values in A. give the angles at the base, and those in C. the segments of the Vertical Angle.

POUR NAVIGUER SUR LE GRAND CERCLE DE LA SPHÈRE.

T.	48°		50°		52°		54°		56°		58°		60°		62°	
L.	A.	C.	A.	C.	A.	C.	A.	C.	A.	C.	A.	C.	A.	C.	A.	C.
0	48·0	90·0	50·0	90·0	52·0	90·0	54·0	90·0	56·0	90·0	58·0	90·0	60·0	90·0	62·0	90·0
2	48·0	87·8	50·0	87·6	52·0	87·4	54·0	87·2	56·1	87·0	58·1	86·8	60·1	86·5	62·1	86·2
4	48·2	85·5	50·2	85·2	52·2	84·9	54·2	84·5	56·2	84·0	58·2	83·6	60·2	83·0	62·3	82·4
6	48·4	83·3	50·4	82·8	52·4	82·3	54·4	81·7	56·5	81·0	58·5	80·3	60·6	79·5	62·6	78·6
8	48·6	81·0	50·7	80·4	52·7	79·6	54·8	78·8	56·8	78·0	58·9	77·0	61·0	75·9	63·1	74·7
10	49·0	78·7	51·1	77·9	53·1	77·0	55·2	76·0	57·3	74·8	59·4	73·6	61·6	72·2	63·7	70·6
12	49·4	76·3	51·6	75·3	53·7	74·2	55·8	73·0	57·9	71·6	60·1	70·1	62·3	68·4	64·5	66·4
14	50·0	73·9	52·1	72·7	54·3	71·4	56·5	69·9	58·7	68·3	60·9	66·5	63·2	64·4	65·5	62·0
16	50·6	71·4	52·8	70·0	55·1	68·5	57·3	66·8	59·6	64·8	61·9	62·7	64·3	60·2	66·7	57·4
18	51·4	68·8	53·7	67·2	56·0	65·4	58·3	63·4	60·7	61·2	63·1	58·7	65·6	55·8	68·2	52·3
20	52·3	66·2	54·6	64·3	57·0	62·2	59·4	59·9	61·9	57·3	64·5	54·4	67·2	50·9	70·0	46·8
22	53·3	63·3	55·7	61·2	58·2	58·9	60·8	56·2	63·4	53·2	66·2	49·7	69·1	45·6	73·2	40·5
24	54·4	60·4	57·0	58·0	59·6	55·3	62·3	52·2	65·2	48·7	68·2	44·6	71·4	39·5	75·1	33·1
26	55·8	57·2	58·5	54·5	61·3	51·4	64·2	47·8	67·3	43·7	70·7	38·7	74·5	32·4	79·2	23·5
28	57·3	53·8	60·2	50·7	63·2	47·1	66·4	43·0	69·9	38·0	73·8	31·7	78·8	22·9	90	0
30	59·1	50·1	62·2	46·5	65·5	42·3	69·1	37·4	73·2	31·1	78·3	22·5	90	0		
32	61·2	46·1	64·6	41·9	68·3	36·9	72·5	30·7	77·8	22·1	90	0				
34	63·7	41·5	67·5	36·5	71·9	30·3	77·4	21·8	90	0						
36	66·7	36·2	71·2	30·0	76·9	21·6	90	0								
38	70·6	29·5	76·4	21·4	90	0										
40	76·0	21·3	90	0												
42	90	0														

At Elongation.

L.	T.	A.	C.
Lat. Pol. dist.	Pol. dist. Lat.	Azim. Alt.	Hour Angle.

T.	62°		64°		66°		68°		70°		72°		74°		76°	
L.	A.	C.	A.	C.	A.	C.	A.	C.	A.	C.	A.	C.	A.	C.	A.	C.
0	62·0	90·0	64·0	90·0	66·0	90·0	68·0	90·0	70·0	90·0	72·0	90·0	74·0	90·0	76·0	90·0
2	62·1	86·2	64·1	85·9	66·1	85·5	68·1	85·0	70·1	84·5	72·1	83·8	74·1	83·0	76·1	81·9
4	62·3	82·4	64·3	81·8	66·3	81·0	68·3	80·0	70·4	78·9	72·4	77·6	74·5	75·9	76·6	73·7
6	62·6	78·6	64·7	77·6	66·7	76·3	68·8	74·9	70·9	73·2	73·0	71·1	75·1	68·5	77·3	65·1
8	63·1	74·7	65·2	73·3	67·3	71·6	69·4	69·6	71·6	67·3	73·8	64·4	76·1	60·7	78·5	55·7
10	63·7	70·6	65·9	68·8	68·1	66·7	70·3	64·1	72·6	61·0	75·0	57·1	77·4	52·1	80·2	45·0
12	64·5	66·4	66·8	64·2	69·1	61·5	71·4	58·3	73·9	54·3	76·5	49·1	79·3	42·2	82·7	31·5
14	65·5	62·0	67·9	59·3	70·3	55·9	72·9	51·9	75·6	46·8	78·6	39·9	82·0	29·6	90	0
16	66·7	57·4	69·2	54·0	71·9	49·9	74·7	44·8	77·8	38·0	81·6	28·1	90	0		
18	68·2	52·3	70·9	48·2	73·9	43·1	77·1	36·5	81·1	26·8	90	0				
20	70·0	46·8	73·0	41·7	76·5	35·2	80·6	25·7	90	0						
22	73·2	40·5	75·8	34·1	80·2	24·8	90	0								
24	75·1	33·1	79·7	24·1	90	0										
26	79·2	23·5	90	0												
28	90	0														

Two sides and the contained Angle.—With the compts. of the given sides in L. find two adjacent cols. T. in which the sum or the diff. of the terms in C. gives near values of the given angle: and with the differences of the results find the proper values of C. and of T. The corresponding terms in A. give the angles at the base. T. so found is the perp.

Then transposing the argts. found in A. or in C. with the compts. of the sides in L., the angles at the base found in C., or the segt. of C. found in A., give at top the segments of the base.

TRADUCTION DES NOTES DANS LA TABLE.

Relations Générales.

	L.	T.	A.	C.
Dans tous les cas, les parties dans L. et T. ne sont pas contiguës.	Co-hypothénuse.	Perpendiculaire.	Angle 1.	Angle 2.
	Perpendiculaire.	Co-hypothénuse.	Co-base.	Angle 2.
	Co-angle 1.	Perpendiculaire.	Hypothénuse.	Co-base.
	Perpendiculaire.	Co-angle 1.	Angle 2.	Co-base.
	Co-angle 2.	Co-angle 2.	Co-base.	Hypothénuse.

À l'Horizon Vrai.

L.	T.	A.	C.
Latitude.	Déclinaison.	Amplitude.	Angle Horaire.
Déclinaison.	Latitude.	Hauteur du Pôle.	

Sur le Premier Vertical.

L.	T.	A.	C.
Co-latitude.	Déclinaison.	Hauteur.	Angle Horaire.
Déclinaison.	Co-latitude.	PVZ.	

À l'Élongation.

L.	T.	A.	C.
Latitude.	Distance Polaire.	Azimut.	Angle Horaire.
Distance Polaire.	Latitude.	Hauteur.	

Le Grand Cercle.

On entre dans la table avec les latitudes des deux Ports sous L. et l'on cherche deux colonnes contiguës T. dans lesquelles la somme ou la différence des termes sous C. donne à peu près la différence de Longitude. Au moyen des différences entre les termes on ajuste les valeurs de C. et T. Les termes correspondants sous A. seront les airs de vent. La valeur corrigée de T. est la co-latitude du sommet de la courbe. Dans cette colonne T., les valeurs, sous A., donnent les airs ou Rhumbs de vent pour la route, de deux en deux degrés de latitude.

Les trois côtés étant donnés, on demande les Angles.—Entrez dans la table avec les compléments de deux des côtés en ligne T. et cherchez deux valeurs successives dans L. telles que la somme ou la différence des termes sous A. donne à peu près le troisième côté ou son supplément. Au moyen des différences ajustez la valeur de la perpendiculaire sous L. et des co-segments de base sous A.

Puis, en transposant les arguments L. et T.: c'est à dire en prenant les compléments des deux côtés sous L. et la perpendiculaire en T.: les valeurs sous A., donnent les angles à la base et les valeurs sous C., les segments de l'angle Vertical.

Deux côtés et l'Angle inclus étant donnés, on demande le troisième côté et les autres Angles.—Entrez dans la table avec les compléments des deux côtés donnés sous L. et cherchez deux colonnes contiguës T., dans lesquelles la somme ou la différence des valeurs sous C. donne à peu près l'angle inclus. Ajustez, au moyen des différences, les valeurs de C. et de T. Cette dernière sera la perpendiculaire. Et les termes correspondants sous A. donnent les angles à la base.

Puis, en transposant les arguments, ainsi trouvés, sous A. et C.: c'est à dire, en prenant les compléments des deux côtés sous L.: les angles à la base cherchés sous C. ou le segment de C. cherché sous A. donnent, en chef (T.), les segments de la base.

TERMS PROPORTIONAL TO SQUARE ROOT OF ARGUMENT AT TOP.

Limit Value	·1	·2	·3	·4	·5	·6	·7	·8	·9	1·0	1·1	1·2	1·3	1·4	1·5	1·6	1·7	1·8	1·9	2·0	2·1	2·2	2·3	2·4	2·5	Limit Value
10	3·2	4·5	5·5	6·3	7·1	7·7	8·4	8·9	9·5	10·0	10·5	11·0	11·4	11·8	12·2	12·6	13·0	13·4	13·8	14·1	14·5	14·8	15·2	15·5	15·8	10
11	3·5	4·9	6·0	7·0	7·8	8·5	9·2	9·8	10·4	11·0	11·5	12·0	12·5	13·0	13·5	13·9	14·3	14·8	15·2	15·6	15·9	16·3	16·7	17·0	17·4	11
12	3·8	5·4	6·6	7·6	8·5	9·3	10·0	10·7	11·4	12·0	12·6	13·1	13·7	14·2	14·7	15·2	15·6	16·1	16·5	17·0	17·4	17·8	18·2	18·6	19·0	12
13	4·1	5·8	7·1	8·2	9·2	10·1	10·9	11·6	12·3	13·0	13·6	14·2	14·8	15·4	15·9	16·4	16·9	17·4	17·9	18·4	18·8	19·3	19·7	20·1	20·6	13
14	4·4	6·3	7·7	8·9	9·9	10·8	11·7	12·5	13·3	14·0	14·7	15·3	15·9	16·5	17·1	17·7	18·3	18·8	19·3	19·8	20·3	20·7	21·2	21·7	22·1	14
15	4·7	6·7	8·2	9·5	10·6	11·6	12·5	13·4	14·2	15·0	15·7	16·4	17·1	17·7	18·4	19·0	19·6	20·1	20·7	21·2	21·7	22·2	22·7	23·2	23·7	15
16	5·1	7·2	8·8	10·1	11·3	12·4	13·4	14·3	15·2	16·0	16·8	17·5	18·2	18·9	19·6	20·2	20·9	21·5	22·1	22·6	23·2	23·7	24·3	24·8	25·3	16
17	5·4	7·6	9·3	10·8	12·0	13·2	14·2	15·2	16·1	17·0	17·8	18·6	19·4	20·1	20·8	21·5	22·2	22·8	23·4	24·0	24·6	25·3	25·8	26·3	26·9	17
18	5·7	8·1	9·9	11·4	12·7	13·9	15·1	16·1	17·1	18·0	18·9	19·7	20·5	21·3	22·0	22·7	23·4	24·2	24·8	25·5	26·1	26·7	27·3	27·9	28·5	18
19	6·0	8·5	10·4	12·0	13·4	14·7	15·9	17·0	18·0	19·0	19·9	20·8	21·7	22·5	23·2	24·0	24·8	25·5	26·2	26·9	27·5	28·2	28·8	29·4	30·0	19
20	6·3	8·9	11·0	12·6	14·1	15·5	16·7	17·9	19·0	20·0	21·0	22·0	22·9	23·7	24·5	25·3	26·1	26·8	27·6	28·3	29·0	29·7	30·3	31·0	31·6	20
21	6·6	9·4	11·5	13·3	14·8	16·3	17·6	18·8	19·9	21·0	22·0	23·0	23·9	24·8	25·7	26·5	27·4	28·2	28·9	29·7	30·4	31·2	31·8	32·5	33·2	21
22	7·0	9·8	12·0	13·9	15·6	17·0	18·4	19·7	20·9	22·0	23·1	24·1	25·1	26·0	26·9	27·8	28·7	29·5	30·3	31·1	31·9	32·6	33·4	34·1	34·8	22
23	7·3	10·3	12·6	14·5	16·3	17·8	19·2	20·6	21·8	23·0	24·1	25·2	26·2	27·2	28·2	29·1	29·9	30·8	31·7	32·5	33·3	34·1	34·9	35·6	36·4	23
24	7·6	10·7	13·1	15·2	17·0	18·6	20·1	21·5	22·8	24·0	25·2	26·3	27·4	28·4	29·4	30·3	31·3	32·2	33·1	34·0	34·8	35·6	36·4	37·2	37·9	24

Limit Value	2·6	2·7	2·8	2·9	3·0	3·1	3·2	3·3	3·4	3·5	3·6	3·7	3·8	3·9	4·0	4·2	4·4	4·6	4·8	5·0	5·2	5·4	5·6	5·8	6·0	Limit Value
10	16·1	16·4	16·7	17·0	17·3	17·6	17·9	18·2	18·4	18·7	19·0	19·2	19·5	19·7	20·0	20·5	20·9	21·4	21·9	22·4	22·8	23·2	23·7	24·1	24·5	10
11	17·7	18·1	18·4	18·7	19·1	19·4	19·7	20·0	20·3	20·6	20·9	21·2	21·4	21·7	22·0	22·5	23·1	23·6	24·1	24·6	25·1	25·6	26·0	26·5	26·9	11
12	19·3	19·7	20·1	20·4	20·8	21·1	21·5	21·8	22·1	22·4	22·7	23·0	23·4	23·7	24·0	24·6	25·2	25·7	26·3	26·8	27·4	27·9	28·4	28·9	29·4	12
13	21·0	21·4	21·8	22·1	22·5	22·9	23·3	23·6	24·0	24·3	24·6	25·0	25·3	25·7	26·0	26·6	27·3	27·9	28·5	29·1	29·6	30·2	30·7	31·3	31·8	13
14	22·6	23·0	23·4	23·8	24·2	24·6	25·0	25·4	25·8	26·2	26·6	26·9	27·3	27·6	28·0	28·7	29·4	30·0	30·7	31·3	31·9	32·5	33·1	33·7	34·3	14
15	24·2	24·6	25·1	25·5	25·9	26·4	26·8	27·2	27·6	28·1	28·2	28·6	29·2	29·5	30·0	30·7	31·5	32·2	32·9	33·5	34·2	34·9	35·5	36·1	36·7	15
16	25·8	26·3	26·8	27·2	27·7	28·2	28·6	29·1	29·5	29·9	30·4	30·8	31·2	31·6	32·0	32·8	33·6	34·3	35·1	35·8	36·5	37·2	37·9	38·5	39·2	16
17	27·4	27·9	28·5	28·9	29·4	29·9	30·4	30·9	31·4	31·8	32·3	32·7	33·1	33·6	34·0	34·8	35·7	36·5	37·3	38·0	38·8	39·5	40·2	40·9	41·6	17
18	29·0	29·6	30·1	30·7	31·2	31·7	32·2	32·7	33·2	33·7	34·2	34·6	35·1	35·5	36·0	36·9	37·8	38·6	39·4	40·2	41·0	41·8	42·6	43·3	44·1	18
19	30·6	31·2	31·8	32·4	32·9	33·5	34·0	34·5	35·0	35·5	36·0	36·5	37·0	37·5	38·0	38·9	39·8	40·8	41·6	42·5	43·3	44·2	45·0	45·8	46·5	19
20	32·2	32·9	33·5	34·1	34·6	35·2	35·8	36·4	36·9	37·4	37·9	38·4	39·0	39·5	40·0	41·0	42·0	42·9	43·8	44·7	45·6	46·5	47·3	48·2	49·0	20
21	33·9	34·5	35·1	35·8	36·4	37·0	37·6	38·1	38·7	39·3	39·8	40·3	40·9	41·5	42·0	43·0	44·1	45·1	46·0	47·0	47·9	48·8	49·7	50·6	51·4	21
22	35·5	36·1	36·8	37·5	38·1	38·7	39·4	40·0	40·6	41·1	41·7	42·3	42·9	43·4	44·0	45·1	46·1	47·2	48·2	49·2	50·2	51·1	52·1	53·0	53·9	22
23	37·1	37·8	38·5	39·2	39·8	40·5	41·1	41·8	42·4	43·0	43·6	44·2	44·8	45·4	46·0	47·1	48·2	49·3	50·4	51·4	52·4	53·4	54·3	55·4	56·3	23
24	38·7	39·4	40·2	40·9	41·6	42·3	42·9	43·6	44·3	44·9	45·5	46·2	46·8	47·4	48·0	49·2	50·3	51·5	52·6	53·7	54·7	55·8	56·7	57·8	58·8	24